Proxmox VE

超融合集群实践真传

田逸 / 著

清華大學出版社
北 京

内容简介

本书详细介绍Proxmox VE。Proxmox VE是一个完整的企业虚拟化开源平台，具有去中心化的超融合特性。Proxmox VE与前端负载均衡整合，可实现关键应用的高可用性。

全书共15章，大致可分为5个部分：第1章和第2章为概述部分，主要介绍Proxmox VE的基本特性及功能；第3~6章为基础部分，总览Proxmox VE部署、简单管理等操作；第7~10章为项目实战，也是本书的精华部分，介绍不同场景下如何规划、实施Proxmox VE；第11章和第12章为Proxmox VE投入生产以后所需进行的日常工作，包括日常管理及平台升级；第13~15章为扩展部分，主要介绍以在线方式迁移其他系统到Proxmox VE平台、以Proxmox VE做底层实现桌面云，以及使用过程中一些问题的汇总。

本书适合有一定Linux基础并且正在从事系统运维的技术人员、计算机专业学生、高可用系统架构研究者阅读。

图书在版编目(CIP)数据

Proxmox VE 超融合集群实践真传 / 田逸著 . —北京：清华大学出版社，2022.8
ISBN 978-7-302-61185-1

Ⅰ . ① P…　Ⅱ . ①田…　Ⅲ . ①服务器－管理　Ⅳ . ① TP368.5

中国版本图书馆 CIP 数据核字 (2022) 第 110658 号

责任编辑：王中英
封面设计：郭　鹏
版式设计：方加青
责任校对：胡伟民
责任印制：宋　林

出版发行：清华大学出版社
网　　址：http：//www.tup.com.cn，http：//www.wqbook.com
地　　址：北京清华大学学研大厦 A 座　　**邮　　编：**100084
社 总 机：010-83470000　　**邮　　购：**010-62786544
投稿与读者服务：010-62776969，c-service@tup.tsinghua.edu.cn
质 量 反 馈：010-62772015，zhiliang@tup.tsinghua.edu.cn
印 装 者：三河市科茂嘉荣印务有限公司
经　　销：全国新华书店
开　　本：185mm×260mm　　**印　　张：**17.25　　**字　　数：**400 千字
版　　次：2022 年 9 月第 1 版　　**印　　次：**2022 年 9 月第 1 版
定　　价：79.00 元

产品编号：096149-01

前言

关于“Linux企业级高可用实践真传”系列图书

经过三年多时间的打磨，“Linux企业级高可用实践真传”系列原创图书的第一本终于与读者见面了。本系列图书一共三本，分别是《Proxmox VE超融合集群实践真传》《分布式监控平台Centreon实践真传》《Linux负载均衡实践真传》。

“Linux企业级高可用实践真传”系列是一部系统高可用的演进史。最初，以负载均衡实现应用层面的可用性及可扩展性；分布式的监控系统作为高可用系统的耳目，在无人值守的情况下，随时掌握基础设施和应用的运行情况；而超融合集群的投入使用，不仅加速了系统和应用的部署能力，而且把整个业务层面的可用性提高到更高的层次。

笔者现在负责的高可用环境，全是由负载均衡（前端）、Proxmox VE超融合高可用集群（包含Proxmox Backup Server多副本备份）、Centreon分布式监控平台（千里眼、顺风耳）所组成的。与10年前相比较，可靠性及维护效率提高了很多倍，从而使运维压力相应地减轻了很多。

关于本书

本书为“Linux企业级高可用实践真传”之《Proxmox VE超融合集群实践真传》，为作者本人多年虚拟化、超融合实践的经验总结，循着本书的路径，读者可以轻松入门虚拟化、超融合所必需的要点，快速进阶并可付诸项目实施。

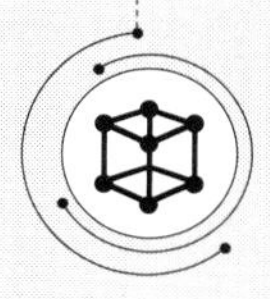

作为开源虚拟化的巅峰之作，Proxmox VE 既支持单机（单挑），也支持一定规模的去中心化集群，不论用于学习环境，还是测试开发环境，甚至是关键应用的生产系统，都是可以胜任的。到目前为止，我所负责的仍然有数个 Proxmox VE 系统对外提供服务，其中运行时间最长的超过 1070 天，如果中间不搬机柜（需要停机），那么持续无故障运行时间更长。在与 Proxmox VE 相关的社交群里，更有人晒出持续无故障运行 2000 多天的 Proxmox VE 超融合集群（从低版本在线一路升级上来），由此可知，Proxmox VE 可靠性是值得信赖的。据官方给出的数据，Proxmox VE 订阅数超过 20 000，而且免费订阅者不在少数。

创作本书的目的

到目前为止，国内使用 Proxmox VE 的用户越来越多，社区的技术讨论也很热烈，但却没有任何一本关于 Proxmox VE 的正式图书。鉴于这个事实，结合本人的长期实践，推出业界第一本关于 Proxmox VE 的中文原创图书。对作者本人来说，是对过去一段时间的经验总结；对读者而言，则多了一个可以选择的参考。

本书的特点

原创性。实践出真知，本系列丛书为作者本人实际工作场景的再现和还原（脱敏后的真实运行环境），凝聚二十多年的经验和教训。

时效性。本系列丛书所采用的系统 / 工具版本为当前主流稳定版本，不过时，易于获取，可以部署到真实的生产环境。

非全面性。本系列丛书不是使用手册，仅根据实际需要在软件或工具功能上做取舍，不可能面面俱到。即便如此，读者按书中的思路、实践方法，仍然可以轻松地将自己所需要的功能一一实现。

开放性。不保守，和盘托出，帮助后来者少踩坑、少走弯路。

接地气。由于本人水平有限，讲不了什么高深的理论。书中更多的是思路、实践经验及部分感言。

致谢

为尽可能地保证行文和技术上的正确性，特邀广东的一位 Linux 系统管理员曾俊辉先生全程参与，在此表示特别感谢！

田逸

2022 年 8 月

目录

第 5 章 在 Proxmox VE 上创建虚拟机 / 47

第 6 章 虚拟机日常管理 / 66

第 7 章 Proxmox VE 单节点虚拟化 / 77

第 8 章 Proxmox VE 多节点虚拟化 / 89

第 9 章 Proxmox VE 最高可用性超融合集群 / 102

第 10 章 Proxmox VE 超融合集群日常维护 / 124

第 11 章 Proxmox VE 的备份与恢复 / 152

第 12 章 Proxmox VE 常见故障分析 / 189

第 13 章 不停服务将系统原样迁移到 Proxmox VE 集群 / 209

第 14 章 Proxmox VE 桌面虚拟化或桌面云 / 232

第 15 章 Proxmox VE 常见问题交流及功能期待 / 252

附录 A 基于 Proxmox VE 的云桌面系统尝鲜 / 257

第1章 “老司机”眼中的私有云

1.1 私有云的定义

根据百度百科的定义，私有云（Private Cloud）是为一个组织单独使用而构建的，因而提供对数据、安全性和服务质量的最有效控制。该组织拥有基础设施，并可以控制在此基础设施上部署应用程序的方式。私有云可部署在企业数据中心的防火墙内，也可以将它们部署在一个安全的主机托管场所，私有云的核心属性是专有资源。

狭义地讲，就是自己弄一套设施、实施虚拟化，通过统一接口对所有的资源进行分配、调度以及日常管理。与阿里云、腾讯云这样的公有云相比，私有云的规模小很多，没有计费模块，其他功能基本差不多。

大概是在2012—2013年的时候，笔者做了几套私有云放置在IDC机房，其中有一套印象比较深刻，具体的情况介绍如下。

所用软件如下。

- 操作系统：CentOS 5。
- 数据库：Oracle 11g。
- 管理平台：Oracle VM 3.1。

所用硬件设施如下。

- 服务器：4台DellR410，包含2块SSD固态硬盘（做成RAID 1），2颗6核心12线程CPU（共24个线程），24GB内存，双电源。

- 存储阵列：双控制器 DellMD3200i，插满 2.5 英寸 300GB 10000 转 SAS 硬盘，共计 24 块（也可支持 3.5 英寸的 15000 转 600GB SAS 盘）。
- 交换机：两台全千兆华为可网管交换机，一台用于访问网络，一台用于数据网络（物理节点之间的通信、访问共享存储等）。

实施概况如下。

- 存储做成 RAID 5，以 NFS 方式共享给计算节点（也可以用 iSCSI 方式）。
- 控制节点部署 Oracle 11g 数据库及管理软件 VM Manager。

使用效果如下。

- Web 平台统一管理计算资源，包括物理节点、网络、存储、虚拟机等（如图 1-1 所示）。

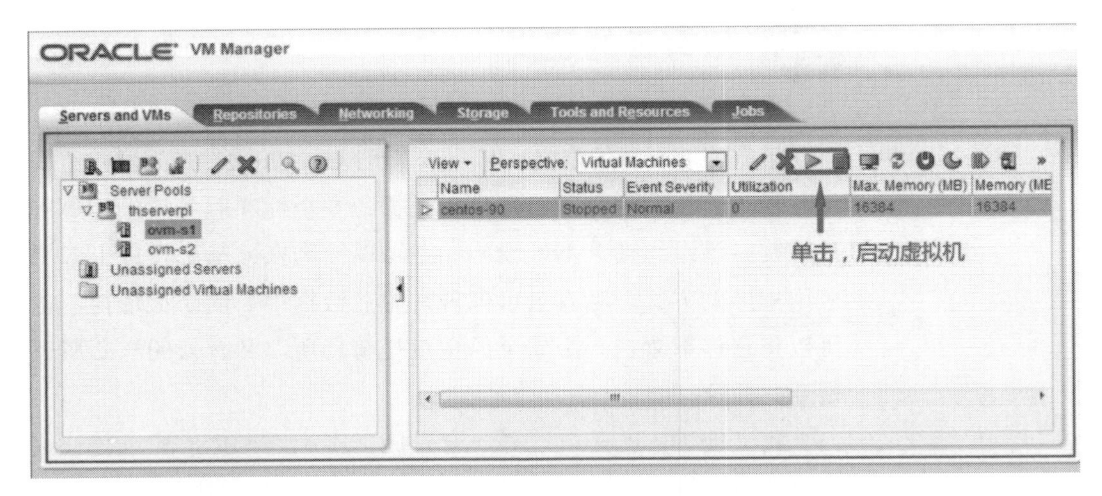

图 1-1

- 实现了虚拟机高可用，某一物理节点故障，运行其上的虚拟机能自动漂移到其他存活的物理节点。在同一时期，笔者还为某市的智慧旅游做了一套 CloudStack 的云平台，同时也了解一些开源的云管理平台，甚至包括大名鼎鼎的 VMware，都不能做到实例自动漂移。

存在的问题如下。

- 管理节点存在单点故障，发生故障恢复难度大。管理平台的运行在 Weblogic 上，加上数据库，十分笨重（启动就要数分钟）。
- 共享存储存在单点，既要考虑容量，又要考虑 I/O。

随着技术的进步，市场需求的推动，私有云发展突飞猛进、今非昔比。趋势朝着去中心化、超融合、高可用的方向发展，更加注重易用性和通用性。

1.2 私有云适用场景

个人认为，只要有重要业务的场景，都可以部署到私有云上，以获得更高的可用性、更高的使用效率。

1.2.1 传统行业

虽然当前公有云的发展很迅猛，但不是所有的机构都适合，或者都愿意把重要服务放在公共云中。组织机构的信息化，不太可能一步到位，需要分阶段建设。于是可以看到，财务系统占用一台服务器，邮件系统占用一台服务器，OA（办公室自动化）占用一台服务器……很可能这些不同的业务系统，由不同的软件服务商开发或者提供服务。看起来设备不少，但只要任意一台设备故障，与之关联的服务就无法正常提供。

在早期的信息化建设过程中，很少有人考虑系统的高可用，即便存在，也多以“一主一备”的方式部署，即一个系统运行应用（Active），另一个系统待命（Standby）；还可以做成交叉方式的Active-Active，两个物理节点虽然都安装了多个应用（一般为两个，管理软件和数据库），但A机只运行应用，B机只运行数据库。这样把两个物理节点的资源都利用上了。比单独的“一主一备”，要先进一些。

组织结构自建私有云，把分散的、存在单点故障的服务迁移到云端，带来的好处显而易见，主要表现在以下几个方面：

● 消灭单点，提高可用性。不担心单个服务器硬盘损坏，就是整个物理机故障也无须担忧。

● 整合资源，提高资源利用率，降低固定投资成本。以前以数十个物理节点承载的业务，现在可能数个物理节点就够了。

● 单一管理入口，管理所有计算资源（物理节点、网络、存储、虚拟机等），降低管理成本和难度。浏览器登录，资源状态一目了然。

● 应用部署、迁移或者撤销易如反掌。创建好模版，以模版生成所需应用。不使用云平台，而使用物理机，则需要安装系统，设置网络，部署应用，非常耗时。

1.2.2 互联网行业

互联网行业适合部署私有云的场景如下。

● 内部开发测试环境，可部署到组织内部的私有云中。笔者曾经给一个做外汇服务的机构做 IT 咨询，主要是安全和性能方面的。一次去该公司现场沟通，顺手为对方解决了一个因上网行为管理设置不当而导致办公网络上网缓慢的问题。对方技术人员又咨询一些关于内部测试服务器的问题，带笔者进入内部机房参观。机柜里、地上乱七八糟地放了 20 多台台式电脑，装上 CentOS 用作开发及测试的服务器用，既占地方又费电，而且管理难度大。我建议他们用几台配置高的服务器，安装 Proxmox VE 做成集群，把开发测试环境全部迁移上来，淘汰这 20 多个台式电脑，不仅能节省空间，而且用服务器虚拟化代替台式电脑，能效也能提升好多。

● 与公有云互为补充。公有云并非像它所宣称的那样坚不可摧，对于完全依赖服务商的组织机构来说，一旦云端故障，除了等待别无他法。一些机构已经认识到这些的风险，通过另建机房部署私有云作为业务可用性辅助手段。2018 年 6 月 27 日，到北京某金融公司一起测试六节点 Proxmox VE 超融合、高可用功能及使用效果，刚测试完故障自动转移功能，为模拟物理节点失效、运行在其上的虚拟机自动漂移到其他节点而兴奋，就传来了阿里云控制台不能登录的坏消息（如图 1-2 所示），更加快了该公司自建私有云的节奏。

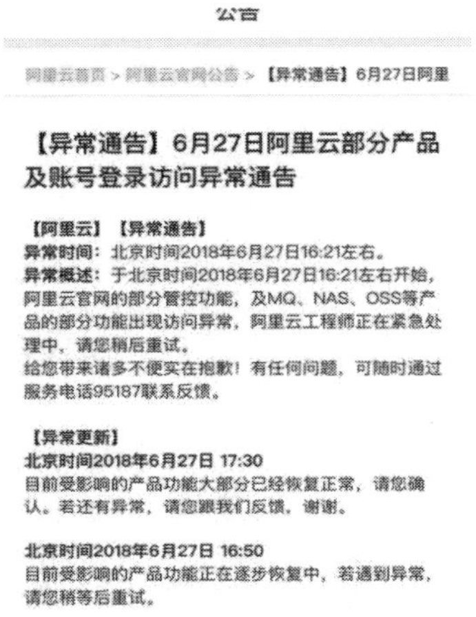

图 1-2

● 基础设施、计算平台升级换代。老旧的、配置较低的物理服务器，需要逐步淘汰，再用传统的单机单应用的模式来补充，既不经济，也不环保，更谈不上效率和有效的资源利用。而采用自建私有云，把服务逐一迁移到云端，在经费和空间上的节省立竿见影。近期笔者正好在实施服务迁移到 Proxmox VE 私有云的整合，核心业务所用的服务器占用了整整两个标准机柜，据说仅机柜托管费，每个柜子每年大约就要 9 万元；这些设备从笔者一接手就上架运行，到现在差不多已运行了八年，虽然应用架构都是高可用的，但机器配置低、使用年限长，维护起来还是比较恼人（时不时坏个硬盘、主板啥的）。考虑到托管合同快要到期，正好趁此机会升级换代，自行部署 Proxmox VE 私有云，平滑迁移服务到云端，带来的最低获益，可退租一个机柜。等运行稳定之后，再置换高配服务器，可把物理服务器缩减到只占半个机柜。

1.3 私有云行业现状

对于用户来说，有商业与开源两种方案可供选择。

1. 商业私有云方案

商业私有云方案，分硬件派和软件派。硬件派以开源软件为核心（如OpenStack，也有用原生的Libvirt），对其进行优化、封装，与硬件一起打包出售。典型的厂商有华为、深信服、锐捷等，虽然是用开源软件进行二次开发，但其售价并不低。

软件派主要代表有VMware与Critix，前者重点目标在服务器虚拟化，后者则在桌面虚拟化占据较大的市场份额。这两家都不生产硬件。

商业私有云方案的共同点就是四个字：非常昂贵！

2. 开源私有云方案

OpenStack是当之无愧的领先者，不光私有云采用OpenStack做管理平台，公有云也有不少使用OpenStack做二次开发和封装，对外提供服务。虽然OpenStack大名鼎鼎，但因其组件多，部署、配置复杂，一般人难以驾驭。

其他开源私有云管理平台，笔者使用过的有Apache旗下的CloudStack与本书重点介绍的Proxmox VE。Proxmox VE名气虽然不大，但非常易用，而且功能强大——去中心化集群、去中心化存储、超融合（支持各种各样的存储方式）。

1.4 私有云技术要求（针对Proxmox VE平台）

Proxmox VE易于部署、便于管理，初学者按照文档，按部就班即可上手。相比于HAProxy，新手按官方文档能把服务运行起来还是有些困难的。

当然，要熟练掌握私有云技能，还有些功课是需要做的。

- 熟悉Linux操作系统，能以命令行进行各种操作，如编辑文件、查找目录及文件、配置网络、查看系统及应用日志。
- 熟悉私有云体系结构，包括硬件组成及软件组件。
- 多多实践。

第 2 章 开源私有云神器 Proxmox VE

Proxmox VE 由位于奥地利维也纳的 Proxmox Server Solutions GmbH 公司开发，这让人有点意外。其实欧洲在 IT 技术方面实力还是很强的，比如大名鼎鼎的 MySQL，出自瑞典；分布式文件系统 MooseFS，出自波兰。Proxmox 目前主打产品有三款：Proxmox Virtual Environment、Proxmox Mail Gateway 和 Proxmox Backup Server，本书主要涉及 Proxmox 虚拟化（Proxmox VE，PVE）及虚拟化备份（Proxmox Backup Server，PBS），PVE 结合 PBS，让数据安全提高了一个等级。

2.1 Proxmox VE 的主要特征

Proxmox 的官网上对 Proxmox 的介绍如下：

- 同时支持 KVM 虚拟机和 LXC 容器虚拟化。
- 用单一的 Web 界面管理所有资源——物理节点、网络、存储、虚拟机等。
- 多个物理节点可组成集群并配置成高可用环境。在 Proxmox 体系结构里，节点集群与高可用是分离的。集群是高可用的前提，但集群可以不配置成高可用，比如对服务质量要求不高的场合，集群仅仅是为了统一管理上的方便。

其实，这些特征都是比较基础的功能，下面为笔者总结的

Proxmox VE 的优点。

● 易于安装部署。以 ISO 文件提供，刻录到光盘或者 U 盘，按提示即可安装完成。虽然 VMware 的 VMware ESXi 也是由 ISO 文件提供的，但其管理平台却是分离的，需要单独分出来。Proxmox VE 是去中心化的，所有节点的配置部署都一样，不存在中心节点、数据节点的差异。

● 配置迅速。一条指令创建起一个集群，几条指令就可以创建好分布式文件系统。

● 管理简便，支持中文。Web 界面，布局合理，功能菜单 / 链接一目了然，如图 2-1 所示。

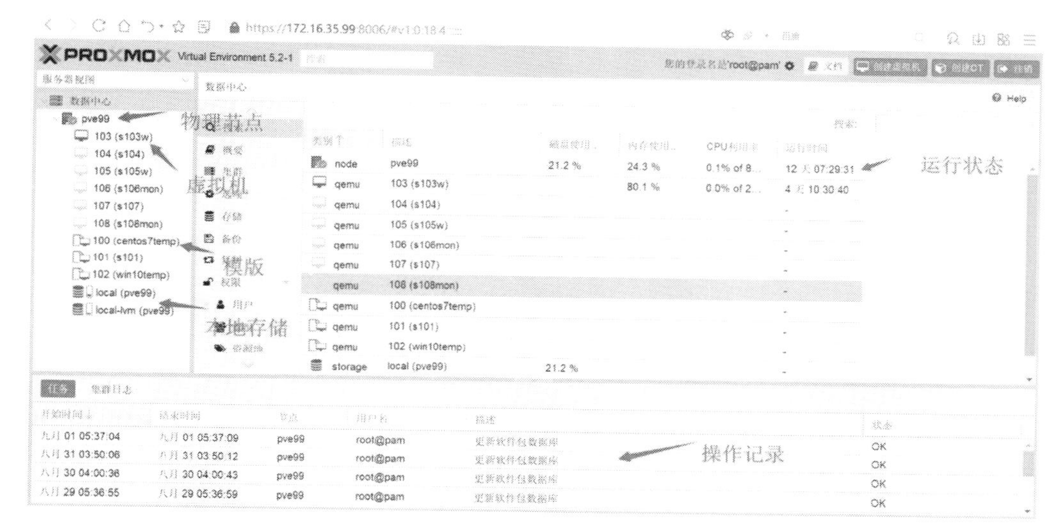

图 2-1

● 机动灵活。单台可用，多台也可以集群。

● 可控性强。Proxmox VE 基于 Debian 操作系统，底层是完整的 Linux 发行版，除了在 Web 界面进行操控外，还可以直接登录 Debian，在命令行进行各种操作。而 VMware ESXi，虽然也是基于 Linux 开发，但对系统进行了大量阉割，用户能自行操作的空间已经很小，只有几个简单的指令而已，默认的 Shell 里，连 Reboot 都没有。

● 多维度超融合。不需要外挂存储，计算资源与存储整合到一个物理设备上，此为硬件上的超融合；Proxmox VE 同时做服务器虚拟化与桌面虚拟化，此为应用超融合（这个对组织机构内部网络来说，大大地节省了资金和最大限度利用了资源）。

● 项目成本低。因为是开源软件，没有巨额的软件授权费用（商业软件是按 CPU 核心数量计算授权费用的，采购一台服务器，软件授权费用少则几万元，多则数十万元）。超融合去中心化省去了昂贵的共享存储（光纤阵列等）费用。自行采购服务器，按需插上磁盘，比商业的超融合硬件便宜很多。

2.2 Proxmox VE 的功能亮点

1. 支持 KVM 与 LXC

KVM（Kernel-based Virtual Machine）是基于操作系统内核的全虚拟化解决方案，与内核集成，因而具备与裸机相接近的性能。在部署 Proxmox VE 之前，需要确定硬件是否支持虚拟化。x86 结构的 CPU，Intel 芯片需要开启 VT-X，而 AMD 芯片则需要开启 AMD-V。目前最新的 AMD EPYC（霄龙）7663 处理器的核心数量已达到 64 核，线程数量已有 128 线程。采购 1 个或 2 个 CPU，配置足够的内存和磁盘、单台物理服务器，可虚拟出好多的系统（如图 2-2 所示）。

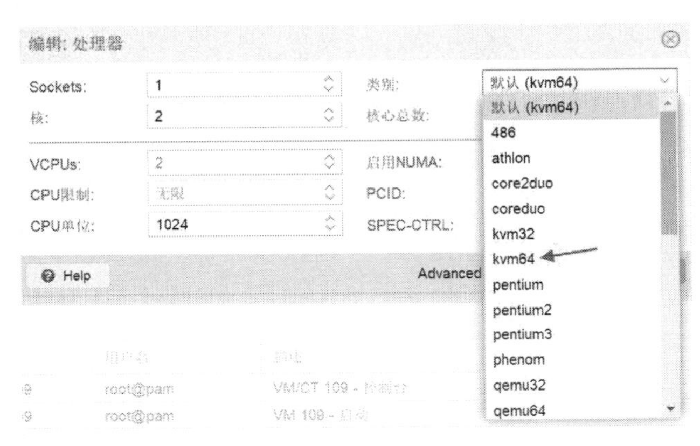

图 2-2

Linux 容器（Linux Containers，LXC）是一种轻量化的虚拟化技术，在操作系统上进行资源隔离。直观地说，KVM 上安装多个操作系统，一个操作系统就是一个虚拟机；而 Linux 容器中，只有宿主操作系统，其上是容器而不是其他操作系统。

2. 支持虚拟机在线 / 离线迁移

在一个 Proxmox VE 集群环境下，物理节点上的虚拟机可以随意迁移到其他物理节点，并支持在线迁移。实践证明，如果资源配置不够高（主要指硬盘性能，固态硬盘最强），在线迁移会慢得让人怀疑人生，特别是那些供应商给做的方案，建议采购 10TB 的企业级大容量 SATA 硬盘，更是让人在使用过程中有了想砸服务器的念头（增加 SSD 做缓存，可提高磁盘运行速度）。其实，有很多办法可以保持业务的连续性，最佳的建议还是离线迁移虚拟机。

3. 统一管理界面

● Proxmox VE 从单个物理节点，到大规模节点集群，所需的功能已经默认安装。在浏览器中就可以管理所有的计算资源。独特的多主设计（其实也就是无主，去中心化）组建起来的集群，统一管理虚拟机、容器、存储等资源，无须额外管理服务单元（如 VMware 的 VCenter）。单独的管理服务单元的存在，增加了系统的复杂度，同时也增加了单点失效的风险。

● Proxmox VE 集群文件系统。Proxmox VE 使用其独有的集群文件系统——pmxcfs，该文件系统是基于数据库格式，以文本方式存储配置。这个普通的文件，可以支持数以千计的虚拟机。该配置文件，通过 Corosync 在集群中实时同步。这些集群文件系统的配置，永久保存在磁盘中，同时也保留一份在内存中，文件的极限值虽然只有 30M，但却足够存储数以千计的虚拟机配置。以下为某个 Proxmox VE 集群文件系统的具体格式及内容：

```
root@www:~# more /etc/corosync/corosync.conf
logging {
  debug: off
  to_syslog: yes
}
nodelist {
  node {
    name: m
    nodeid: 2
    quorum_votes: 1
    ring0_addr: 172.16.228.38
  }
  node {
    name: formyz
    nodeid: 4
    quorum_votes: 1
    ring0_addr: 172.16.228.59
  }
  node {
    name: www
    nodeid: 1
    quorum_votes: 1
    ring0_addr: 172.16.228.60
  }
}
quorum {
  provider: corosync_votequorum
}
totem {
  cluster_name: formyz
  config_version: 5
  interface {
```

```
      bindnetaddr: 172.16.228.60
      ringnumber: 0
    }
    ip_version: ipv4
    secauth: on
    version: 2
}
```

● Web 统一管理接口。不需要安装专门的客户端（VMware 早期的版本，需要在 Windows 系统中安装客户端，具有局限性，后来也支持 Web 管理），也不需要单独部署一个管理服务器（以前部署的 Oracle VM，就需要一个专门的 VM Manager 服务器）。

● 命令行接口。Proxmox VE 可以用命令行管理所有的虚拟化环境，包括各种组件。如图 2-3、图 2-4 所示是用 Web 方式与命令行方式对同一对象进行展示的效果。

```
root@pve99:/etc/default# qm list
      VMID NAME                 STATUS     MEM(MB)    BOOTDISK(GB) PID
       100 centos7temp          stopped    4096              80.00 0
       101 s101                 stopped    4096              80.00 0
       102 win10temp            stopped    4096              50.00 0
       103 s103w                stopped    4096              50.00 0
       104 s104                 stopped    4096              80.00 0
       105 s105w                stopped    4096              50.00 0
       106 s106mon              stopped    4096              50.00 0
       107 s107                 stopped    2048              32.00 0
       108 s108mon              stopped    4096              50.00 0
       109 s109                 running    1024              32.00 17598
```

图 2-3

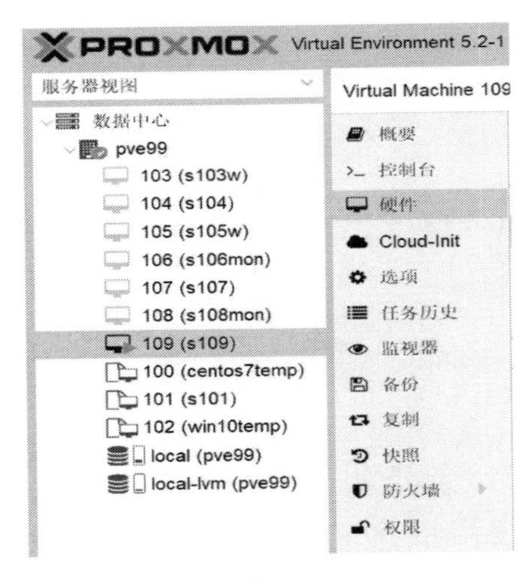

图 2-4

● Restful API。以 JSON 为主要数据格式，让开发者或者用户可以方便地集成第三方工具。

● 基于角色的权限管理。Proxmox VE 内置多种管理角色，可以对计算资源进行精细化管理及各种操作，如图 2-5 所示。

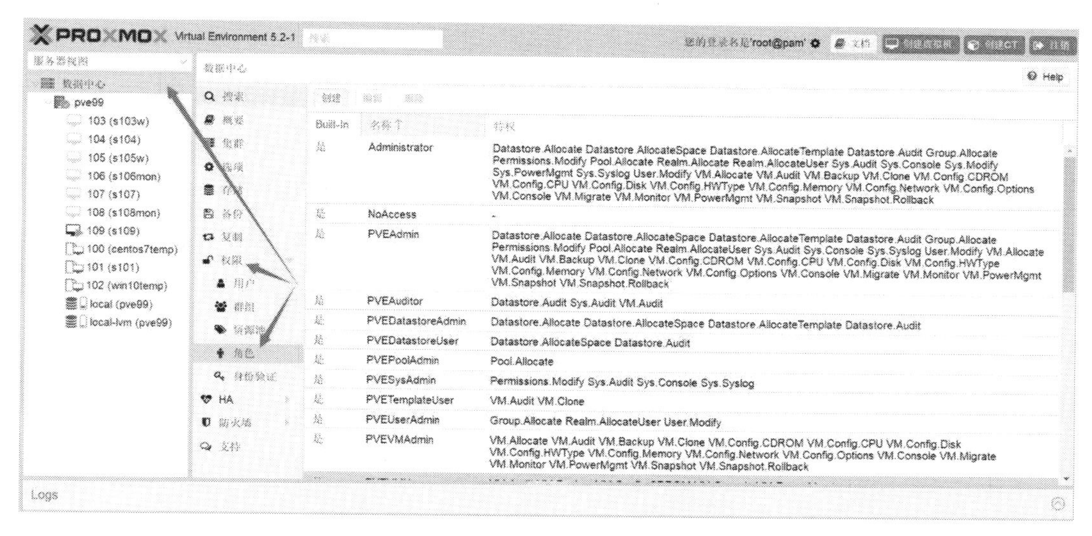

图 2-5

从图 2-5 中可以看出，一共有 12 种角色权限。其作用域是全局的（数据中心），除了内建的角色外，还可以自定义创建角色。

- 身份认证（Authentication Realm）。Proxmox VE 支持多种身份认证，比如 Microsoft Active Directory、LDAP、Linux 标准的 PAM（用 Linux 系统账号），以及 Proxmox VE 的 PVE 认证，如图 2-6 所示。

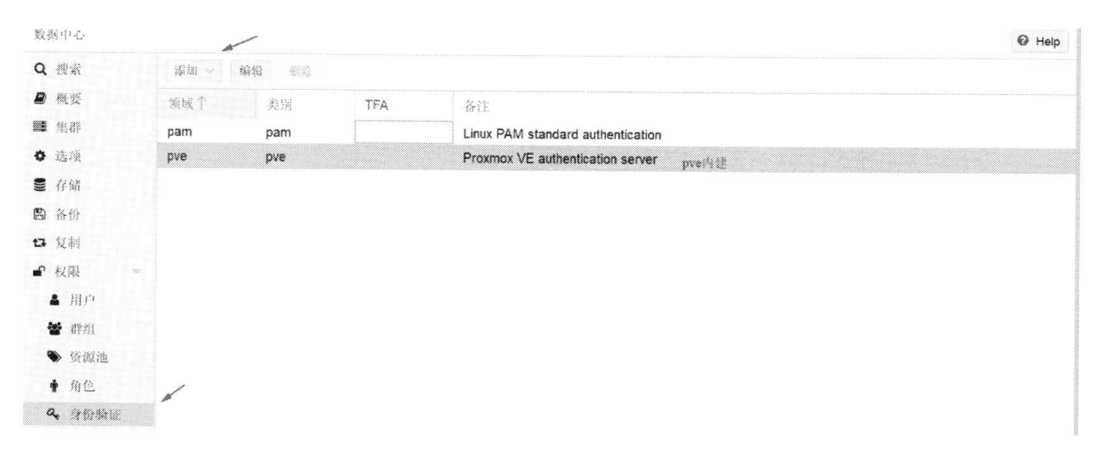

图 2-6

4. Proxmox VE 高可用集群

平台运行时，资源管理器将监控集群中所有的虚拟机及 Linux 容器，一旦虚拟机或者容器发生故障，它们将自动漂移到正常运行的物理节点（如图 2-7 所示为 Proxmox VE 创建高可用的场景）。也可以这样理解：如果物理节点部分失效，运行在其中的虚拟机或者容器将自动漂移。需要注意，重启 Proxmox VE 集群中的某个物理节点，运行在其中的虚拟机或者容器并不会自动漂移！

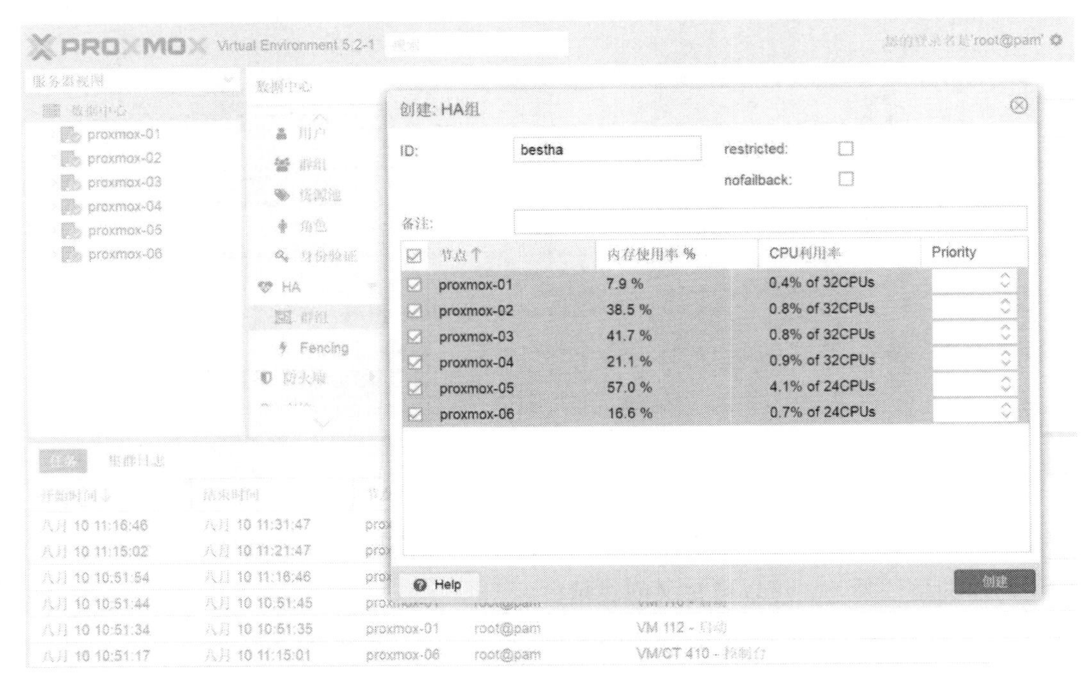

图 2-7

5. Proxmox VE 支持多桥接网络

Proxmox VE 单一物理网卡可以创建多个桥接接口，最多为 4094 个网桥，直观一点说，可以创建多个虚拟网段，用于支持更大规模的应用。

对于多网卡的物理主机，如 Dell 某些型号的服务器，板载 4 个网卡，可以两两绑定网卡，以获得更大的带宽或者更高的可用性，如图 2-8 所示。需要注意的是，进行网卡绑定（Bond）操作，类别必须是桥接。

图 2-8

6. 支持丰富多样的存储系统

Proxmox VE 支持多种存储模式，虚拟机镜像既可以存储在本地，也可以存储在共享存储之中，如 NFS、SAN（存储区域网络）。

虚拟机存储在共享网络，最大的好处就是在线迁移时不会导致服务停止。当然，如果不使用共享存储（分布式存储也是一种共享机制），当 Proxmox VE 集群中物理节点失效时，虚拟机无法漂移或者手动迁移。

通过 Web 管理界面，用户可以添加如下类型的存储。

（1）网络存储，包括如下类型：

- LVM Group (network backing with iSCSI targets)
- iSCSI target
- NFS Share
- Ceph RBD
- Directly use iSCSI LUNs
- GlusterFS

（2）本地存储，包括如下类型：

- LVM Group (local backing devices like block devices, FC devices, DRBD, etc.)
- Directory (storage on existing filesystem)
- ZFS

7. 完备的备份与恢复功能

Proxmox VE 执行的是完整备份，包括虚拟机 / 容器的配置文件及所有数据。备份操作可通过 Web 管理后台进行（如图 2-9 所示），也可以在命令行下执行。

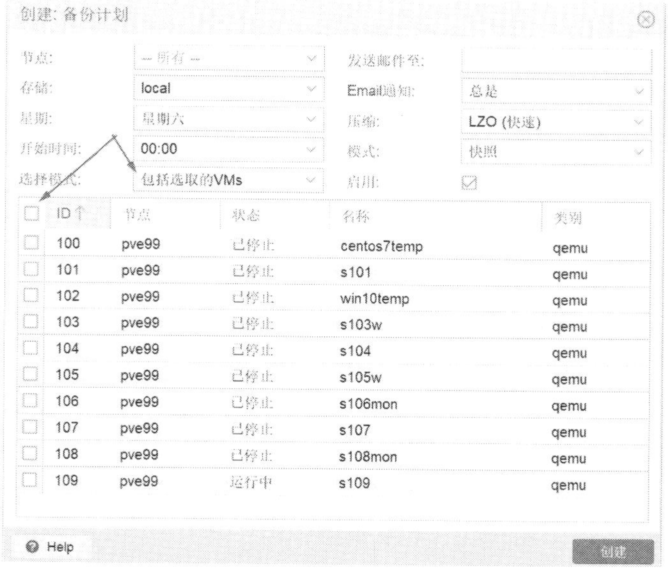

图 2-9

Web 管理后台设定好备份的开始时间，到设定自动备份的时间点后，可以在系统查看执行备份的指令进程，如图 2-10 所示。

```
root     16157  0.0  0.0      0     0 ?        I    00:22   0:00 [kworker/1:1]
root     16312  0.0  0.0      0     0 ?        I    00:24   0:00 [kworker/7:1]
root     16390  0.0  0.0      0     0 ?        I    00:25   0:00 [kworker/2:2]
root     16396  0.0  0.0      0     0 ?        I    00:25   0:00 [kworker/0:0]
root     16788  0.0  0.0  48828  2660 ?        S    00:30   0:00 /usr/sbin/CRON -f
root     16789  0.0  0.0   4292   764 ?        Ss   00:30   0:00 /bin/sh -c vzdump 100 101 102 103 104 106 107 108 109 105 --
mode snapshot --storage local --mailnotification always --compress lzo --quiet 1
root     16790  0.4  0.3 509728 89012 ?        S    00:30   0:00 /usr/bin/perl -T /usr/bin/vzdump 100 101 102 103 104 106 107
 108 109 105 --mode snapshot --storage local --mailnotification always --compress lzo --quiet 1
root     16791  0.0  0.3 512668 83244 ?        Ss   00:30   0:00 task UPID:pve99:00004197:00811A04:5B8C1009:vzdump::root@pam:
root     16800  0.0  0.0      0     0 ?        I<   00:30   0:00 [kdmflush]
root     16805  0.0  0.0      0     0 ?        I<   00:30   0:00 [bioset]
root     16830  0.0  0.0      0     0 ?        I    00:30   0:00 [kworker/2:0]
root     16861  0.0  0.0   5844   684 ?        S    00:30   0:00 sleep 60
root     16914  0.0  0.0      0     0 ?        I    00:31   0:00 [kworker/6:2]
root     16917  0.0  0.0      0     0 ?        I    00:31   0:00 [kworker/4:1]
root     16938  0.0  0.0      0     0 ?        I<   00:31   0:00 [kdmflush]
root     16942  0.0  0.0      0     0 ?        I<   00:31   0:00 [bioset]
root     16951 64.0  0.0 489376 21020 ?        Sl   00:31   0:01 /usr/bin/vma create -v -c /var/lib/vz/dump/vzdump-qemu-101-2
018_09_03-00_31_20.tmp/qemu-server.conf exec:lzop > /var/lib/vz/dump/vzdump-qemu-101-2018_09_03-00_31_20.vma.dat drive-scsi0=
/dev/pve/base-101-disk-1
root     16952  0.0  0.0   4292   712 ?        S    00:31   0:00 sh -c lzop > /var/lib/vz/dump/vzdump-qemu-101-2018_09_03-00_
31_20.vma.dat
root     16954  5.6  0.0   6984  1576 ?        S    00:31   0:00 lzop
root     16964  0.0  0.0  38312  3284 pts/0    R+   00:31   0:00 ps auxww
root     17336  0.0  0.0      0     0 ?        I<   Sep02   0:00 [kdmflush]
root     17347  0.0  0.0      0     0 ?        I<   Sep02   0:00 [bioset]
root     17598  0.1  4.3 1837404 1070336 ?     Sl   Sep02   0:59 /usr/bin/kvm -id 109 -name s109 -chardev socket,id=qmp,path=
/var/run/qemu-server/109.qmp,server,nowait -mon chardev=qmp,mode=control -pidfile /var/run/qemu-server/109.pid -daemonize -sm
bios type=1,uuid=13ee8a55-e1ab-4eab-8fd7-bdb6b0772e6c -smp 2,sockets=1,cores=2,maxcpus=2 -nodefaults -boot menu=on,strict=on,
reboot-timeout=1000,splash=/usr/share/qemu-server/bootsplash.jpg -vga std -vnc unix:/var/run/qemu-server/109.vnc,x509,passwor
d -cpu kvm64,+lahf_lm,+sep,+kvm_pv_unhalt,+kvm_pv_eoi,enforce -m 1024 -device pci-bridge,id=pci.2,chassis_nr=2,bus=pci.0,addr
=0x1f -device pci-bridge,id=pci.1,chassis_nr=1,bus=pci.0,addr=0x1e -device piix3-usb-uhci,id=uhci,bus=pci.0,addr=0x1.0x2 -dev
ice usb-tablet,id=tablet,bus=uhci.0,port=1 -device virtio-balloon-pci,id=balloon0,bus=pci.0,addr=0x3 -iscsi initiator-name=iq
n.1993-08.org.debian:01:81136ccc47d -drive file=/var/lib/vz/template/iso/VMware-VMvisor-Installer-6.5.0.update02-8294253.x86_
64.iso,if=none,id=drive-ide2,media=cdrom,aio=threads -device ide-cd,bus=ide.1,unit=0,drive=drive-ide2,id=ide2,bootindex=200 -
device virtio-scsi-pci,id=scsihw0,bus=pci.0,addr=0x5 -drive file=/dev/pve/vm-109-disk-1,if=none,id=drive-scsi0,format=raw,cac
he=none,aio=native,detect-zeroes=on -device scsi-hd,bus=scsihw0.0,channel=0,scsi-id=0,lun=0,drive=drive-scsi0,id=scsi0,bootin
dex=100 -netdev type=tap,id=net0,ifname=tap109i0,script=/var/lib/qemu-server/pve-bridge,downscript=/var/lib/qemu-server/pve-b
ridgedown,vhost=on -device virtio-net-pci,mac=EA:68:DA:90:5C:A4,netdev=net0,bus=pci.0,addr=0x12,id=net0,bootindex=300
root     17630  0.0  0.0      0     0 ?        S    Sep02   0:00 [vhost-17598]
root     17634  0.0  0.0      0     0 ?        S    Sep02   0:03 [kvm-pit/17598]
```

图 2-10

通过命令行查看文件“/etc/pve/vzdump.cron”，可以了解备份文件的存储位置（如图 2-11 所示），以便将来的灾难恢复。

```
root@pve99:/var/lib/vz/dump# pwd
/var/lib/vz/dump
root@pve99:/var/lib/vz/dump# ls -al
total 15567332
drwxr-xr-x 3 root root       4096 Sep  3 00:32 .
drwxr-xr-x 5 root root       4096 Aug  5 13:05 ..
-rw-r--r-- 1 root root       8504 Sep  3 00:31 vzdump-qemu-100-2018_09_03-00_30_01.log
-rw-r--r-- 1 root root  772297152 Sep  3 00:31 vzdump-qemu-100-2018_09_03-00_30_01.vma.lzo
-rw-r--r-- 1 root root       8497 Sep  3 00:32 vzdump-qemu-101-2018_09_03-00_31_20.log
-rw-r--r-- 1 root root  771730735 Sep  3 00:32 vzdump-qemu-101-2018_09_03-00_31_20.vma.lzo
drwxr-xr-x 2 root root       4096 Sep  3 00:32 vzdump-qemu-102-2018_09_03-00_32_28.tmp
-rw-r--r-- 1 root root 5457335581 Sep  3 00:35 vzdump-qemu-102-2018_09_03-00_32_28.vma.dat
-rw-r--r-- 1 root root      13187 Aug 13 18:01 vzdump-qemu-105-2018_08_13-17_45_41.log
-rw-r--r-- 1 root root 8939505978 Aug 13 18:01 vzdump-qemu-105-2018_08_13-17_45_41.vma.lzo
```

图 2-11

为了更保险，可以对不可再生数据，如数据库数据、用户上传数据等，进行应用级别的备份。数据库自身有备份机制，用户数据可以用 Rsync 同步工具。目前，Proxmox 推出了独有的备份利器 Proxmox Backup Sever（简称 PBS），已经发布到 PBS 2.0 版本了，并且支持多 PBS。另外，非 Proxmox VE 的数据也可以备份到 PBS，数据的安全性及备份效率都得到极大提升。

8. Proxmox VE 内嵌易于配置的防火墙

笔者认为，没必要启用防火墙功能，建议在网络入口处使用专用设备来保证授权访问。以 Web 界面配置防火墙，比直接在命令行输入 iptables 风险要小很多，这样能避免输入上的错误。

2.3 服务与支持

方法一：自己动手，丰衣足食。

- Proxmox 社区。在社区提问需要懂英文，而且有可能没人回复。有中文的社区，但不是很活跃。也有 Proxmox 的微信公众号，但更新频度低，文档数量也不多。
- 阅读免费的文档。官方提供的文档还是非常权威及易于实现的（照着文档一步步试验，多半能成功）。为了方便读者，这里直接给出网址 https://pve.proxmox.com/pve-docs。
- Proxmox 官方 Wiki。个人建议先看官方的免费文档，需要扩展知识面时，再来阅读 Wiki。
- Proxmox VE 操作视频。在国内 bilibili（B 站）等视频类网站搜索 Proxmox，有很多关于 Proxmox VE 技术操作的视频，虽然可能不是用中文讲解，但只要配了中文字幕，就不影响学习和取得经验。看这些视频，体验更为直观，多看视频，再结合文档，很快就能驾驭 Proxmox VE。

方法二：付费订阅。官方提供四种规格的订阅，定价从 90 欧元到 840 欧元不等，用户可根据自己的需要进行选择。

2.4 题外话

通过本章的学习，你是否对私有云 Proxmox VE 有一个整体的印象？是不是信心满满，可轻松驾驭之？

想想也是，其实真没什么复杂的。无非是几台服务器，执行几条指令，点几次鼠标嘛！可能有人会说，我没有服务器，更没有几台服务器，怎么试验呢？在这里就给大家支支招，应该可以解决这个疑问。

笔者的实验环境主要由两台物理设备组成：一台技嘉迷你 PC（如图 2-12 所示），CPU 是 8 线程，内存 4GB，硬盘 1TB。在测试安装 Oracle 12G RAC 过程中，性能严重不足，通过加内存到 24GB，性能得以改善。当然，如果考虑到成本，可以参照这个配置，选购其他小众一点的品牌。还有一台 X 云 J50 型号的云终端盒子（如图 2-13 所示），支持多协议。这两台设备加起来，价格也不是特别贵，还能动手实操 Proxmox EV。

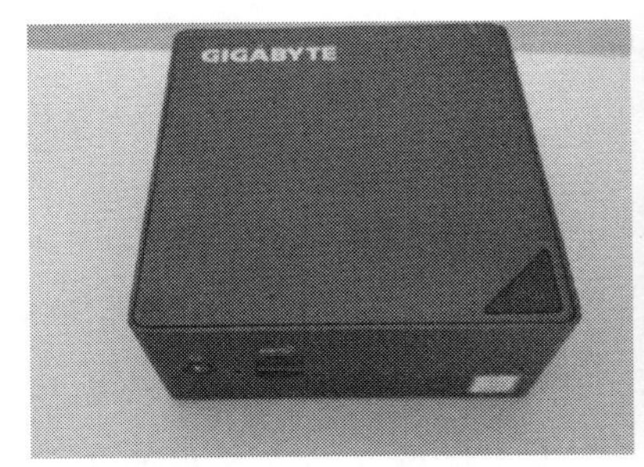

图 2-12

图 2-13

在技嘉迷你 PC 上安装 Proxmox VE，做集群试验时，就在其上做虚拟机嵌套处理；做桌面虚拟化时，启用 Proxmox VE 的 Spice 协议，用云终端盒子去连接。

下一章将介绍如何安装 Proxmox EV。

第3章 牛刀小试：安装 Proxmox VE

本章讲如何安装 Proxmox VE。在介绍安装 Proxmox VE 之前，先为大家介绍 Proxmox VE 的一个应用场景，帮助初学者了解在正式安装 Proxmox VE 之前，需要做哪些工作。

笔者之前工作时，在某 IDC 机房刚好有一个测试环境，用于 Oracle 11g 数据库导入、导出验证。有一天接到通知，需要安装一个自用的邮件系统，而且公司不打算采购新设备，要求尽量在现有资源下进行安装。于是我就想到把这个物理服务器虚拟化，先创建两个虚拟机，一个运行邮件系统，另一个用来安装 Oracle 11g。

在进行虚拟化之前，笔者先了解了机器的配置。这是一台 Dell 的品牌机，CPU 有 8 线程，内存 64GB，4 块 600GB 15000 转的 SAS 硬盘，未配备远程控制卡。这样的配置虚拟出几个系统绰绰有余！

没有远程控制卡也能进行远程安装，秘诀是机房本身有 KVMoverIP 设备可以提供服务（如图 3-1 所示）。笔者用线缆把 KVMoverIP 设备与服务器连接起来，并插入安装盘（机房居然给刻录光盘，服务不错，赞一个）。

进入 BIOS 后，有两个必选项需要设置。一个是开启 CPU 虚拟化功能，另一个是用光驱启动（其实用 U 盘更好一些）。

- 开启 CPU 虚拟化支持。不同厂家的产品有不同的设置方法，具体可参考产品说明书，图 3-2 为 Dell 服务器的 BIOS 设置界面。

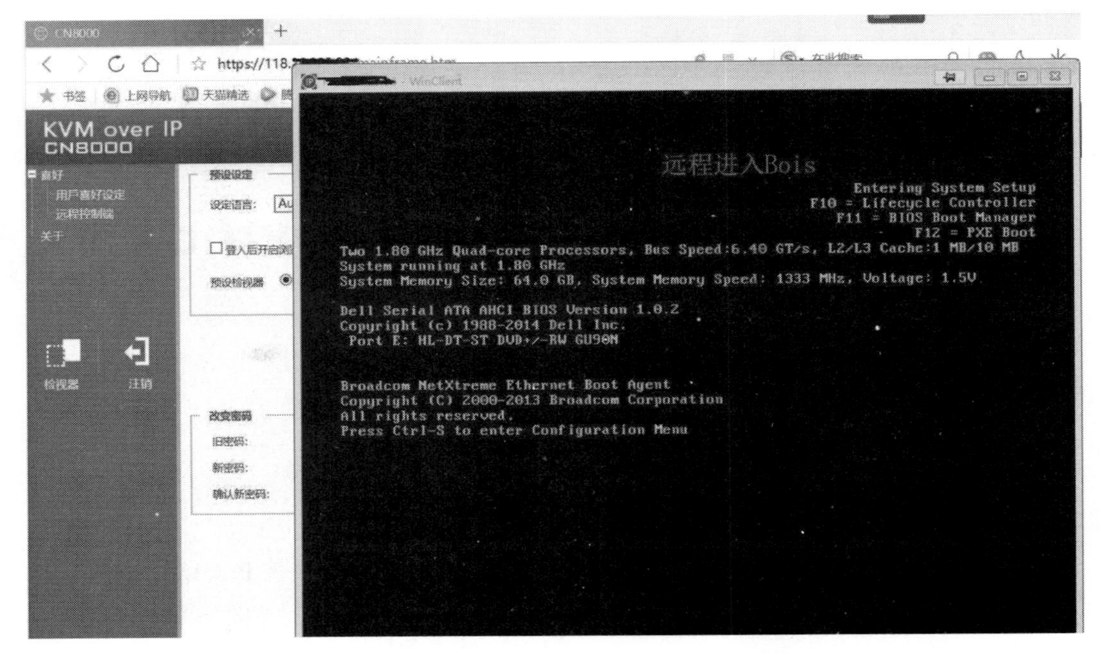

图 3-1

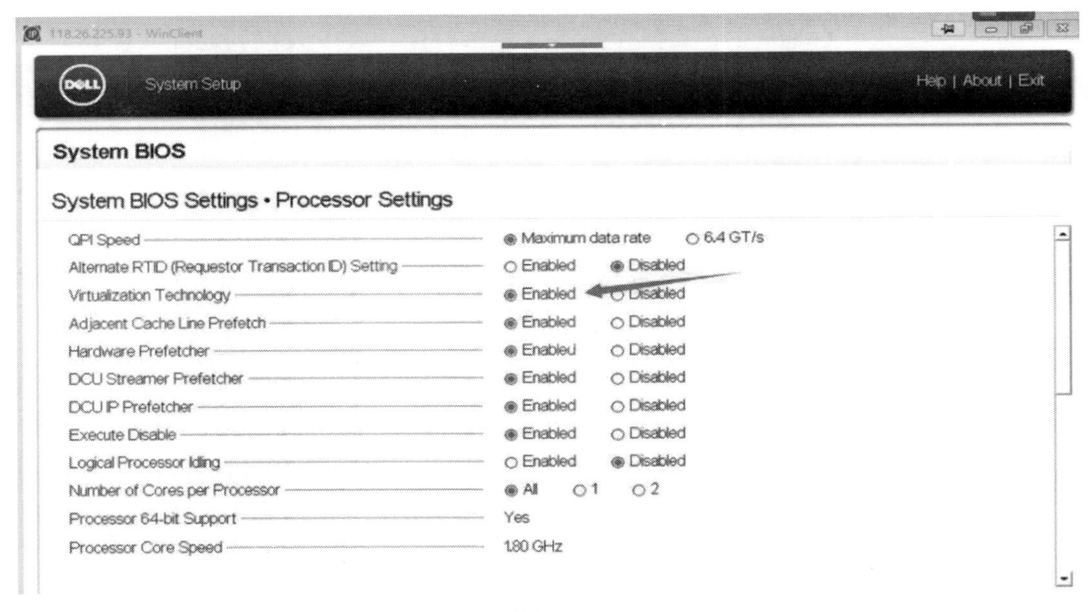

图 3-2

● 用光驱启动。大部分情况下，设置起来没什么困难，但有些 BIOS 不友好，需要花大量的精力来设置启动项。这台 DellR620 设备的引导项进入按钮是“F11”，设置界面如图 3-3 所示。

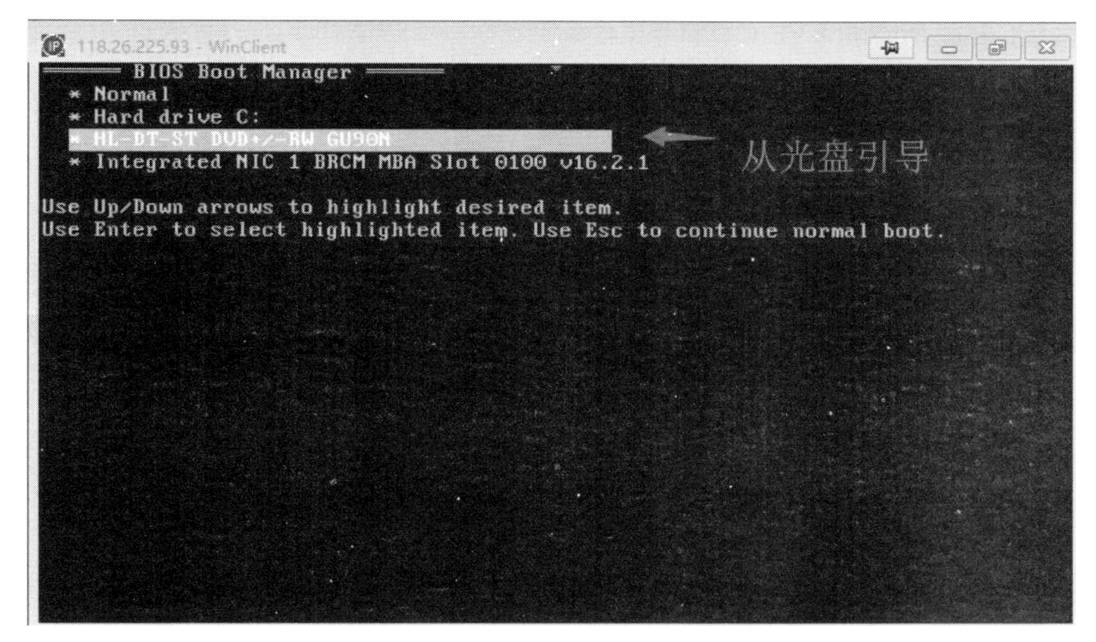

图 3-3

以上就是安装 Proxmox VE 之前要做的工作。

3.1 用 U 盘 / 光盘安装 Proxmox VE

十几年前光盘很贵，一张 CDR 要卖几十元，卖家宣称光盘存储数据可保存数十年，可现实情况却是，光盘使用几次之后，盘面就脏了（俗称花了），因此用光盘做安装介质可靠性差。记得有一天夜里，笔者在北京西站附近的联通机房安装系统。以防万一，出发前带了几十张空白光盘，结果把整盒光盘刻完，都没有进行到正常安装那一步。后来又联系别人送来几张 Sony 空白光盘，这才顺利把 Red Hat Enterprise Linux 安装到服务器上。

有了这个教训，在之后笔者会尽量用 U 盘来安装系统，经济实惠，而且携带方便。

3.1.1 准备安装介质

目前，Proxmox VE已经发布 7.0 版本，而本章用 PVE 5.X 的版本来讲 Proxmox VE 的安装，虽然版本功能有不少差异，但安装步骤基本没什么变化，介绍如下。

1. 下载 Proxmox VE ISO 镜像文件

可以直接访问地址 https://www.proxmox.com/en/downloads/item/proxmox-ve-5-2-iso-installer，并下载。

2. 制作可引导 U 盘

通过比较，把 ISO 制作成可引导的系统盘，UltraISO 是一款值得信赖的工具。官方的访问地址是 http://www.ezbsystems.com/ultraiso/ ，但这个工具不是开源的，需要付费使用，如图 3-4 所示。

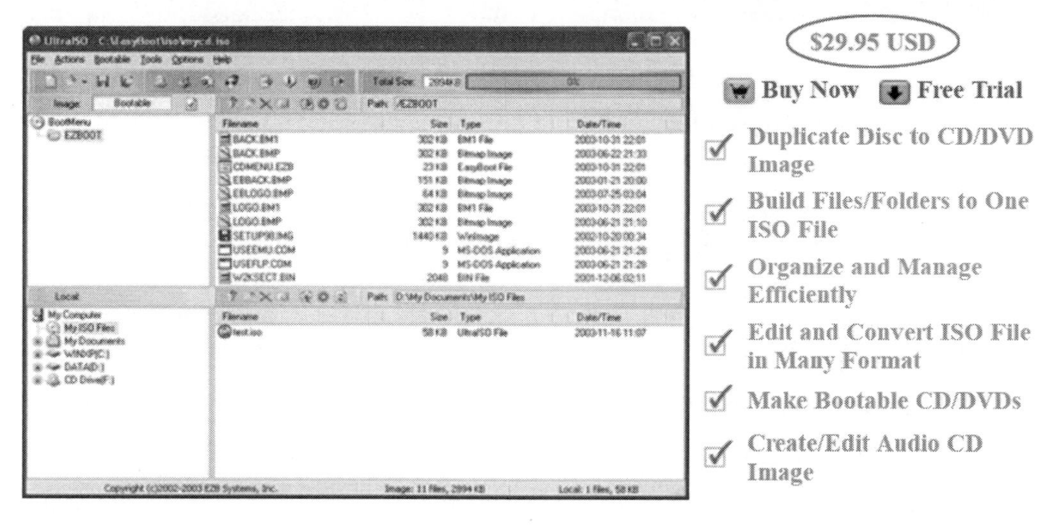

图 3-4

UltraISO 需在 Windows 系统中进行安装，操作比较容易，不再进一步描述。启动软件前，把 U 盘插入电脑，注意，制作引导盘会清除掉 U 盘中原有的所有数据，因此最好专盘专用。

接下来，按以下步骤在 UltraISO 中刻录可引导 U 盘。至于刻录 CD 光盘，更加容易一些，参照相关刻录软件手册即可完成操作，不再赘述。

（1）打开 UltraISO，在界面的下部选择下载好的 Proxmox VE 镜像文件，双击。界面的上部就会显示此 ISO 文件解压后的目录及文件，如图 3-5 所示。

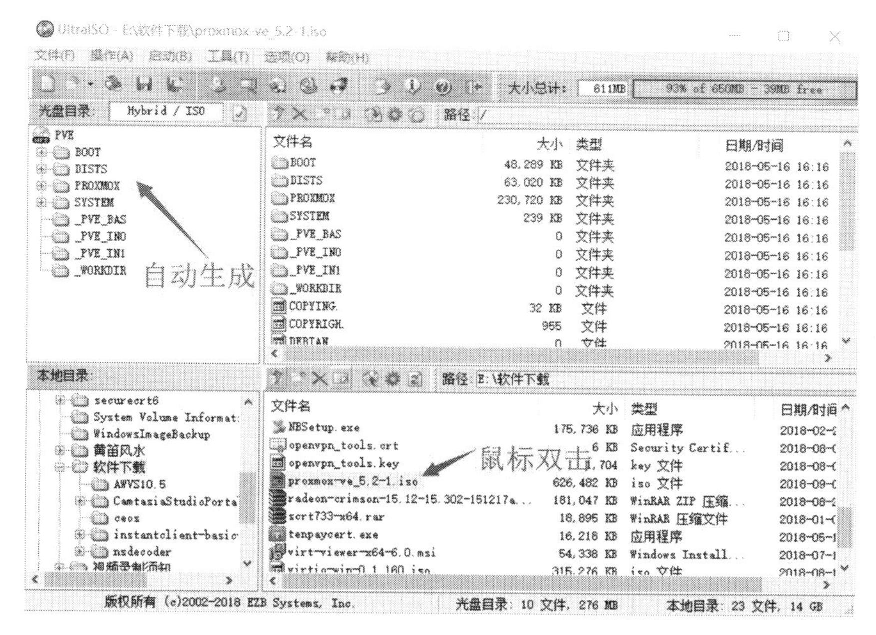

图 3-5

（2）制作镜像。依次单击“启动”→“写入硬盘映像 ...”选项，如图 3-6 所示。

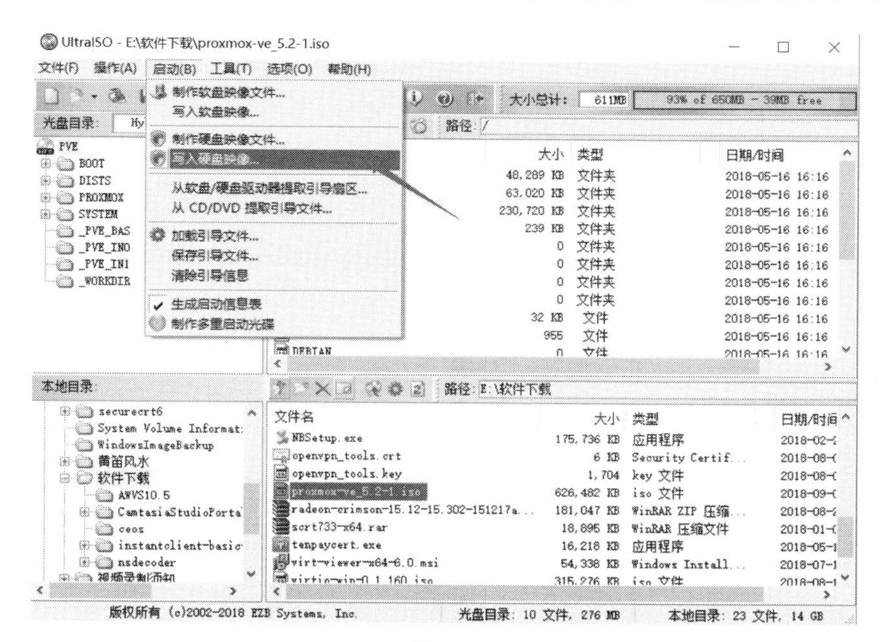

图 3-6

（3）选取对 U 盘进行的写入方式。一般选“USB-HDD+”，如果 U 盘本身存在数据，可以先单击“格式化”按钮进行清理操作。有些品牌的主板，“写入方式”选“USB-HDD+”可能引导不了系统，可尝试更换“写入方式”为“RAW”，如图 3-7 所示。

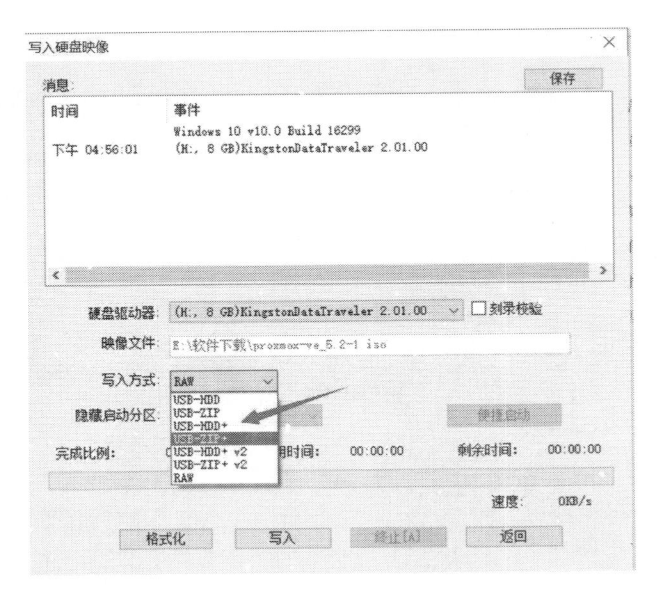

图 3-7

（4）刻录完成后有提示，要留心看一下，如图 3-8 所示。确认刻完后再拿此 U 盘去别的机器安装系统。

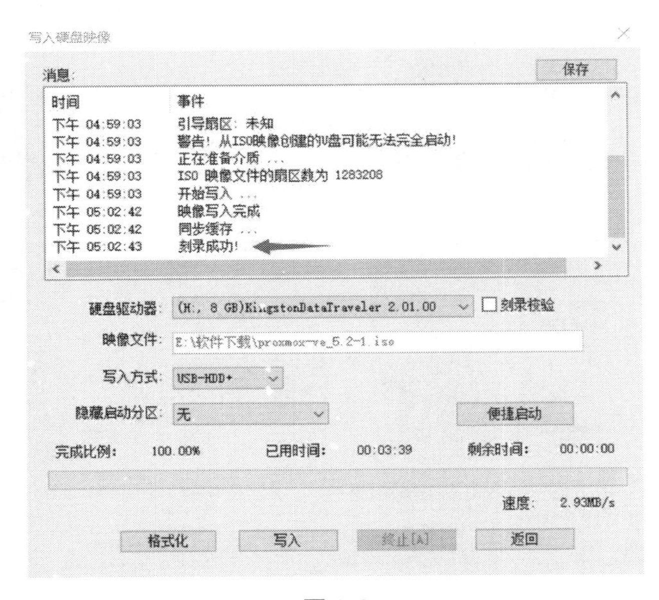

图 3-8

3.1.2 开始 Proxmox VE 系统安装

现在，回到远程安装服务器，用制作好的 U 盘安装与用光盘安装 Proxmox VE 并无区别（仅仅是 BIOS 引导项设置的差异），因此两者的安装步骤是完全一样的，不再进行区分。

（1）选择第一个条目“Install Proxmox VE”，进入下一步，如图 3-9 所示。

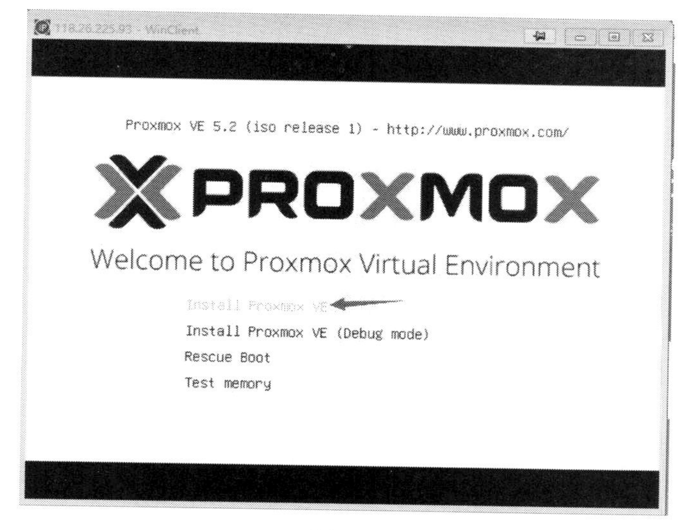

图 3-9

（2）勾选许可协议，进入下一步，需要选择国家，下拉列表选项很多，选起来反而没有直接输入“China”方便快捷，输入完成后，系统时区（Time Zone）会自动填充，单击“Next”按钮如图 3-10 所示。

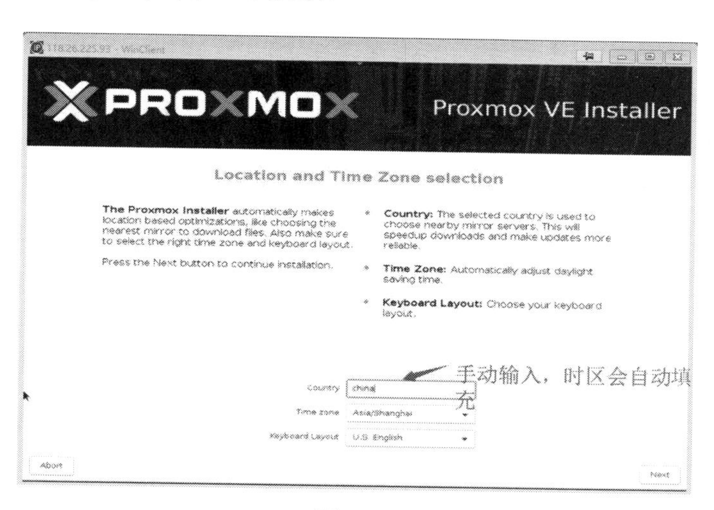

图 3-10

（3）输入密码，为安全起见，尽量把密码设置得复杂一些。在这个界面里，还需要填写一个 E-Mail 地址，符合相关格式要求即可，单击“Next”按钮如图 3-11 所示。

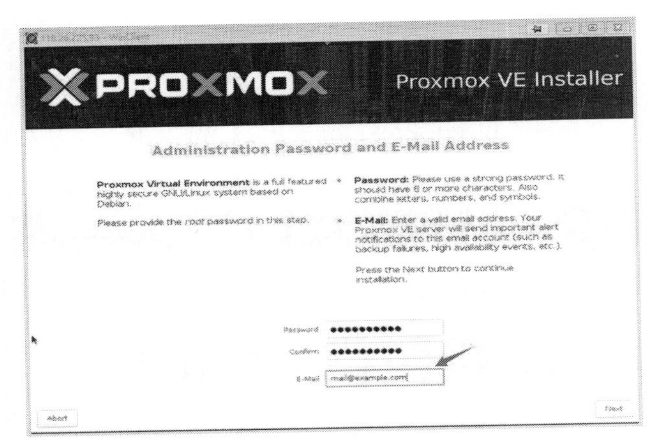

图 3-11

（4）设置主机名、IP 地址、子网掩码、默认网关、域名服务器等，如图 3-12 所示。管理接口一定要与 IP 地址配合上，特别是有多个网络接口的情形。当然，如果这里设置得有问题，也没关系，安装完以后，还可以登录系统，用命令行来修改。

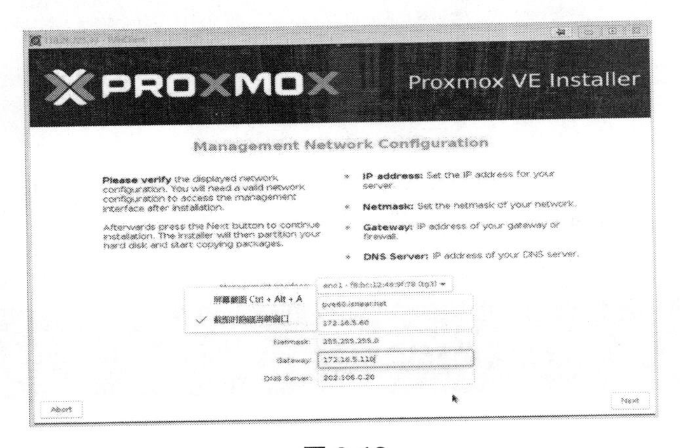

图 3-12

（5）单击“Next”按钮，等待安装完成。顺利完成安装后，会有“InstallationSuccessfully”（安装成功）的提示。

各位读者，只要系统盘能够引导进行安装，过程是不是超级简单？安装完成后单击“Reboot”按钮重启系统，如果能用浏览器以 https:// 服务器 ip:8006 访问到登录页面，同时也能用 SecureCRT 客户端登录 Debian 系统，Proxmox VE 的安装就算是成功了。

3.1.3 安装后的处理

由于使用的是免费版本，没有付费订阅，因此在登录 Web 管理后台时，会弹出提示及警告信息，如图 3-13 所示。可以通过修改文件“/usr/share/pve-manager/js/pvemanagerlib.js”来禁止它。

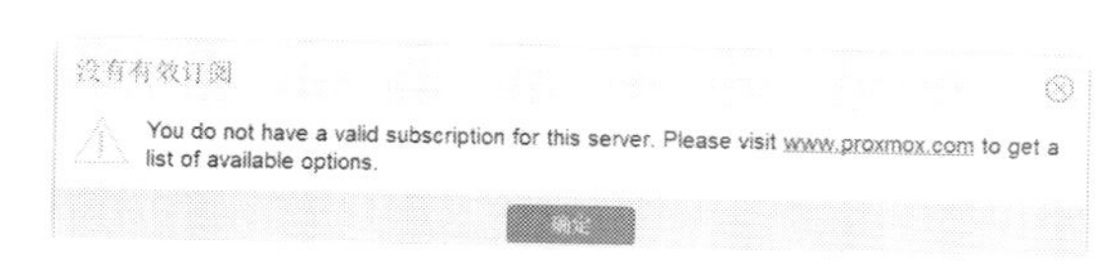

图 3-13

在运行过程中，还会出现更新软件包的错误提示，如图 3-14 所示。发生这个问题的主要原因是没有付费订阅。要消除这个问题，可执行下面的步骤。

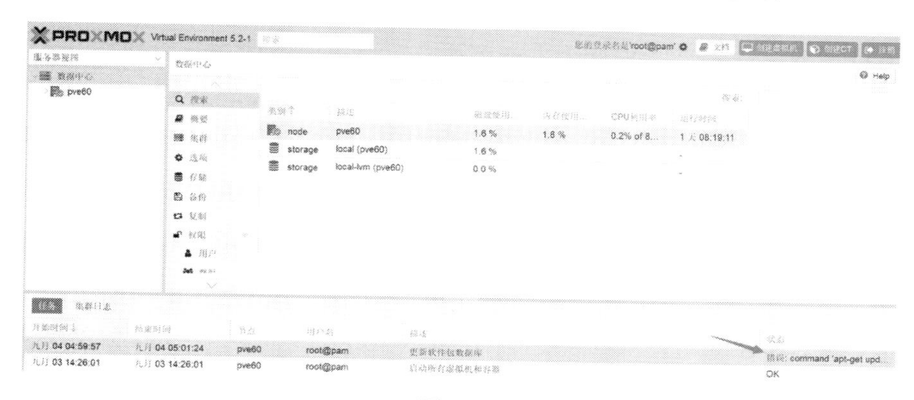

图 3-14

（1）以 SSH 客户端登录系统，编辑文件“/etc/apt/sources.list.d/pve-enterprise.list”，这个文件只有一行，将其注释掉。

（2）手动执行指令“apt-get update”及“apt-get upgrade”进行软件更新，如图 3-15 所示。

```
root@pve60:~# apt-get update
Ign:1 http://ftp.debian.org/debian stretch InRelease
Get:2 http://ftp.debian.org/debian stretch-updates InRelease [91.0 kB]
Hit:3 http://security.debian.org stretch/updates InRelease
Hit:4 http://ftp.debian.org/debian stretch Release
Fetched 91.0 kB in 7s (11.8 kB/s)
Reading package lists... Done
root@pve60:~# apt-get upgrade
Reading package lists... Done
Building dependency tree
Reading state information... Done
Calculating upgrade... Done
The following packages will be upgraded:
  base-files ca-certificates dpkg file fuse gnupg gnupg-agent gpgv libc-bin libc-dev-bin libc-l10n libc6 libc6-dev libcups2
  libcurl3-gnutls libfuse2 libgcrypt20 libgnutls-openssl27 libgnutls30 libgnutlsxx28 libldap-2.4-2 libldap-common
  libmagic-mgc libmagic1 libpam-systemd libperl5.24 libprocps6 libsmbclient libsystemd0 libudev1 libwbclient0 libxapian30
  perl-modules-5.24 procps python3-reportbug reportbug samba-common samba-libs smbclient ssh systemd systemd-sysv tzdata
  udev
53 upgraded, 0 newly installed, 0 to remove and 0 not upgraded.
Need to get 40.9 MB of archives.
After this operation, 7,168 B disk space will be freed.
Do you want to continue? [Y/n] y
Get:1 http://security.debian.org stretch/updates/main amd64 linux-libc-dev amd64 4.9.110-3+deb9u4 [1,350 kB]
Get:2 http://ftp.debian.org/debian stretch/main amd64 base-files amd64 9.9+deb9u5 [67.3 kB]
Get:3 http://ftp.debian.org/debian stretch/main amd64 dpkg amd64 1.18.25 [2,115 kB]
Get:4 http://ftp.debian.org/debian stretch/main amd64 libperl5.24 amd64 5.24.1-3+deb9u4 [3,522 kB]
Get:5 http://ftp.debian.org/debian stretch/main amd64 perl amd64 5.24.1-3+deb9u4 [218 kB]
13% [5 perl 56.0 kB/218 kB 26%] [1 linux-libc-dev 320 kB/1,350 kB 24%]
                                                                                288 kB/s 2min 0s
```

图 3-15

（3）如果要进行多机集群，建议对“/etc/hosts”进行设置（可选）。

（4）修改文件“/etc/ssh/sshd_config”，使 SSH 连接不会因为没有操作而超时退出，注释掉下面的行，并修改其值为：

```
ClientAliveInterval 120
ClientAliveCountMax 30
```

修改保存后，重启服务“sshd”（可选）。

3.2 在 Debian 上安装 Proxmox VE

以 ISO 文件安装集成的 Proxmox VE，能够自定义的操作很少，比如要单独对磁盘进行分区。个人认为，这种需求无关紧要，可以用一个磁盘来安装 Proxmox VE，用其他的磁盘来存储虚拟机的镜像。在 Debian 上安装 Proxmox VE，权当学习掌握 Debian 系统，增加自己的知识面。

3.2.1 修改“/etc/hosts”文件

绑定主机名和 IP 地址，主机名要符合 FQDN 规定，用完整的主机名加域名的形式：

```
root@pve60:~# more /etc/hosts
127.0.0.1 localhost.localdomain localhost
142.2.5.104 pve104.isnear.net pve104 pvelocalhost
...
```

这一步，与用 U 盘在安装的过程中填写主机名相对应。为检验设置是否生效，执行指令“hostname --ip-address”进行检查。

3.2.2 添加软件包更新源

（1）创建文件“/etc/apt/sources.list.d/pve-install-repo.list”，加入如下内容：

```
deb http://download.proxmox.com/debian/pve stretch pve-no-subscription
```

（2）取得更新源 key 文件：

```
wget http://download.proxmox.com/debian/proxmox-ve-release-5.x.gpg -O
/etc/apt/trusted.gpg.d/proxmox-ve-release-5.x.gpg
```

（3）执行软件包更新：

```
apt update && apt dist-upgrade
```

如图 3-16 所示是执行指令后，所安装和更新的软件包，可以从包名了解大概。

```
The following NEW packages will be installed:
  firmware-linux-free irqbalance libnuma1 linux-image-4.9.0-8-amd64
The following packages will be upgraded:
  dmsetup grub-common grub-pc grub-pc-bin grub2-common iproute2 libdevmapper1.02.1 linux-image-amd64 tar
9 upgraded, 4 newly installed, 0 to remove and 0 not upgraded.
Need to get 44.7 MB of archives.
```

图 3-16

根据更新过程的输出，来看看更新源有哪些内容，如图 3-17 所示。

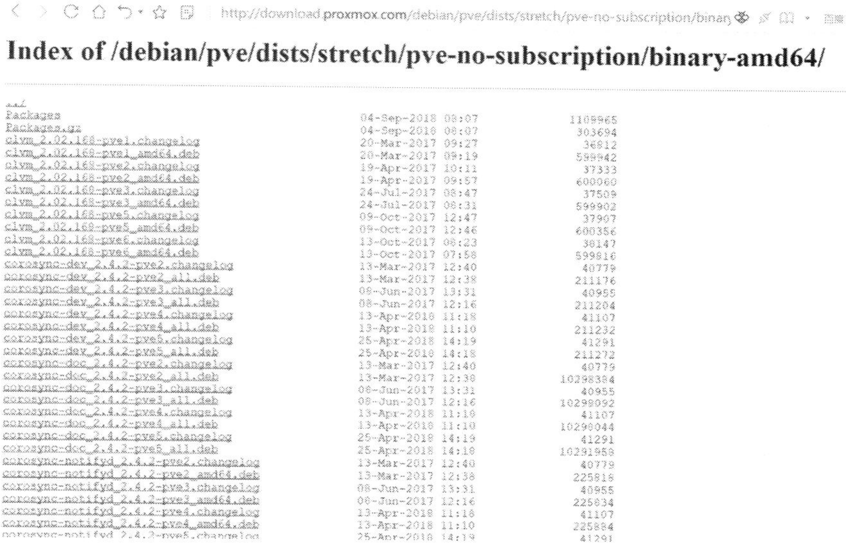

```
http://download.proxmox.com/debian/pve/dists/stretch/pve-no-subscription/binary

Index of /debian/pve/dists/stretch/pve-no-subscription/binary-amd64/

../
Packages                                          04-Sep-2018 08:07      1109965
Packages.gz                                       04-Sep-2018 08:07       303694
clvm_2.02.168-pve1.changelog                      20-Mar-2017 09:27        36812
clvm_2.02.168-pve1_amd64.deb                      20-Mar-2017 09:19       599942
clvm_2.02.168-pve2.changelog                      19-Apr-2017 10:11        37333
clvm_2.02.168-pve2_amd64.deb                      19-Apr-2017 09:57       600060
clvm_2.02.168-pve3.changelog                      24-Jul-2017 08:47        37509
clvm_2.02.168-pve3_amd64.deb                      24-Jul-2017 08:31       599902
clvm_2.02.168-pve5.changelog                      09-Oct-2017 12:47        37907
clvm_2.02.168-pve5_amd64.deb                      09-Oct-2017 12:46       600356
clvm_2.02.168-pve6.changelog                      13-Oct-2017 08:23        38147
clvm_2.02.168-pve6_amd64.deb                      13-Oct-2017 07:58       599816
corosync-dev_2.4.2-pve2.changelog                 13-Mar-2017 12:40        40779
corosync-dev_2.4.2-pve2_all.deb                   13-Mar-2017 12:38       211176
corosync-dev_2.4.2-pve3.changelog                 08-Jun-2017 13:31        40955
corosync-dev_2.4.2-pve3_all.deb                   08-Jun-2017 12:16       211204
corosync-dev_2.4.2-pve4.changelog                 13-Apr-2018 11:18        41107
corosync-dev_2.4.2-pve4_all.deb                   13-Apr-2018 11:10       211232
corosync-dev_2.4.2-pve5.changelog                 25-Apr-2018 14:19        41291
corosync-dev_2.4.2-pve5_all.deb                   25-Apr-2018 14:18       211272
corosync-doc_2.4.2-pve2.changelog                 13-Mar-2017 12:40        40779
corosync-doc_2.4.2-pve2_all.deb                   13-Mar-2017 12:38     10298384
corosync-doc_2.4.2-pve3.changelog                 08-Jun-2017 13:31        40955
corosync-doc_2.4.2-pve3_all.deb                   08-Jun-2017 12:16     10298092
corosync-doc_2.4.2-pve4.changelog                 13-Apr-2018 11:18        41107
corosync-doc_2.4.2-pve4_all.deb                   13-Apr-2018 11:10     10298044
corosync-doc_2.4.2-pve5.changelog                 25-Apr-2018 14:19        41291
corosync-doc_2.4.2-pve5_all.deb                   25-Apr-2018 14:18     10291958
corosync-notifyd_2.4.2-pve2.changelog             13-Mar-2017 12:40        40779
corosync-notifyd_2.4.2-pve2_amd64.deb             13-Mar-2017 12:38       225818
corosync-notifyd_2.4.2-pve3.changelog             08-Jun-2017 13:31        40955
corosync-notifyd_2.4.2-pve3_amd64.deb             08-Jun-2017 12:16       225834
corosync-notifyd_2.4.2-pve4.changelog             13-Apr-2018 11:18        41107
corosync-notifyd_2.4.2-pve4_amd64.deb             13-Apr-2018 11:10       225884
corosync-notifyd_2.4.2-pve5.changelog             25-Apr-2018 14:19        41291
```

图 3-17

3.2.3 安装 Proxmox VE 相关的软件包

系统命令行手动执行指令“apt-get install proxmox-ve postfix open-iscsi”，虽然只是指定了三个包名，但安装的软件数量还是挺多的，请耐心等待。

```
root@deb109:~# apt-get install proxmox-ve postfix open-iscsi
Reading package lists... Done
Building dependency tree
Reading state information... Done
…
The following additional packages will be installed:
0 upgraded, 307 newly installed, 1 to remove and 0 not upgraded.
Need to get 209 MB of archives.
After this operation, 802 MB of additional disk space will be used.
```

由于选取了包 Postfix，在操作过程中，会出现配置邮件系统的界面，并非必要，因此可以选择不做配置，如图 3-18 所示。

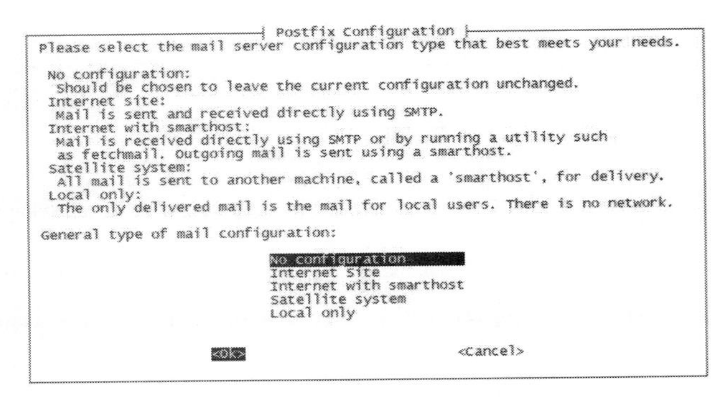

图 3-18

大部分官方的软件包下载站点位于国外，安装 Proxmox VE 及其相关包的过程比较缓慢。有人将 Proxmox VE 安装源换成国内的站点，估计速度会快不少。因为在 Debian 之上安装 Proxmox VE 并不推荐，因此无须花更多的精力去尝试。有兴趣的读者，可自行测试。

执行完毕，如果没有报错，基本上就算正确安装，如图 3-19 所示。

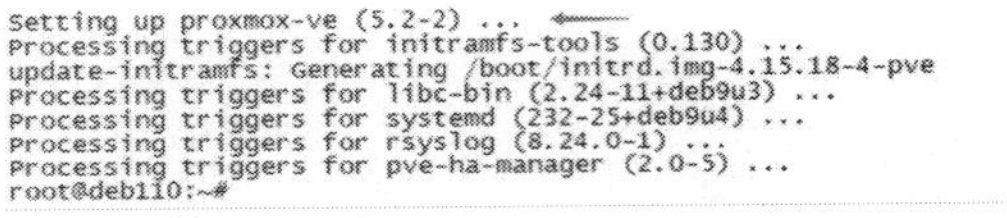

```
Setting up proxmox-ve (5.2-2) ...
Processing triggers for initramfs-tools (0.130) ...
update-initramfs: Generating /boot/initrd.img-4.15.18-4-pve
Processing triggers for libc-bin (2.24-11+deb9u3) ...
Processing triggers for systemd (232-25+deb9u4) ...
Processing triggers for rsyslog (8.24.0-1) ...
Processing triggers for pve-ha-manager (2.0-5) ...
root@deb110:~#
```

图 3-19

3.2.4 后续处理工作

官方文档还推荐了一个可选项：删除“os-prober”及删除 Debian 内核，具体操作如下：

```
apt remove os-prober
apt remove linux-image-amd64 linux-image-4.9.0-3-amd64
update-grub
```

实际上，不做这些操作也没什么影响。

3.3 验证安装的正确性

有两种方法可以验证安装是否正确，一种是浏览器访问 Web 管理后台，另一种是登录宿主系统 Debian 系统查看进程。

● 浏览器访问 Proxmox VE 所在系统的 IP 地址，比如 http://172.16.35.110:8006，正常情况，会出现登录页面，输入系统账号“Root”及预先设定好的密码，就可以对计算资源进行管理。

● 用命令行查看进程及监听口，请参看图 3-20（PVE 相关进程）、图 3-21（PVEWeb 监听端口）。

```
root@deb110:~# ps auxww|grep pve
root       505  0.0  0.0  89900   156 ?        Ssl  03:35   0:00 /usr/sbin/pvefw
-logger
root      1104  0.1  1.4 506340 75432 ?        Ss   03:35   0:00 pve-firewall
root      1106  0.1  1.4 504356 73756 ?        Ss   03:35   0:00 pvestatd
root      1129  0.0  2.0 540604 104572 ?       Ss   03:35   0:00 pvedaemon
root      1132  0.0  2.1 543056 108604 ?       S    03:35   0:00 pvedaemon worke
r
root      1133  0.0  2.1 543056 108500 ?       S    03:35   0:00 pvedaemon worke
r
root      1134  0.0  2.1 543056 108520 ?       S    03:35   0:00 pvedaemon worke
r
root      1169  0.0  1.6 515252 84136 ?        Ss   03:35   0:00 pve-ha-crm
www-data  1181  0.0  2.0 548392 106056 ?       Ss   03:35   0:00 pveproxy
www-data  1184  0.0  2.2 550728 112880 ?       S    03:35   0:00 pveproxy worker
www-data  1185  0.0  2.2 550728 112880 ?       S    03:35   0:00 pveproxy worker
www-data  1186  0.0  2.2 550728 112880 ?       S    03:35   0:00 pveproxy worker
root      1206  0.0  1.6 514800 83844 ?        Ss   03:35   0:00 pve-ha-lrm
root      2135  0.0  0.0  12788   992 tty1     S+   03:49   0:00 grep pve
root@deb110:~# _
```

图 3-20

```
566/rpcbind
tcp        0      0 127.0.0.1:85            0.0.0.0:*               LISTEN
1129/pvedaemon
tcp        0      0 0.0.0.0:22              0.0.0.0:*               LISTEN
1013/sshd
tcp        0      0 0.0.0.0:3128            0.0.0.0:*               LISTEN
1211/spiceproxy
tcp        0      0 0.0.0.0:8006            0.0.0.0:*               LISTEN
1181/pveproxy
tcp6       0      0 :::111                  :::*                    LISTEN
566/rpcbind
tcp6       0      0 :::22                   :::*                    LISTEN
1013/sshd
udp        0      0 0.0.0.0:111             0.0.0.0:*
566/rpcbind
udp        0      0 0.0.0.0:742             0.0.0.0:*
566/rpcbind
udp6       0      0 :::111                  :::*
566/rpcbind
udp6       0      0 :::742                  :::*
566/rpcbind
Active UNIX domain sockets (servers and established)
Proto RefCnt Flags       Type       State         I-Node   PID/Program name
Path
root@deb110:~#
```

后台管理监听

图 3-21

3.4 安装注意事项

如果是知名厂商的品牌服务器，用 U 盘安装 Proxmox VE 一般都会很顺利。但是，如果试验环境中没有服务器，而用个人电脑代替服务器进行安装部署的话，可能会存在一些问题。

- 能识别 U 盘，但不能正确引导进行安装。U 盘在某台机器上可以引导并进行安装，但换到其他的机器，就不正常。建议进主板的 BIOS 进行设置，一般都能解决问题。
- 虚拟机嵌套。在条件有限的情况下，虚拟机嵌套可以解决设备上的不足。什么是嵌套呢？举个例子就知道了：只有一台笔记本（Windows 系统），平时还用来办公，为了做试验，在系统上安装 VirtualBox、VMware Workstation 虚拟化工具，然后在虚拟化软件里边面安装 Proxmox VE，再在 Proxmox VE 上安装虚拟机。虚拟机嵌套，需要注意把底层虚拟机的 CPU 虚拟支持打开。手上没有可用服务器的情况下，可以在一个物理机上嵌套 Proxmox VE，即测试机底层是 Proxmox VE，然后在这个 Proxmox VE 里面再安装几个 Proxmox VE，以模拟多机集群。在这个情况下，需要登录底层 Debian 系统，把内核“nested”打开。不过这样做比较麻烦而且性能差。

特别提示：在华为的服务器上安装部署 Proxmox VE 6.X，可能无法继续进行下去。解决方法是先安装 Proxmox VE 5.X，再升级到 Proxmox VE 6 或 Proxmox VE 7。

第4章 配置和管理 Proxmox VE

Proxmox VE 管理和配置的绝大部分操作可在 Web 界面进行，有少部分操作必须在命令行下进行。Proxmox VE 版本越高，Web 管理界面支持的功能就越多，以前需要在命令行进行的操作，高版本的 Web 管理界面也可能支持。对于有经验的技术人员来说，所有的操作都可以在命令行完成，不过这肯定没有在 Web 界面下高效和方便。因此，一般的工作场景，建议在 Web 界面下进行操作。

4.1 管理平台登录

刚才已经部署好 Proxmox VE 系统，现在从浏览器登录，端口号为 8006，登录所能使用的账号只有“Root”，并且使用的是 Linux 自带的 PAM 认证，如图 4-1 所示。

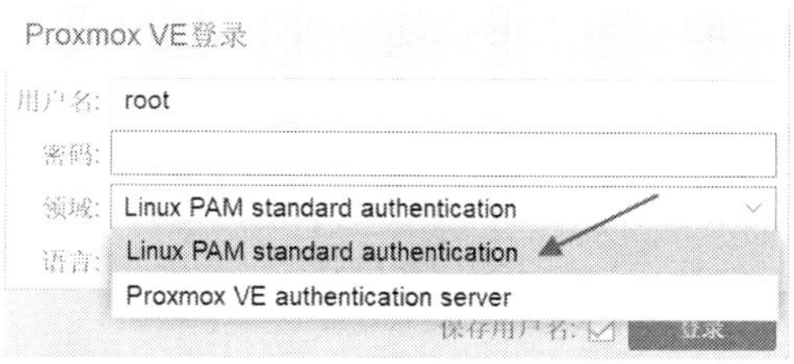

Proxmox VE登录
用户名: root
密码:
领域: Linux PAM standard authentication
Linux PAM standard authentication
语言:
Proxmox VE authentication server
保存用户名: 登录

图 4-1

Proxmox VE 支持中文，对英语水平不高的技术人员来说，这是很大的便利。这里需要输入的密码就是登录 Linux 系统所用的密码。这个密码是在安装 Proxmox VE 的过程中设定的。安全起见，密码要设置得复杂点。

登录进去以后，管理界面的布局大致分三个区，另外右上部有菜单栏，看起来相当简洁明了，如图 4-2 所示。

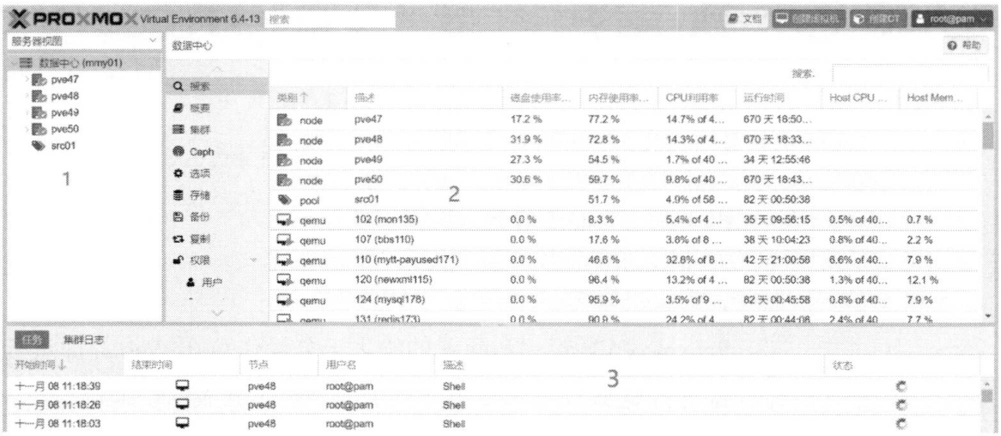

图 4-2

区域 1 为资源总览区，每一个物理节点左侧有一个箭头，单击箭头可以查看所附属的存储。区域 2 是详情展示区，它是区域 1 项目的级联展开。区域 3 是操作记录区，双击还可以显示更详细的信息。

区域 1 右上角，有一个下三角按钮，可以从下拉列表中选择不同风格的显示视图，如图 4-3 所示。

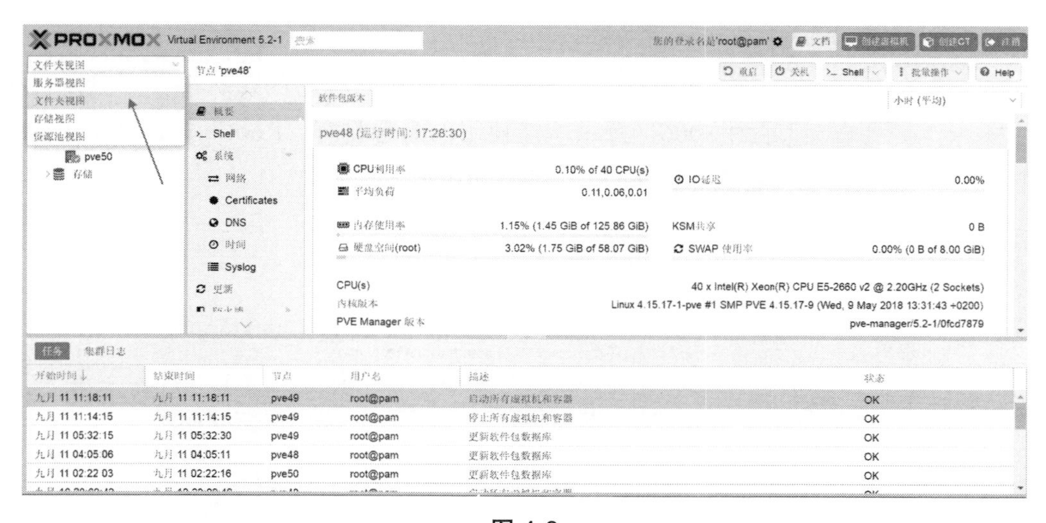

图 4-3

下面按照区域 2 条目的排列顺序，讲解一些常用的管理操作。

4.2 网络配置与管理

默认情况下，Proxmox VE 启用的网络只有一个桥接接口 vmbr0，该接口对应一个物理网络接口，系统的 IP 地址被设置在桥接接口，而不是物理网络接口，主流的品牌服务器一般都带多个网口，如图 4-4 所示。

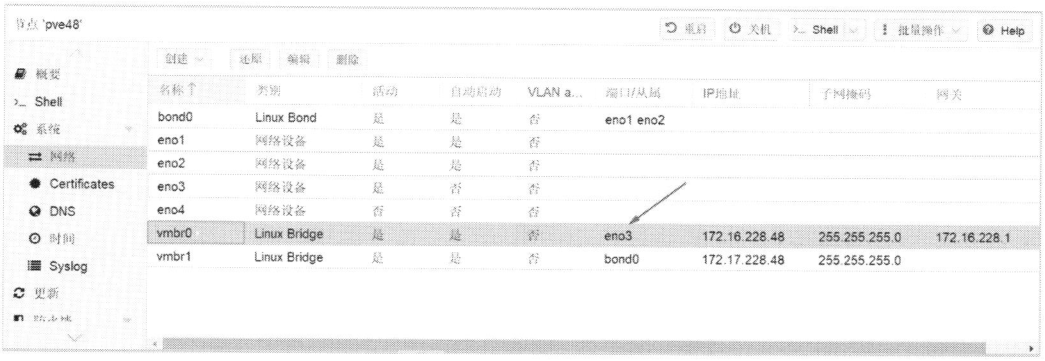

图 4-4

为了充分利用资源，提高网络可用性，增加网络带宽，可以把物理网络接口两两绑定。为降低风险，可以先绑定 eno1 与 eno2（即便绑定错误，也不影响远程登录）。

绑定操作大概分三步：

（1）在管理界面区域 2，单击左上侧按钮“创建”，在下拉列表中选择“Linux Bond”，如图 4-5 所示。弹出“创建：Linux Bond”对话框，如图 4-6 所示。

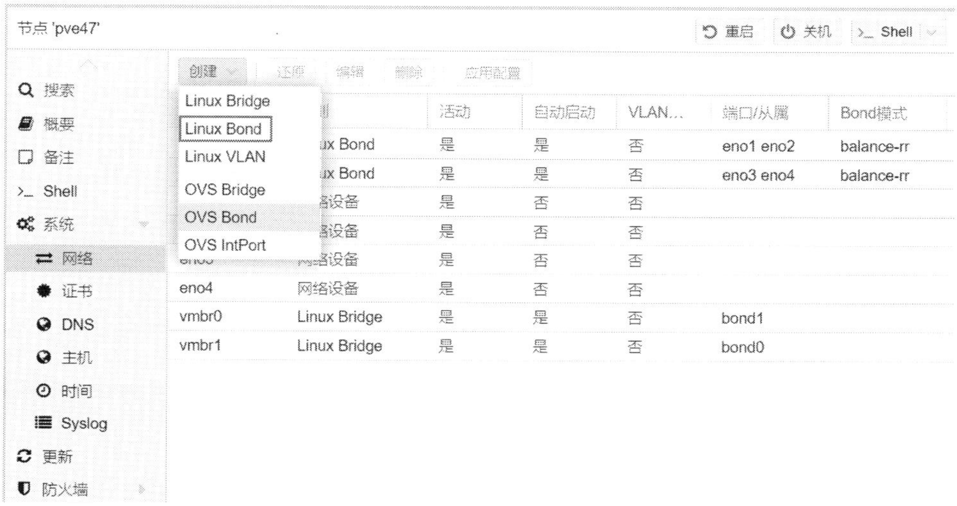

图 4-5

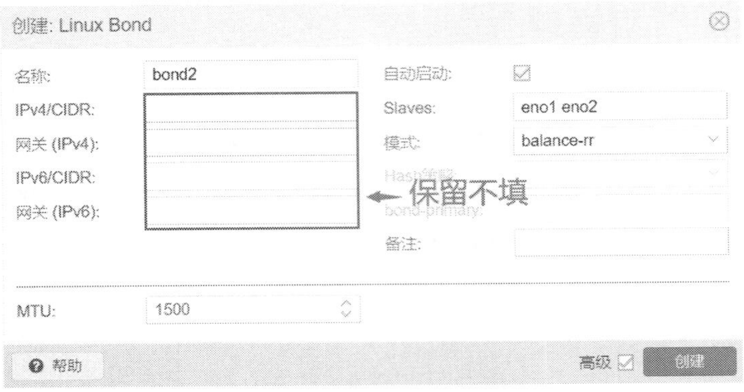

图 4-6

不用填写 IP 地址及掩码等信息，右侧“Slaves”填写要绑定的物理网络接口 eno1 与 eno2（关于网络接口 1、网络接口 2 的名称，读者可以根据自己设备在系统里显示的名称进行输入）。同时把“自动启动”勾选上，表示开机即启动这个 Bond。

（2）在管理界面区域 2，单击左上侧按钮“创建”，在下拉列表中选“Linux Bridge”。弹出“创建：Linux Bridge”对话框。这时候，就需要填写 IP 地址、子网掩码以及所依附的桥接端口，如图 4-7 所示。

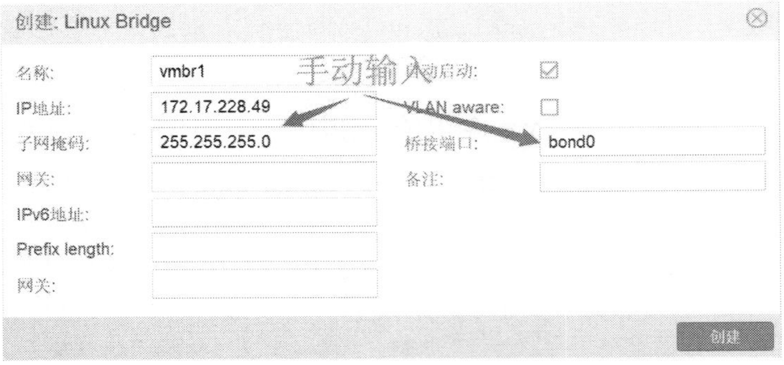

图 4-7

创建好桥接接口“vmbr1”，系统会自动生成一个名为 /etc/network/interfaces.new 的网络配置文件，其内容为：

```
auto lo
iface lo inet loopback
iface eno3 inet manual
iface eno1 inet manual
iface eno2 inet manual
iface eno4 inet manual
auto bond0
iface bond0 inet manual
        slaves eno1 eno2
```

```
        bond_miimon 100
        bond_mode balance-rr
auto vmbr0
iface vmbr0 inet static
        address  172.16.228.48
        netmask  255.255.255.0
        gateway  172.16.228.1
        bridge_ports eno3
        bridge_stp off
        bridge_fd 0
auto vmbr1
iface vmbr1 inet static
        address  172.17.228.48
        netmask  255.255.255.0
        bridge_ports bond0
        bridge_stp off
        bridge_fd 0
```

（3）重启系统，文件“/etc/network/interfaces.new”里的配置会同步到“/etc/network/interfaces”里，使得配置更改得以生效。新版的 Proxmox VE 6.1 修改完网络服务，仅需重载就能使网络配置生效。

做好网卡绑定之后，需要与该网段内的主机互 Ping，以验证其正确性。另外两块网卡的绑定，由于 eno3 已经被桥接接口 vmbr0 占用，所以直接创建 Bond 将报错，如图 4-8 所示。

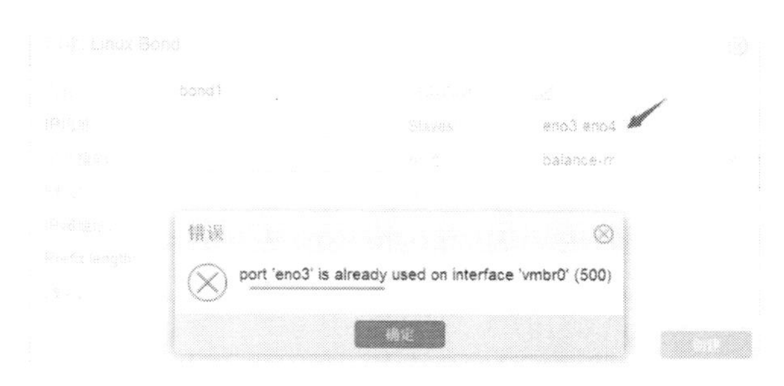

图 4-8

返回网络管理界面，选中 vmbr0，单击上部“编辑”按钮，对其进行更改，如图 4-9 所示。

单击“确定”按钮，返回网络管理界面，继续创建 Bond（注意现在不要重启系统，不然远程访问会失效），这时，在“Slaves”编辑框输入“eno3 eno4”，就能创建好“bond1”。

再回退到网络管理界面，对 vmbr0 进行编辑操作，设置“桥接端口”为“bond0”，检查无误后，重启系统修改生效，如图 4-10 所示。

编辑: Linux Bridge

名称:	vmbr0	自动启动:	☑
IPv4/CIDR:	172.16.228.47/24	VLAN感知:	☐
网关 (IPv4):	172.16.228.1	桥接端口:	bond1
IPv6/CIDR:		备注:	
网关 (IPv6):			
MTU:	1500		

删除

高级 ☑ 确定 Reset

图 4-9

节点 'pve48'　　重启　关机　Shell　批量操作　帮助

搜索　概要　备注　Shell　系统　网络　证书　DNS　主机　时间

创建　还原　编辑　删除　应用配置

名称 ↑	类别	活动	自动启动	VLAN...	端口/从属	Bond模式	CIDR	网关
bond0	Linux Bond	是	是	否	eno1 eno2	balance-alb		
bond1	Linux Bond	是	是	否	eno3 eno4	balance-alb		
eno1	网络设备	是	否	否				
eno2	网络设备	是	否	否				
eno3	网络设备	是	否	否				
eno4	网络设备	是	否	否				
vmbr0	Linux Bridge	是	是	否	bond1		172.16.228.48/24	172.16.228.1
vmbr1	Linux Bridge	是	是	否	bond0		172.17.228.48/24	

图 4-10

调整网络的这个操作风险极大，需要做好应急准备，万一报错，很可能把自己关在系统外面！如果真的出现这种情况，可能就需要在服务器上连接键盘显示器手动修改网络配置。

另外还有一种场景，那就是出于学习或者练习的目的，拿普通台式电脑（或者笔记本）安装 Proxmox VE 来做试验。但普通台式电脑一般只有一个板载的网络接口（如图 4-11 所示），要模拟多个网段用于测试不同的应用，应该怎么办？

图 4-11

对于 Proxmox VE 来说，这并非难事，继续创建桥接接口，不绑定物理网络接口。后面创建虚拟机设置网络时选定桥接接口即可，如图 4-12 所示。

图 4-12

当然，此网段的虚拟机要对外访问，需在宿主机做处理。大概的思路是，登录 Proxmox VE 的宿主系统 Debian，撰写 iptables 脚本做 IP 地址伪装，同时启用系统内核的“ip_forward”转发功能（在“/etc/sysctl.conf”中修改 net.ipv4.ip_forward =1 ，使其永久生效）。有 Linux 基础的读者应该一眼就瞧出来了，这就是单网卡路由嘛！也可以桥接其他存在的接口，以满足实际需求，如图 4-13 所示。

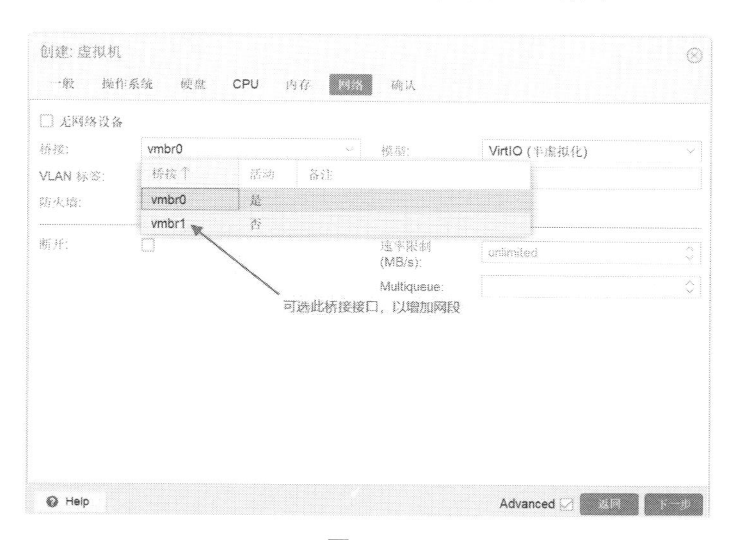

图 4-13

4.3 存储管理

Proxmox VE 支持本地存储与远程存储两种。至于块存储与文件系统存储的含义，请读者自行查阅资料，这里不再展开进行说明。本节举两个有代表性的例子，来说明怎么样轻而易举地给现有的 Proxmox VE 平台增加存储。一种是安装完系统后再单独增加磁盘（本地存储），作为虚拟机存放的场所；另一种是挂载远程的 NFS 文件系统，可做备份、存储虚拟机镜像文件等用途。

4.3.1 增加本地存储

一般情况下，用一整块硬盘来安装 Proxmox VE，而不希望虚拟机也安装在这同一块硬盘上。这是基于性能和数据安全方面来考虑的，比如笔者常在方案中用小容量的固态硬盘（256GB SSD，节省成本）来安装 Proxmox VE，而用单独的 SAS 盘来存储虚拟机的数据。

当安装完 Proxmox VE 时，能使用的磁盘空间有两个：local 及 local-lvm，如果用这个磁盘空间来创建和安装虚拟机，是创建不了几个的。

待用的空闲磁盘必须能被 Debian 系统识别。检验方式有两种：一种是登录系统，用命令行 fdisk –l 查看；另一种是登录 Proxmox Web 管理界面进行查看，如图 4-14 所示，此服务器除了系统盘外，还有几块可用的空闲磁盘。

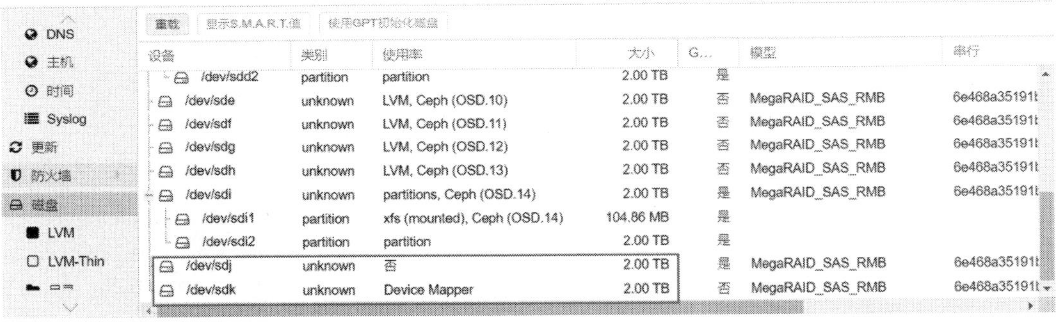

图 4-14

待用磁盘的分区，创建文件系统以及挂载到系统目录的操作，如果无法在 Web 界面完成，就只能登录 Debian 系统，使用命令行完成（较新的发行版，可以直接在 Web 管理后台完成）。下面是具体的步骤，供参考。

（1）创建分区。对于容量小于 2TB 的磁盘，用工具“fdisk”；如果磁盘容量大于 2TB，建议使用工具“partd”。

```
root@pve99:~# fdisk /dev/sdb
……………………. 省略……………………………………
Command (m for help): p
Disk /dev/sdb: 29.8 GiB, 32010928128 bytes, 62521344 sectors
Units: sectors of 1 * 512 = 512 bytes
Sector size (logical/physical): 512 bytes / 512 bytes
I/O size (minimum/optimal): 512 bytes / 512 bytes
Disklabel type: dos
Disk identifier: 0x000a0d74
Command (m for help): n
Partition type
  p   primary (0 primary, 0 extended, 4 free)
   e   extended (container for logical partitions)
Select (default p):
Using default response p.
Partition number (1-4, default 1):
First sector (2048-62521343, default 2048):
Last sector, +sectors or +size{K,M,G,T,P} (2048-62521343, default
62521343):
Created a new partition 1 of type 'Linux' and of size 29.8 GiB.
Command (m for help): w
The partition table has been altered.
Calling ioctl() to re-read partition table.
Syncing disks.
```

（2）创建文件系统。创建文件系统可以是 xfs 或者 ext4 下面为使用 ext4 创建文件系统。

```
root@pve99:~# mkfs.ext4 /dev/sdb1
mke2fs 1.43.4 (31-Jan-2017)
Creating filesystem with 7814912 4k blocks and 1954064 inodes
Filesystem UUID: cbffddf1-bea0-4bb0-86de-600bca0af387
Superblock backups stored on blocks:
        32768, 98304, 163840, 229376, 294912, 819200, 884736, 1605632,
2654208,  4096000
Allocating group tables: done
Writing inode tables: done
Creating journal (32768 blocks): done
Writing superblocks and filesystem accounting information: done
```

（3）创建挂载目录及挂载文件系统。挂载点取名要注意，不要与系统保留的名称一样，以免引起混乱。

```
root@pve99:~# mkdir /data
root@pve99:~# mount /dev/sdb1 /data/
```

为使挂接永久生效，可编辑文件“/etc/fstab”。

（4）验证挂载正确性。输入命令行“df-h”可查看磁盘的挂载情况，也可以通过 Web 管理界面，查看节点磁盘，如图 4-15 所示。

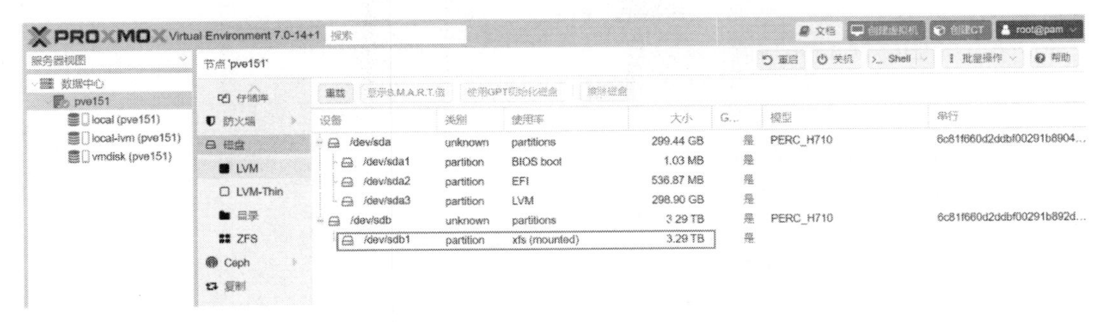

图 4-15

（5）增加本地磁盘到 Proxmox VE 存储体系。

①在管理界面依次选择“存储”→“添加”→“目录”菜单，如图 4-16 所示。

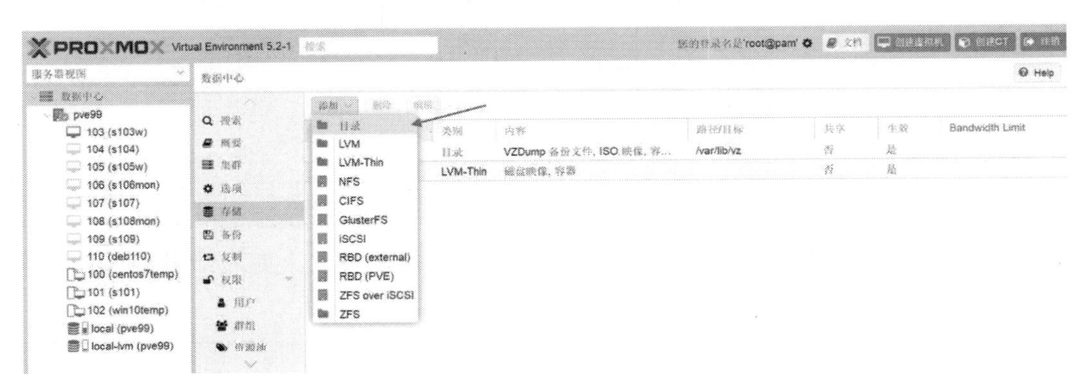

图 4-16

②在“添加：目录”对话框中，输入 ID 值，可填写任意字符（如 mydata）；“目录”的值是关键，输入的值就是文件系统的挂载点“/data”，不能输错，如图 4-17 所示。

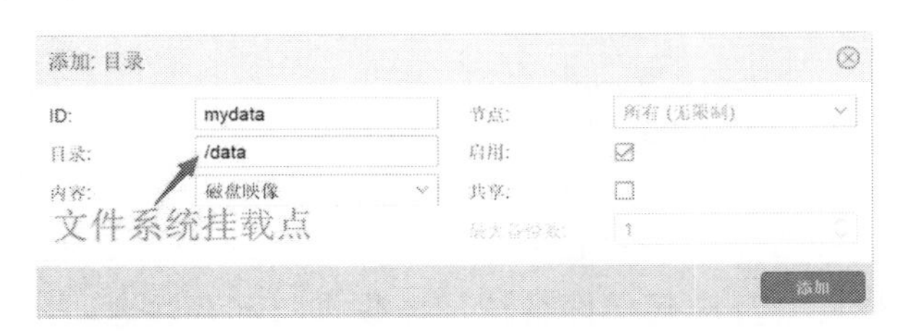

图 4-17

待添加完毕以后，可在管理界面看到效果，也可以登录 Debian 系统，打开文件“/etc/pve/storage.cfg”查看新增的文本行，如图 4-18 所示。

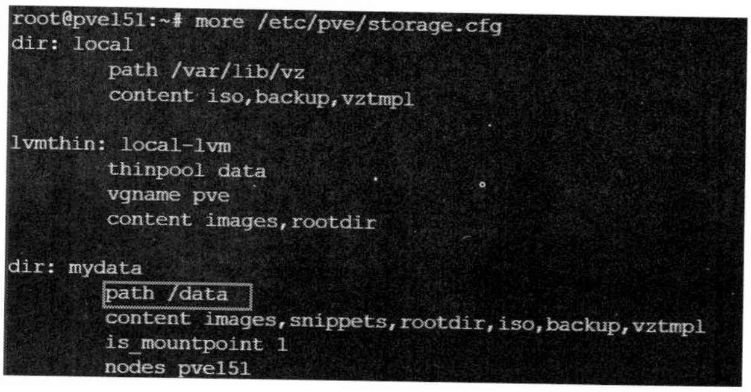
root@pve151:~# more /etc/pve/storage.cfg
dir: local
path /var/lib/vz
content iso,backup,vztmpl
lvmthin: local-lvm
thinpool data
vgname pve
content images,rootdir
dir: mydata
path /data
content images,snippets,rootdir,iso,backup,vztmpl
is_mountpoint 1
nodes pve151

图 4-18

为进一步验证新增的单独的磁盘是否可用，接下来创建一个虚拟机，指定虚拟机的硬盘为刚才新增的那个磁盘，然后给此虚拟机安装操作系统 CentOS7，步骤如下。

（1）创建一个虚拟机。在“创建：虚拟机”对话框中，选择“硬盘”选项卡，在“存储”的下拉列表中看新增的磁盘存储是否可选，如图 4-19 所示。

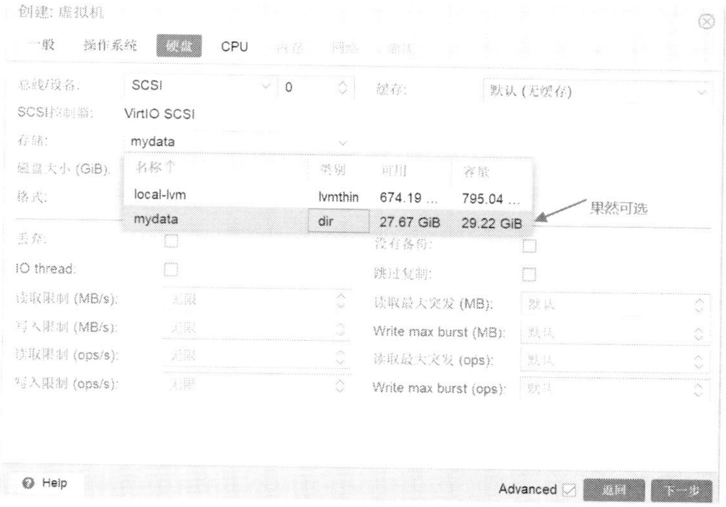
SCSI
VirtIO SCSI
mydata
local-lvm
lvmthin
674.19 ...
795.04 ...
mydata
dir
27.67 GiB
29.22 GiB
果然可选
IO thread
Help
Advanced

图 4-19

（2）创建完此虚拟机，回到 Debian 系统下，查看目录“/data/images/111”（数字 111 是虚拟机 ID），可看到一个大小为 5MB 的文件 vm-111-disk-1.qcow2。等安装完此虚拟机的操作系统，文件 vm-111-disk-1.qcow2 的大小增长了好几个 GB，这说明虚拟机的镜像文件确实存储在此地。

```
root@pve99:/data/images/111# pwd
/data/images/111
root@pve99:/data/images/111# du -hs *
1.2G    vm-111-disk-1.qcow2
```

4.3.2 增加远程共享存储 NFS

虽然 Proxmox VE 5.0 以后的版本集成了分布式文件系统 Ceph，完全去中心化超融合架构，但在此基础上挂载 NFS 共享存储仍然有用武之地。比如，对虚拟机进行数据备份。另外，如果对分布式存储信心不足，也可以采用 NFS 共享方式来存储虚拟机的镜像文件，实践证明，Proxmox VE 集群迁移节点的虚拟机，如果不用分布式存储或者 NFS 共享存储，速度会极慢。

回到 Web 管理界面，依次单击“数据中心”→“存储”→“添加”→“NFS”菜单，如图 4-20 所示。

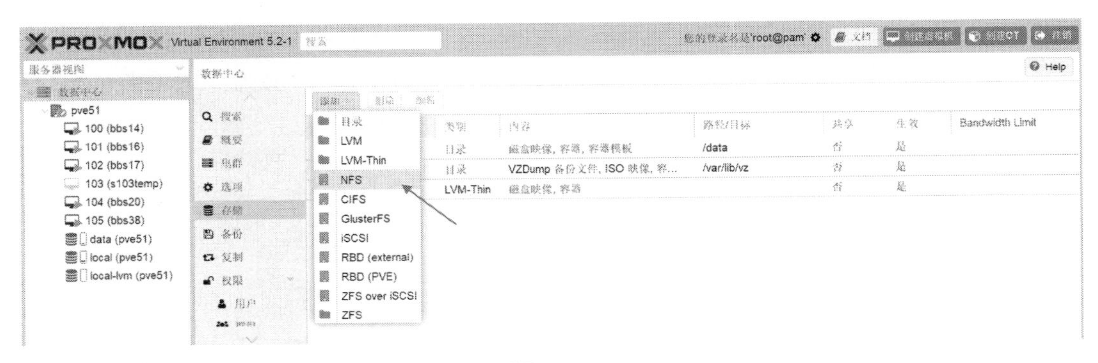

图 4-20

在“添加 :NFS”对话框中，在“ID”文本框中随便输入字符，在“服务器”文本框中输入 NFS 的 IP 地址（或者可以访问到的主机名）。如果输入正确，而且 NFS 服务及授权正常的话，那么单击“Export”（共享路径）的下三角按钮，就应该得到 NFS 服务器端设定的共享路径，如图 4-21 所示。

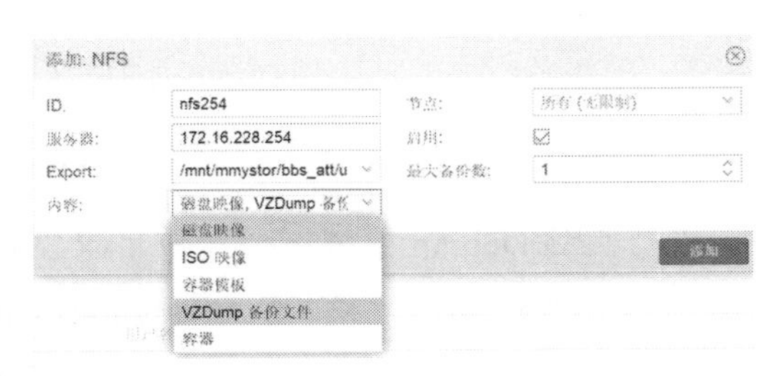

图 4-21

执行完后，单击“添加”按钮，即可在系统中用命令行 df –h 查看到挂载上来的 NFS 目录。

至于挂载 iSCSI 等其他几种共享存储，与上述操作流程基本类似，限于篇幅，不再一一赘述，请读者参照官方文档操作。

4.4 备份与恢复

4.4.1 数据备份

备份与恢复针对的对象是虚拟机或者容器，可以对整个数据中心下的虚拟机进行备份，也可以对单个的虚拟机进行备份。对单个虚拟机进行备份，暂时没找到定时备份的方法；而对整个数据中心的虚拟机进行备份，则可以很好地控制备份行为。当然，对数据中心级别下的虚拟机进行备份时，也可以单独勾选需要备份的虚拟机，如图 4-22 所示。

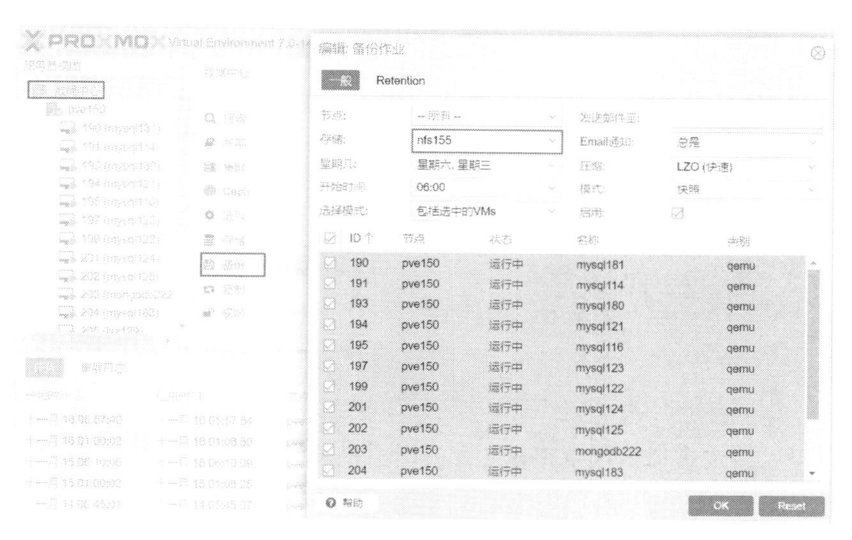

图 4-22

设定好备份的开始时间（要设定到夜深人静、访问量小的时候），余下的工作就交给时间和 Proxmox VE。读者可能心中会有疑问，这个定时备份是不是调用系统的“crond”服务呢？确实如此。当在 Web 管理界面，单击“备份作业”后，在 Debian 系统下，生成了一个文件“/etc/cron.d/vzdump”，该文件的内容如下（根据你的设定可能不完全和这里相同）：

```
root@pve99:/data/images/111# more /etc/cron.d/vzdump
# cluster wide vzdump cron schedule
# Automatically generated file - do not edit
PATH="/usr/sbin:/usr/bin:/sbin:/bin"
30 0 * * 1          root vzdump 100 101 102 103 104 106 107 108 109
105 --mode snapshot --storage local --mailnotification always --compress
lzo --quiet 1
```

Linux 系统管理员应该对这个“crond”不陌生吧？比平常写的“crontab”稍微复杂一点，多带了些选项和参数而已。对照 Web 管理界面的输入，这些选项、参数是代表什么，也就清楚了。

4.4.2 虚拟机或容器恢复

虚拟机恢复实际上包含两种方法：一种是从本平台的备份恢复；另一种是从其他 Proxmox VE 平台复制虚拟机镜像备份进行恢复（这其实是虚拟机迁移，算是捷径了）。

1. 从本平台的备份中恢复

这种方法操作简单，如图 4-23 所示，根据图中的序号依次操作即可。

图 4-23

恢复前，还可以指定虚拟机恢复路径（存放虚拟机镜像文件的目录），如图 4-24 所示。

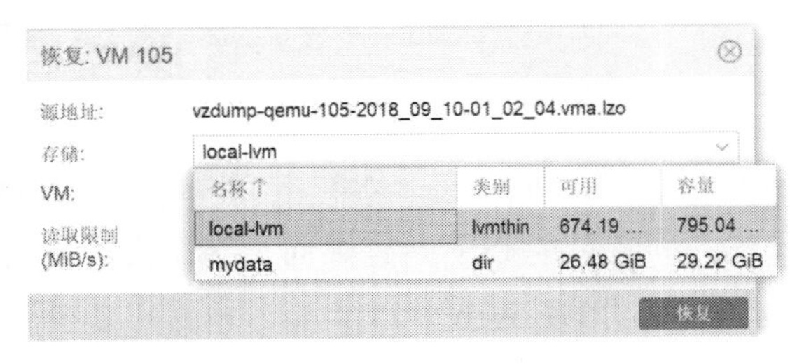

图 4-24

2. 虚拟机迁移恢复

先在源站对虚拟机进行备份，备份完毕后，把该文件复制到目标系统的目录“/var/lib/vz/dump”，或者其他 Proxmox VE 恢复时可以识别的目录中。用“rsync”把虚拟机备份复制到目标主机，指令如下：

```
root@pve99:/var/lib/vz/dump# rsync -azv vzdump-
qemu-105-2018_09_10-01_02_04.vma.lzo 172.16.35.55:/var/lib/vz/dump
root@172.16.35.55's password:
sending incremental file list
vzdump-qemu-105-2018_09_10-01_02_04.vma.lzo
sent 7,465,431,278 bytes  received 35 bytes  10,780,406.23 bytes/sec
total size is 9,343,620,894  speedup is 1.25
```

文件复制完毕，用浏览器登录到目标系统的 Proxmox VE Web 管理后台，查看复制的文件是否被目标 Proxmox VE 所识别，如图 4-25 所示。

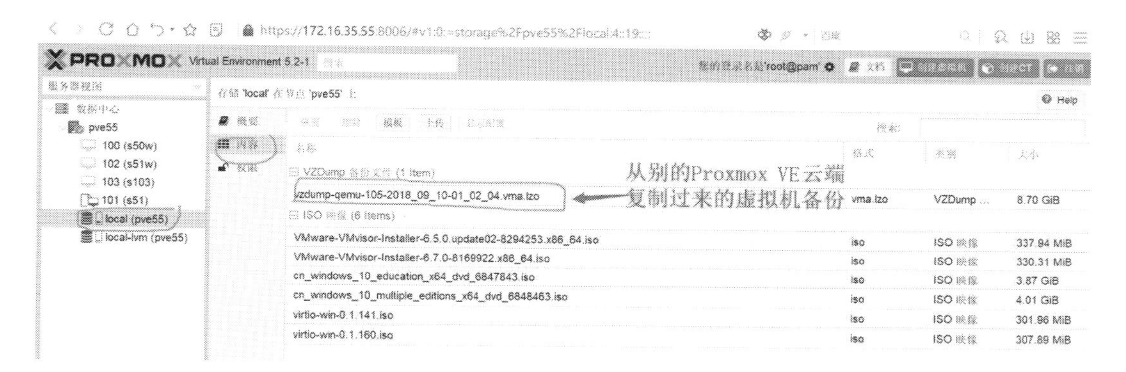

图 4-25

选定备份文件，再单击上方“恢复”菜单，进行恢复操作，如图 4-26 所示。

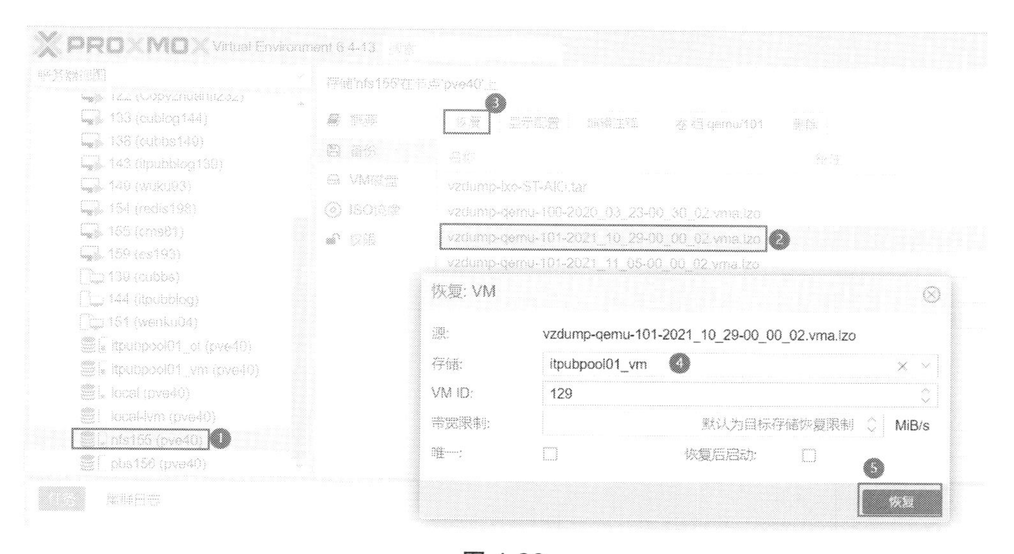

图 4-26

一定要仔细填写虚拟机 ID 值，不要与系统现存的 ID 发生冲突。

各位读者，只要把备份的路径弄明白，进行虚拟机恢复操作是不是很容易？

4.4.3 备份不可再生数据

除了 Proxmox VE 本身提供的虚拟机备份功能，对于重要的生产系统，最好再花点成本对不可再生的数据进行应用级别的离线备份。比如数据库备份、用户上传文件备份，这些备份系统要与 Proxmox VE 平台分离，能通过网络进行数据传输。

如果某天整个 Proxmox VE 集群崩溃了，还可以用这些离线备份数据恢复服务。再说，应用级别的数据备份占据的存储空间，肯定比备份所有的虚拟机要小得多。虚拟机可以重建，可是不可再生的数据是重建不了的。

对不可再生数据做备份，建议远程备份到异机系统。可以在内网准备一台大容量服务器，以 NFS 方式共享目标目录，用 Rsync 工具对数据进行定时同步。

4.5 其他管理操作

基于安全方面的考虑，在设计系统时，Proxmox VE 单机或超融合集群被限定在内部网络。用户的访问请求，首先到达的是暴露在外部的负载均衡器，由负载均衡器把请求转发到内部的 Proxmox VE 上部署的应用，Proxmox VE 及其他虚拟机系统通过 VPN 拨号方式，进行远程登录及管理。网络安全方面，完全由部署在网络边界处的硬件安全设施来防护，因此没有必要在 Proxmox VE 上启用主机防火墙，所以本书不对 Proxmox VE 自带的防火墙配置做介绍，有兴趣的读者可自行去配置测试。分布式文件系统 Ceph，将在第 9 章进行详细的介绍。

第5章 在 Proxmox VE 上创建虚拟机

虚拟机是整个 Proxmox VE 的核心，所有的应用都是运行在虚拟机之上（Linux 容器除外）的。创建虚拟机分两个步骤：创建虚拟机及在其上安装操作系统。本章先介绍常规创建虚拟机的方法，然后介绍创建虚拟机的便捷方法。

5.1 用常规方式创建虚拟机

创建虚拟机之前，最好先做个简单的规划。需要考虑的事项有：使用哪个宿主机、哪个桥接接口（真实生产环境的服务器，一般都有两个以上的网卡）、选定哪个物理节点（集群环境下，多个虚拟机应该分散到各物理机，以利于提高性能）、虚拟机存储位置（本地存储、共享存储等）、性能要求等。

下面来看一个 Proxmox VE 集群，在其上创立一些虚拟机，如图 5-1 所示。

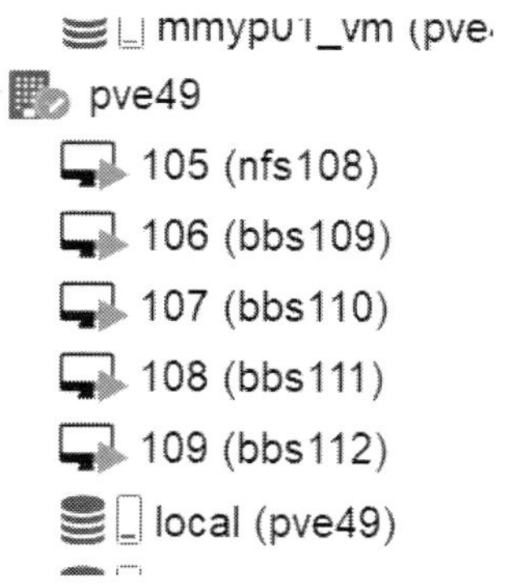

- pve49
  - 105 (nfs108)
  - 106 (bbs109)
  - 107 (bbs110)
  - 108 (bbs111)
  - 109 (bbs112)
  - local (pve49)

图 5-1

这是一个多机集群的场景，其中需要建立 3~4 台虚拟机，用于承载论坛服务。这几台虚拟机的配置，安装的操作系统及应用完全一样，前端用负载均衡（Keepalived + HAProxy）转发请求。这样的分配不是很合理，负载都集中到同一个宿主节点（物理服务器），一旦性能异常，则全军覆没。还不如直接创建一个配置超高的虚拟机省事。把这些需要做负载均衡的虚拟机，分散到不同的物理节点上去（如图 5-2 所示），才能得到更好的性能。

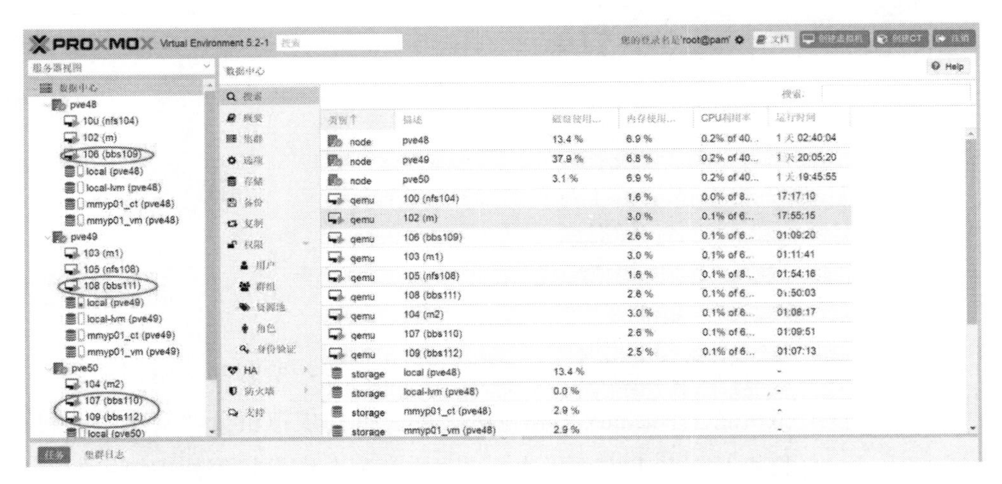

图 5-2

虽然，这些工作，在 Proxmox VE 平台里可以随时调整，但也要事前规划好！

5.1.1 准备操作系统 ISO 镜像文件

在创建虚拟机之前，可以先准备好安装虚拟机所需的操作系统 ISO 文件。Proxmox VE 的 Web 管理界面有一个上传文件的功能（也可以下载 LXC 模版，使用容器则可以省掉一步），支持从本地上传文件，如图 5-3 所示。

图 5-3

此方法有一个缺点，因为服务一般在远端的 IDC 机房，要先把 ISO 文件下载到本地，再上传上去，费时。而且，如果上传大于 2G 的大文件，很可能失败。那么，怎么处理上传合适呢？直接登录宿主机系统（Debian），进入目录“/var/lib/vz/template/iso”，用 wget 工具直接下载所需的操作系统 ISO：

```
root@pve48:/var/lib/vz/template/iso# wget http://mirrors.aliyun.com/
centos/7.5.1804/isos/x86_64/CentOS-7-x86_64-DVD-1804.iso
--2018-09-14 13:29:05--  http://mirrors.aliyun.com/centos/7.5.1804/
isos/x86_64/CentOS-7-x86_64-DVD-1804.iso
Resolving mirrors.aliyun.com (mirrors.aliyun.com)... 218.60.78.226,
218.60.78.223, 218.60.78.225
Connecting to mirrors.aliyun.com (mirrors.aliyun.
com)|218.60.78.226|:80... connected.
HTTP request sent, awaiting response... 200 OK
Length: 4470079488 (4.2G) [application/octet-stream]
Saving to: 'CentOS-7-x86_64-DVD-1804.iso'
```

这既能节省时间，又解决了不能传大文件的问题。下载完毕，马上在 Web 管理界面可以看到该文件。

5.1.3 在 Proxmox VE 上创建虚拟机

（1）浏览器登录 Proxmox VE Web 管理界面，单击“创建虚拟机”按钮，需要选择欲创建虚拟机的物理节点、虚拟机的 ID（同一个集群 ID 必须唯一）、虚拟机的名称。建议虚拟机名称多加考虑，如果是生产环境，可能会创建很多虚拟机，规范虚拟机的命名有利于后期维护管理，比如，可以用 mem113，代表此虚拟机是用于 Memcached，IP 地址末尾是 113，如图 5-4 所示。

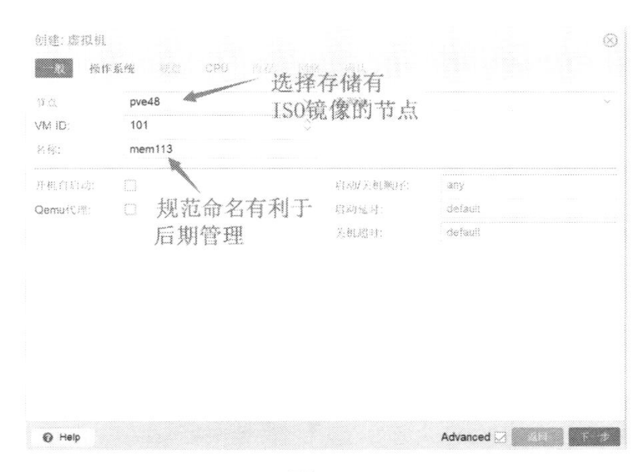

图 5-4

（2）需要选择安装操作系统所需要的介质，相信大家都会选择本地 ISO 镜像。在 Proxmox VE 上，可能需要给不同的虚拟机安装不同版本、不同类型的操作系统，因此，把各种操作系统 ISO 文件下载到某一物理节点的“/var/lib/vz/template/iso ”目录待用。注意，集群中，任意节点的目录中的 ISO 镜像不可以共享给集群中其他节点使用，但是又没必要每个节点都复制大量占据磁盘空间的 ISO 镜像文件。因此，Proxmox VE 集群有必要挂载一个 NFS 服务器，把需要操作的 ISO 文件存储到这个 ISO 的共享目录，如图 5-5 所示。

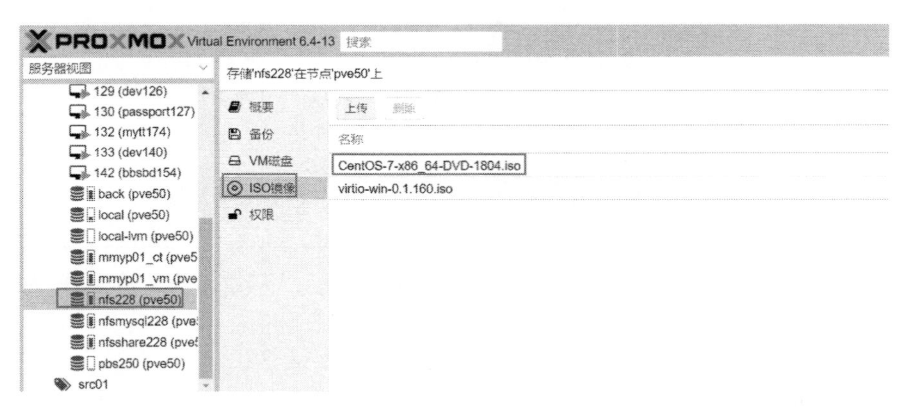

图 5-5

（3）指定虚拟机存储位置。如果是 Proxmox VE 超融合集群，有多种存储位置可供选择，比如“cephpool”“NFS”等，如图 5-6 所示。如果是单节点，只有本地存储可选。

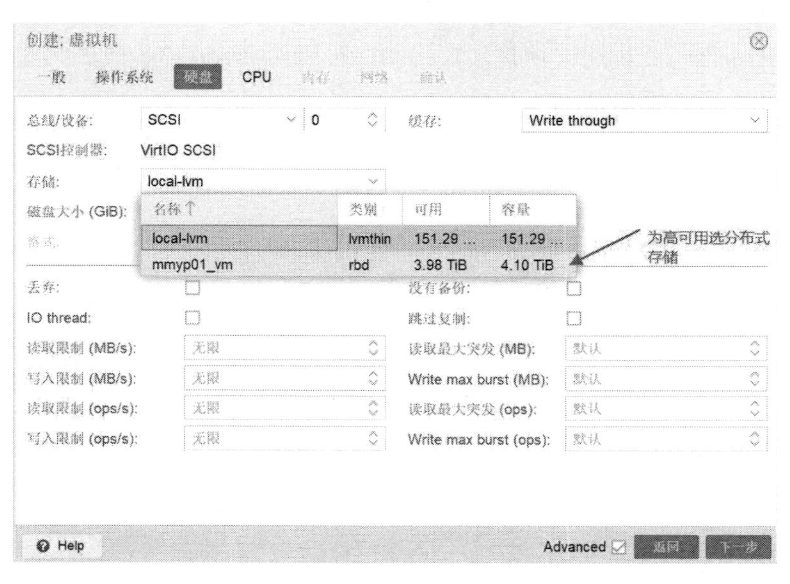

图 5-6

（4）设定 CPU 及内存。本案例中 CPU 指定 2 核心，内存设定 4GB，如图 5-7 所示。

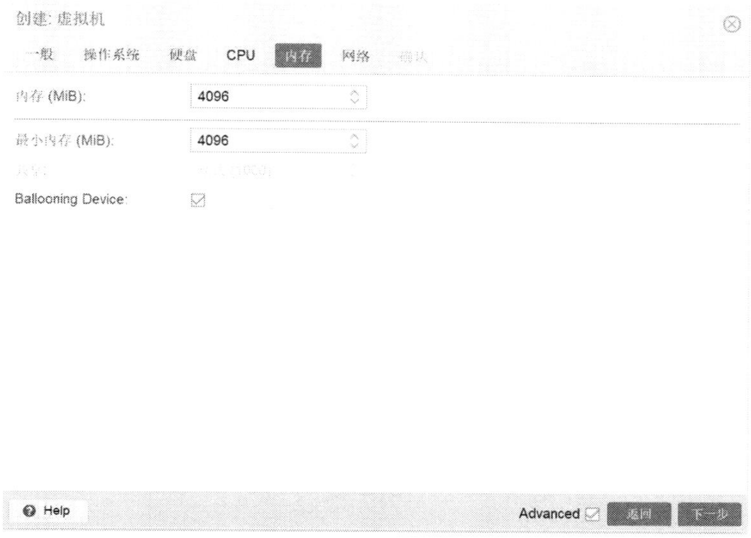

图 5-7

（5）设定网络参数。对于多个网络接口且设定多个桥接接口的宿主机（如图 5-8 所示），为虚拟机指定桥接接口时要仔细核实，这样才能保证虚拟机网络正常。

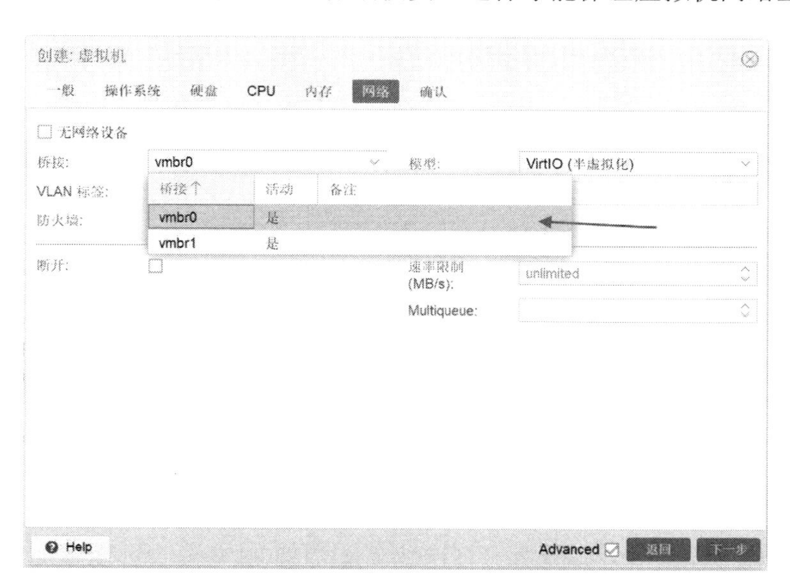

图 5-8

如果虚拟机安装 Linux 操作系统，“模型”选择“VirtIO（半虚拟化）”不会有问题；如果把虚拟机安装成 Windows 系统，那么“模型”需要换成“IntelE1000”（如图 5-9 所示）。总之，安装系统后，如果系统不能识别网卡，则需要重新调整这个“模型”。

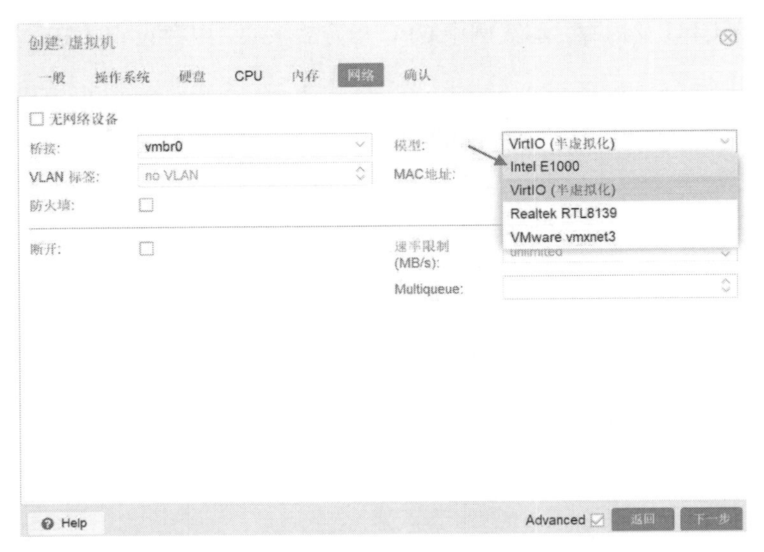

图 5-9

（6）完成虚拟机创建之后，可在 Proxmox VE 的 Web 管理界面预览一下，看是否有需要修改的地方。

● 硬件核查。主要检查资源分配，如内存大小、存储位置等，如图 5-10 所示。

图 5-10

● 选项核查。有些特殊场景，可能需要改变 BIOS 的类型，才可以进行操作系统的安装，如图 5-11 所示。

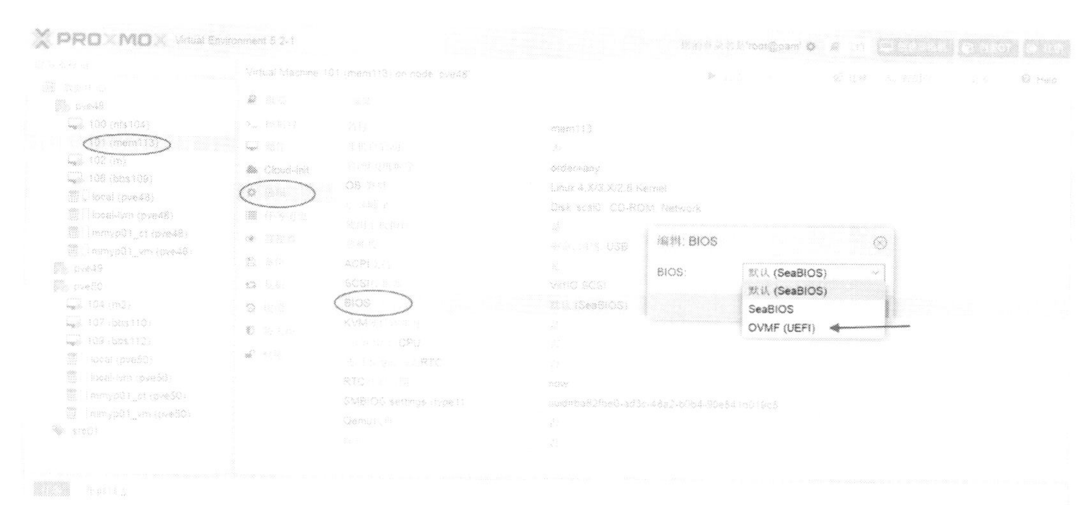

图 5-11

5.1.4 虚拟机资源及属性变更

虚拟机创建以后，可以随时对其资源或者相关选项进行更改。不过，有些项目的更改不会立即生效，需要重启虚拟机。这种不会马上生效的更改，会在管理界面以醒目的红色字体显示，如图 5-12 所示。

图 5-12

1. 虚拟机硬件

硬件部分，分为可以更改（编辑）与可以新增两个方面。

（1）可以更改部分：键盘布局、内存、处理器、显示、CD/DVD 驱动器、硬盘、网络设备等，如图 5-13 所示。

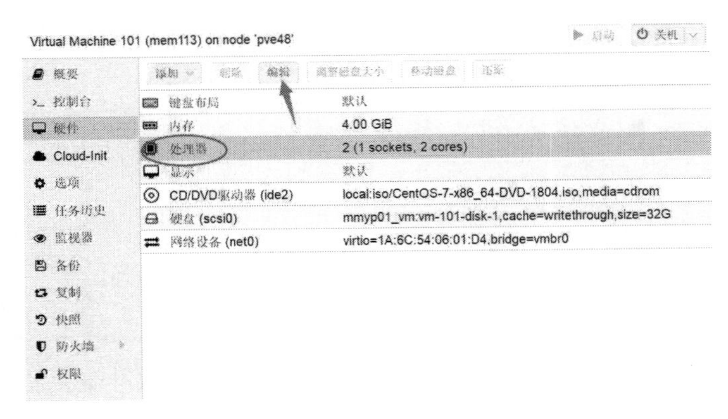

图 5-13

（2）可以新增的部分：硬盘、CD/DVD 驱动器、网络设备、EFI 磁盘、USB 设备、Cloud-Init 驱动等，如图 5-14 所示。

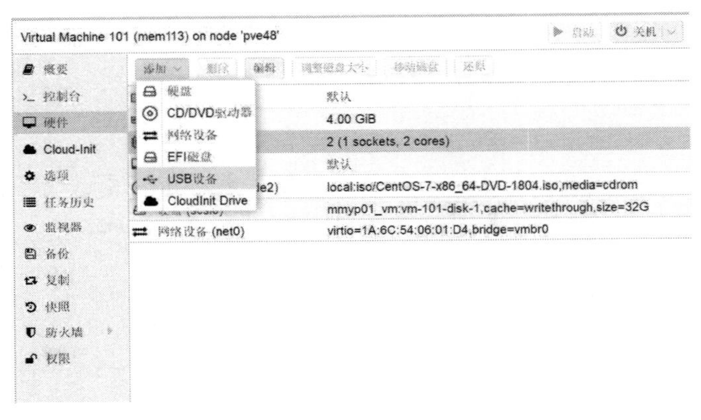

图 5-14

2. 虚拟机选项

虚拟机选项部分，只能更改不能新增。不过，好像也没什么要更改的，用几年 Proxmox VE，最多改个虚拟机名称，如图 5-15 所示。

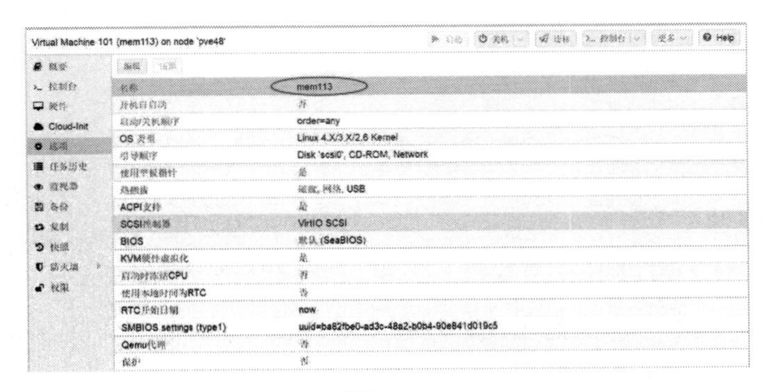

图 5-15

5.1.5 修改虚拟机配置举例

下面举几个修改虚拟机配置的例子，加深印象。

1. 修改虚拟机“显示”的默认值为“SPICE”

登录 Proxmox VE 的 Web 管理后台，选择某个处于运行状态的虚拟机，再单击右侧菜单“硬件”，选中“显示”后，再单击上部按钮“编辑”，如图 5-16 所示。

图 5-16

在下拉列表中选择“SPICE”，如图 5-17 所示。对此进行的修改不会立即生效，需要重启虚拟机。修改完成后，虚拟机配置文件会增加一行“vga: qxl”。

图 5-17

重启虚拟机，宿主机也会跟着启动一个 TCP 服务，监听在 6100 端口，每一个虚拟机启用一个监听服务：

```
root@pve99:/etc/pve/nodes/pve99/qemu-server# netstat -anp|grep -v
unix|grep 6100
tcp        0      0 127.0.0.1:61000         0.0.0.0:*
LISTEN     15317/kvm
tcp        0      0 127.0.0.1:61001         0.0.0.0:*
LISTEN     15457/kvm
tcp        0      0 0.0.0.0:61002           0.0.0.0:*
LISTEN     1896/kvm
tcp        0      0 127.0.0.1:49268         127.0.0.1:61001
ESTABLISHED 27407/spiceproxy wo
tcp        0      0 127.0.0.1:49266         127.0.0.1:61001
ESTABLISHED 27407/spiceproxy wo
tcp        0      0 127.0.0.1:49264         127.0.0.1:61001
ESTABLISHED 27407/spiceproxy wo
tcp        0      0 127.0.0.1:61001         127.0.0.1:49266
ESTABLISHED 15457/kvm
tcp        0      0 127.0.0.1:61001         127.0.0.1:49262
ESTABLISHED 15457/kvm
tcp        0      0 127.0.0.1:61001         127.0.0.1:49268
ESTABLISHED 15457/kvm
tcp        0      0 127.0.0.1:49262         127.0.0.1:61001
ESTABLISHED 27407/spiceproxy wo
tcp        0      0 127.0.0.1:61001         127.0.0.1:49264
ESTABLISHED 15457/kvm
```

单击虚拟机管理界面右上角按钮“>_ 控制台”→“SPICE”，如图 5-18 所示。

图 5-18

如果系统是 Windows（连 PVE 所使用的客户端），会弹出一个“.vv”结尾的文件需要下载。安装好软件 Virt-Viewer，直接打开，即可用此客户端连接到虚拟机，如图 5-19 所示。

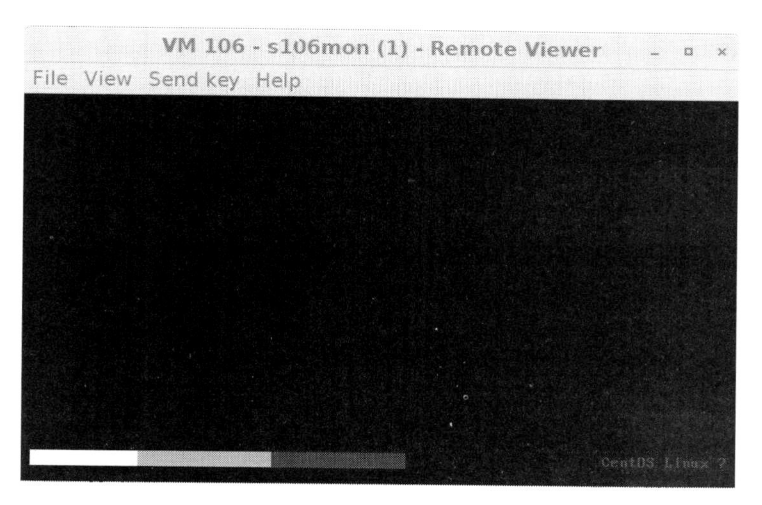

图 5-19

这个客户端连接，是借用了浏览器的代理，宿主机又创建了一个 TCP 3128 端口来做关联。试着拿 Virt-Viewer 直接连接虚拟机，不做特殊处理，是没有指望的，如图 5-20 所示。

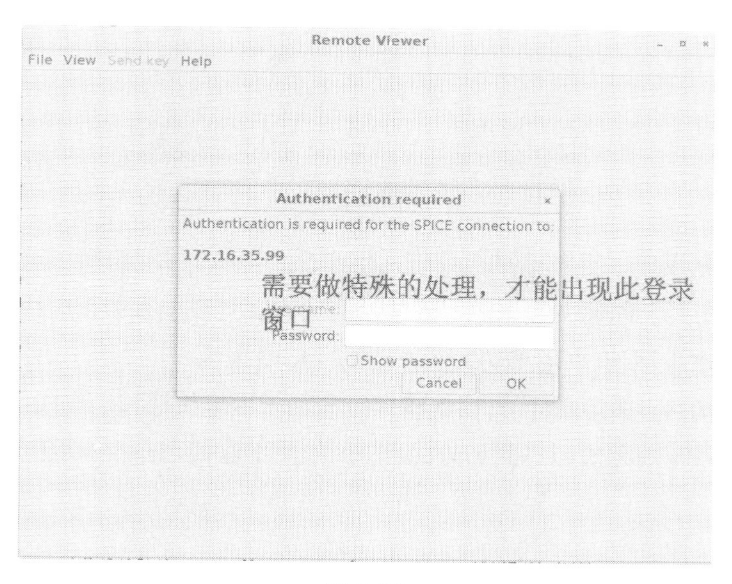

图 5-20

2. 给虚拟机增加硬盘

有时候，虚拟机除了增加系统盘之外，可能还需要额外分配独立的存储，比如安装 Oracle 数据库就需要单独划分一个存储空间，用于安装软件及存储用户数据。

浏览器登录到 Proxmox VE 的 Web 管理后台，选中需要添加硬盘的虚拟机，再单击右侧菜单“硬件”，继续单击“添加”按钮，如图 5-21 所示。

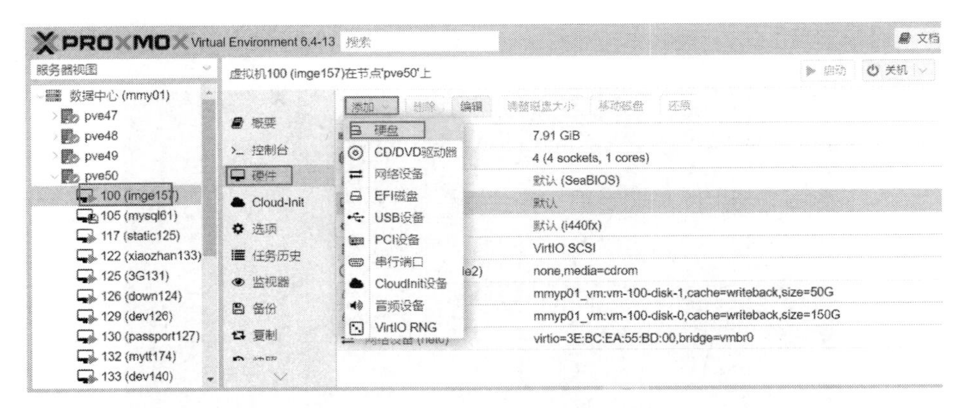

图 5-21

根据自己的配置情况选定或者填写与硬盘相关的信息，如图 5-22 所示。

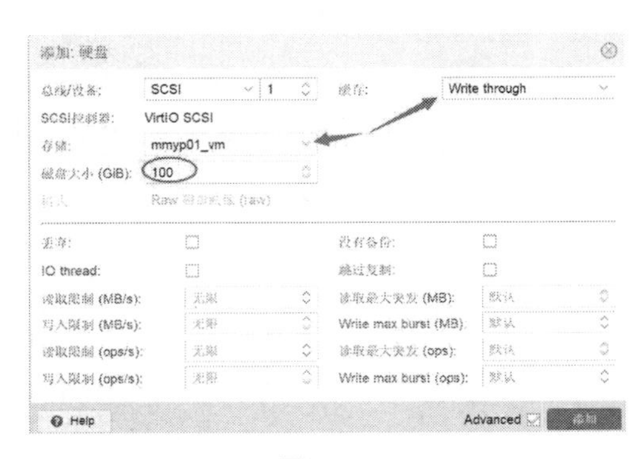

图 5-22

磁盘添加完成后，登录虚拟机系统，用指令“fdisk”即可看到刚添加的磁盘。创建分区，然后在其上创建文件系统，就可以把此磁盘挂载到系统，进行各种读写操作。

3. 虚拟机硬件取消“CD/DVD 驱动器”的 ISO 镜像

取消“CD/DVD 驱动器”的 ISO 镜像，有利于虚拟机迁移、克隆、备份等操作。特别是集群场景下迁移虚拟机到另外的节点，如果不取消，迁移会无法进行，如图 5-23 所示。

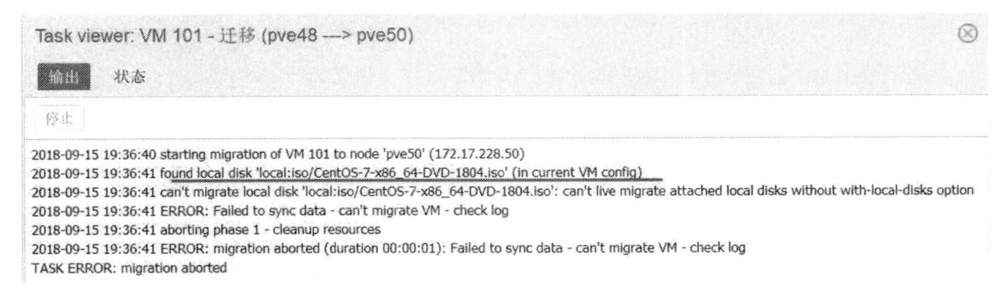

图 5-23

浏览器登录 Proxmox VE 的 Web 管理后台，选取虚拟机硬件下的“CD/DVD 驱动器”，单击“编辑”按钮，勾选“不使用任何介质”单选框即可，如图 5-24 所示。

图 5-24

5.2 为虚拟机安装操作系统

只要在创建虚拟机过程中，ISO 镜像文件设置正确，那么，在 Proxmox VE 的 Web 管理后台选择该虚拟机，单击鼠标右键，在弹出的快捷菜单中单击“启动”选项，或者单击界面右上部“启动”按钮，则可以进行操作系统的安装，如图 5-25 所示。

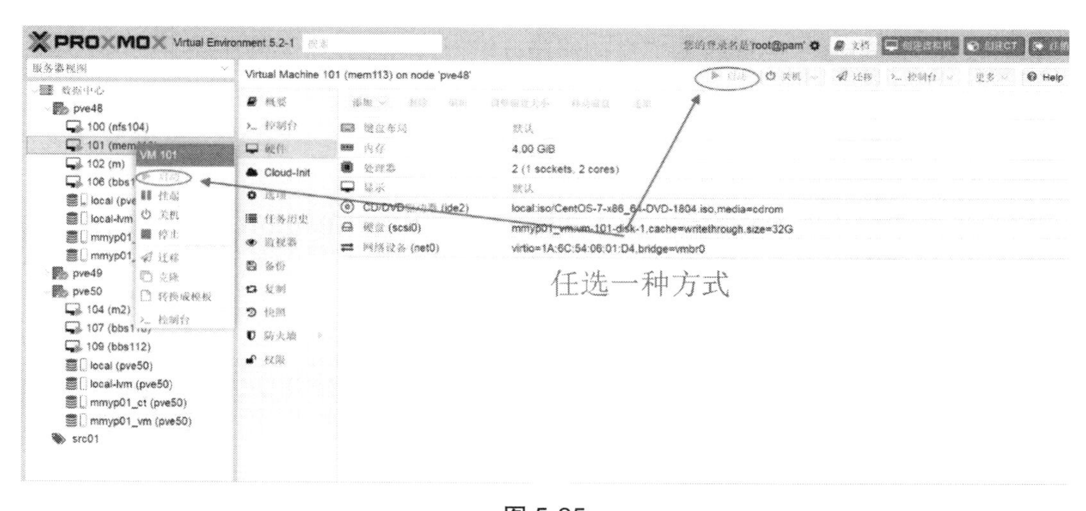

图 5-25

单击“>_ 控制台”按钮进入操作系统安装引导界面。有两种方式可以进入虚拟机控制台界面，一种是单击页面中部菜单“控制台”，另一种则是单击页面右上方“控制台”按钮。如果嫌内嵌控制台界面（页面中部“控制台”菜单）屏宽不够，不方便操作的话，可单击右上角的“控制台”按钮（如图 5-26 所示），会单独弹出一个页面窗口。

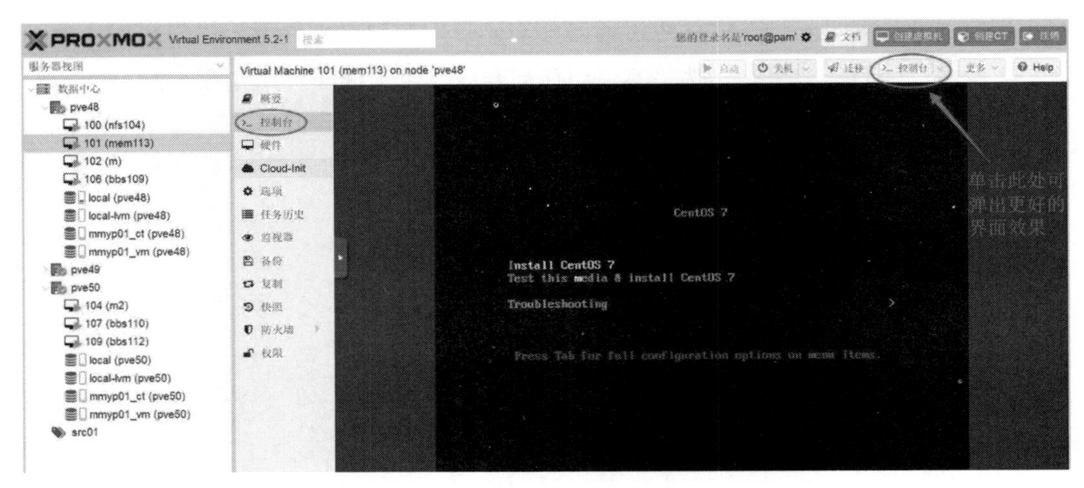

图 5-26

5.2.1 安装 Linux 操作系统（CentOS 7）

在 CentOS 安装引导界面用光标选定第一项“Install CentOS 7”，按 Enter 键进行后续操作。撑大虚拟机控制台以后，有可能操作按钮（图形界面进行安装的话）会被挡住，设置一下本地 Windows 操作系统的任务栏为自动隐藏，如图 5-27 所示。

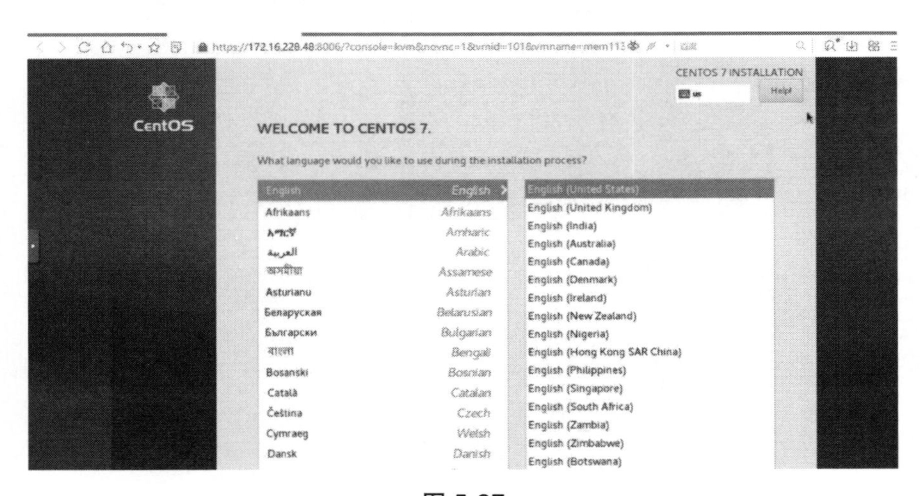

图 5-27

后面的安装过程，和物理服务器安装 CentOS 7 基本相同。只要在安装过程中，系统识别了硬盘及网卡，基本不会有什么障碍。

到设置网络步骤，因为此虚拟机用作 Memcached 服务器，因此需要设置静态 IP 地址，并把主机名也一并设置好，如图 5-28 所示。

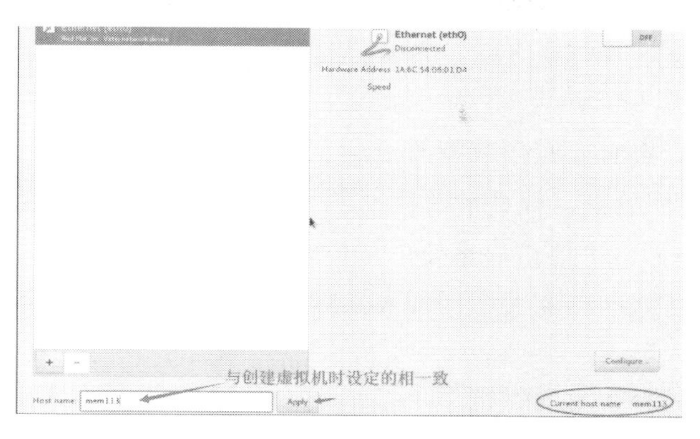

图 5-28

输入主机名 mem113 后，单击右侧“Apply”按钮，马上能在最右下角看到效果。移动鼠标到界面右上角滑块，按住鼠标左键往右拉，就由“OFF”变成“ON”。接着，再单击右下角“Configure...”按钮，设置此虚拟机的 IP 地址、网关等，如图 5-29 所示。

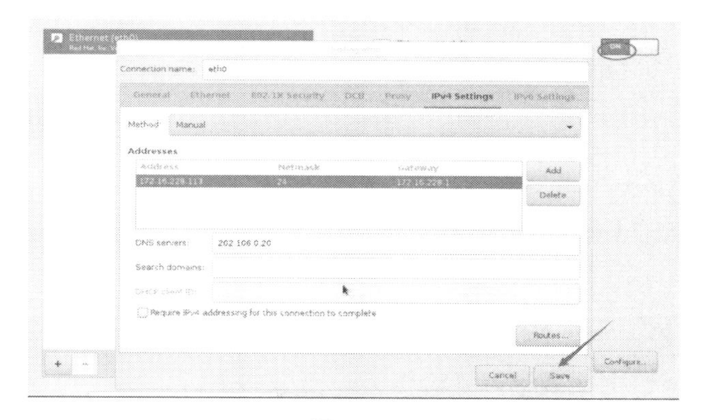

图 5-29

单击按钮“Save”保存设置，回到主安装界面，检查一下还有没有需要修改的项目，比如时间等，如图 5-30 所示。

图 5-30

检查无误后，单击“开始安装”按钮。在文件复制过程中，需要设置一下“root”密码，设置过程不影响安装进度。需要注意，系统密码一定要复杂，复杂到自己都不能记住最好，用 KeePass 工具生成和保存。

虚拟机安装操作系统，耗费的时间比物理服务器安装操作系统的时间少得多，CentOS 7 安装完毕后，需要重启系统。从控制台或者用 SSH 客户端远程登录此虚拟机系统，验证安装正确性。最起码的要求，网络能通达，如图 5-31 所示。

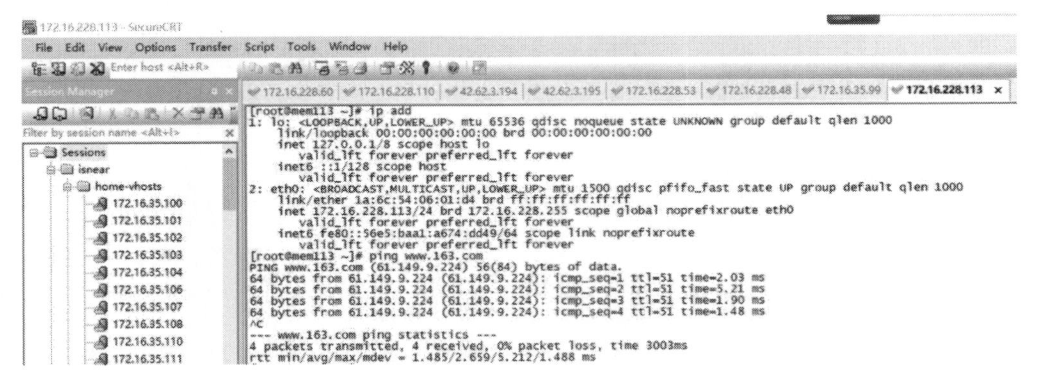

图 5-31

5.2.2 安装 Windows 操作系统

在 Proxmox VE 上安装 Windows 操作系统的虚拟机，远比在其上安装 CentOS 麻烦（在 VMware ESXi 上安装也同样麻烦）。步骤如下。

依照前法创建一个虚拟机，配置为：内存 4GB、CPU 4 核心、硬盘 120GB，如图 5-32 所示，同时 Windows 操作系统 ISO 镜像文件已经准备好，并且能被正确识别。

图 5-32

这还不够，还需要增加一个驱动 Virtio-win，否则，安装过程将无法识别硬盘等设备，导致安装无法进行下去，如图 5-33 所示。

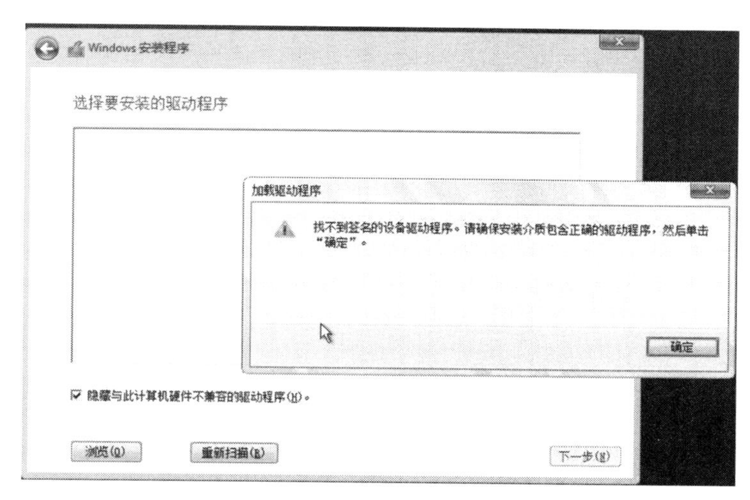

图 5-33

是不是让人很沮丧！好吧，登录 Proxmox VE 宿主系统 Debian，进入目录“/var/lib/vz/template/iso”，用以下指令下载驱动程序 Virtio-winISO 镜像文件：

```
root@pve99:/var/lib/vz/template/iso# wget https://fedorapeople.
org/groups/virt/virtio-win/direct-downloads/archive-virtio/virtio-
win-0.1.160-1/virtio-win-0.1.160.iso
```

建议尽量下载最新版本，其中较新的 Windows 驱动。下载完毕后，切换到 Proxmox VE 的 Web 管理界面，给虚拟机再增加一个“CD/DVD 驱动器”，ISO 镜像选择刚下载的 virtio-win-0.1.160.iso，如图 5-34 所示。

图 5-34

从 Proxmox VE 的 Web 管理后台再次启动虚拟机，按提示操作，又到了不能识别硬盘的那一步。单击“浏览”按钮，跳出选择驱动程序的界面，如图 5-35 所示。

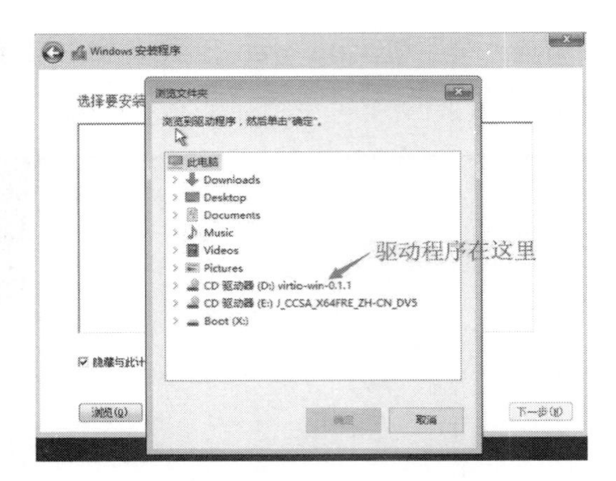

图 5-35

需要进去几层目录，路径是“virtio-win-0.1.1”→“vioscsi”→“w10”→“amd64”，这与官方的文档稍微有些差异，但不影响安装。如果出现如图 5-36 所示的信息，则表明所选的驱动有效。

图 5-36

单击“下一步”按钮，片刻之后，识别了硬盘驱动器，如图 5-37 所示。

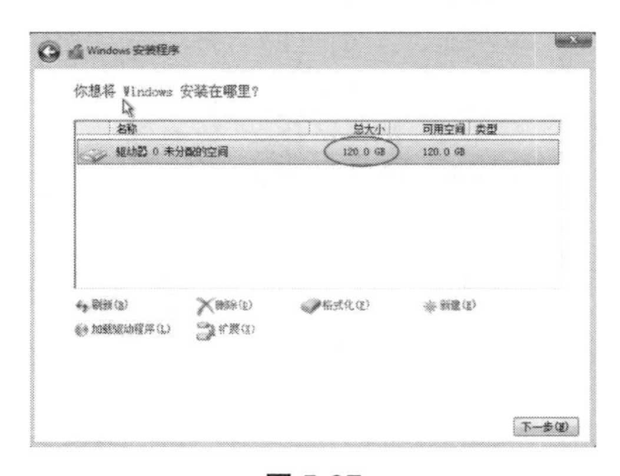

图 5-37

余下的事情，交给时间，让系统自行复制文件进行安装，如图 5-38 所示。

图 5-38

安装 Windows 操作系统很费时，是安装 Linux 所用时间的几倍。安装好 Windows 操作系统，并且能够联网以后，最好在虚拟机安装 spice-guest-tools 软件包，这样可获得更好的屏幕显示效果。下载地址为 https://www.spice-space.org/download/windows/spice-guest-tools/spice-guest-tools-latest.exe，然后在刚安装好的 Windows 系统虚拟机上进行下载和安装。

5.3 创建虚拟机的其他方法

方法一：从别的虚拟机克隆或者模版克隆

用别的虚拟机克隆时，最好关闭源虚拟机，否则速度会非常非常慢。当然，如果虚拟机存储在 NFS 共享存储，克隆速度就会很快。不管是哪种形式的克隆，都需要注意虚拟机网卡的 uuid 值及网络地址，检查克隆出来的虚拟机系统是否与源虚拟机系统的设置相冲突。

方法二：从别的备份中恢复虚拟机

从别的备份中恢复虚拟机在本书 4.4 节已有详细的操作说明，在此不再赘述。

第6章 虚拟机日常管理

前面的章节，介绍了怎样创建虚拟机以及如何在虚拟机上安装操作系统。但是，创建好虚拟机并不能一劳永逸，还需要对虚拟机进行各种管理和维护。比如虚拟机扩容、迁移、克隆、销毁、加入高可用集群等。

6.1 虚拟机硬件配置变更

虚拟机在运行一段时间以后，发现其初始的资源配置可能不太合理，需要对其进行更改，以便更合理有效地利用资源。

举个例子，有一台标识为“nfs104”的虚拟机，数天观察其运行状态，发现其 CPU 负载、内存使用率都很低（如图 6-1 所示），因此有必要对其硬件资源进行降配。

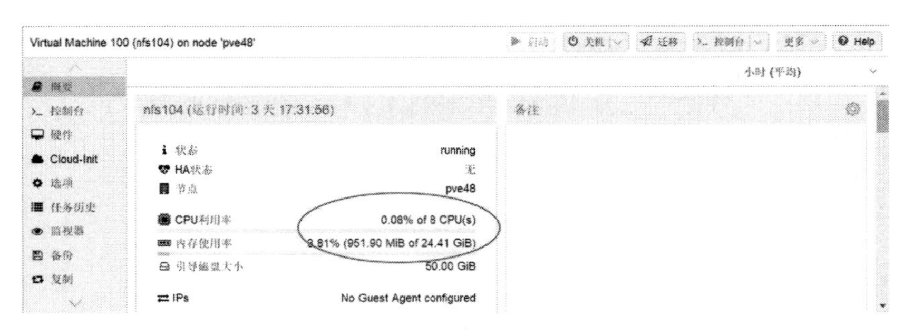

图 6-1

此虚拟机分配了8核CPU、24GB内存，从运行状态图可以看出，CPU基本空闲、内存用了不到10%。计划把CPU减低到2核，内存降低到8GB。由于此虚拟机不是高可用环境，因此需要做计划性维护（重启系统可能会影响到其他业务），同时需要与其他相关人员进行沟通，评估变更风险及维护所需要的时间。在得到同意后，于夜间访问量最低的时候，重启虚拟机使配置变更生效。

6.1.1 减少虚拟机CPU核数

登录Proxmox VE的Web管理后台，选需要减配的虚拟机（nfs104），菜单选择“硬件”→“处理器”，单击“编辑”按钮，跳出编辑界面，将CPU核数改成2，如图6-2所示。

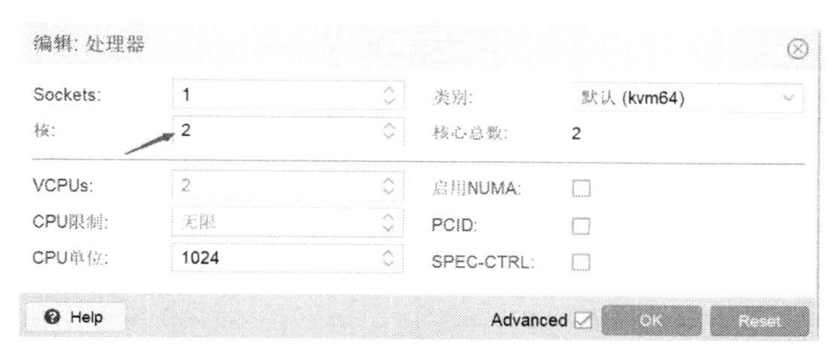

图6-2

6.1.2 减少虚拟机内存容量

继续在Proxmox VE的Web管理后台，选需要减配的虚拟机（nfs104）菜单选择“硬件”→“内存”，单击“编辑”按钮，跳出编辑界面，将内存大小改成8GB，如图6-3所示。

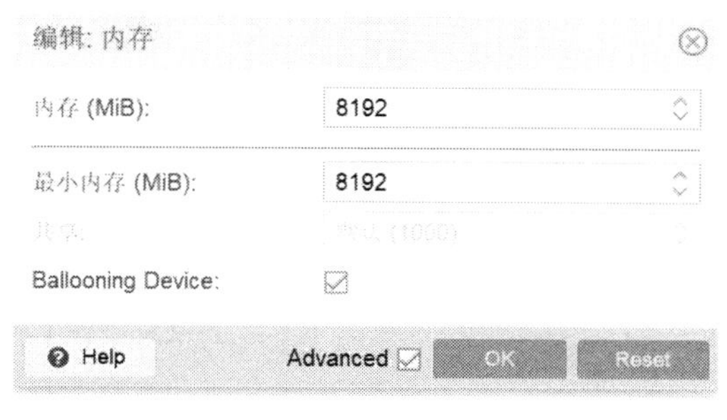

图6-3

刚对虚拟机的内存、CPU 做好降配，又到了一个需求，预估此虚拟机的磁盘不太够用，需要再扩容 100GB。

6.1.3 虚拟机磁盘扩容

登录 Proxmox VE 的 Web 管理后台，选需要变更配置的虚拟机（nfs104），菜单选择“硬件”→欲扩容“硬盘”。再单击顶部“调整磁盘大小”按钮，如图 6-4 所示。

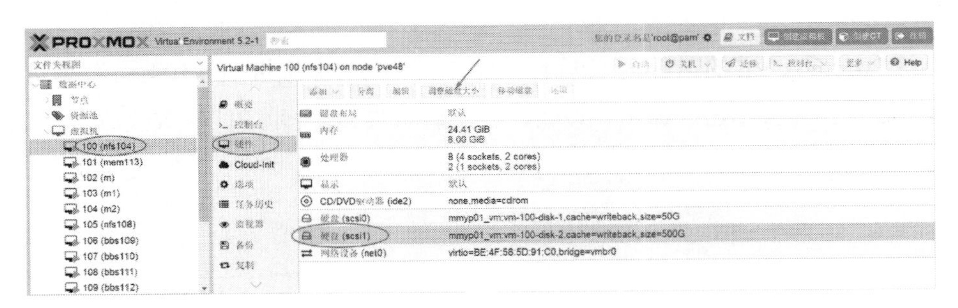

图 6-4

跳出调整磁盘大小对话框以后，“增量大小”输入框填写“100”，如图 6-5 所示。注意：“调整磁盘大小”操作，只能增大，不能减少！

图 6-5

这几个项目，修改完毕后并不会立即生效，CPU 与内存的更改值，会以红色醒目字体在原值下面显示（见图 6-6 中上方圈出的内容）。而磁盘扩容后，直接以更改后的大小显示。

图 6-6

从 Proxmox VE 的 Web 管理后台可知，内存及 CPU 的更改不会立即生效。那么，硬盘扩容是否立即生效呢？管理后台中没有体现。需登录宿主机系统，用命令行“fdisk”或者“df”查看，如图 6-7 所示。

```
[root@nfs104 ~]# fdisk -l

Disk /dev/sdb: 644.2 GB, 644245094400 bytes, 1258291200 sectors
Units = sectors of 1 * 512 = 512 bytes
Sector size (logical/physical): 512 bytes / 512 bytes
I/O size (minimum/optimal): 512 bytes / 512 bytes
Disk label type: dos
Disk identifier: 0xcccef210

   Device Boot      Start         End      Blocks   Id  System
/dev/sdb1            2048  1048575999   524286976   83  Linux

Disk /dev/sda: 53.7 GB, 53687091200 bytes, 104857600 sectors
Units = sectors of 1 * 512 = 512 bytes
Sector size (logical/physical): 512 bytes / 512 bytes
I/O size (minimum/optimal): 512 bytes / 512 bytes
Disk label type: dos
Disk identifier: 0x000e1b7e

   Device Boot      Start         End      Blocks   Id  System
/dev/sda1   *        2048     2000895      999424   83  Linux
/dev/sda2         2000896   104857599    51428352   8e  Linux LVM

Disk /dev/mapper/centos-root: 52.7 GB, 52659486720 bytes, 102850560 sectors
Units = sectors of 1 * 512 = 512 bytes
Sector size (logical/physical): 512 bytes / 512 bytes
I/O size (minimum/optimal): 512 bytes / 512 bytes

[root@nfs104 ~]# df -h
Filesystem               Size  Used Avail Use% Mounted on
/dev/mapper/centos-root   49G  6.6G   40G  15% /
devtmpfs                  12G     0   12G   0% /dev
tmpfs                     12G     0   12G   0% /dev/shm
tmpfs                     12G   17M   12G   1% /run
tmpfs                     12G     0   12G   0% /sys/fs/cgroup
/dev/sdb1                493G  6.2G  461G   2% /data
/dev/sda1                945M  112M  769M  13% /boot
tmpfs                    2.4G     0  2.4G   0% /run/user/0
[root@nfs104 ~]#
```

图 6-7

其实容量变化了，但分区没变化，这是因为磁盘分区是用“fdisk”创建的，创建时指定了固定的大小。从 Proxmox VE 的 Web 管理后台扩充磁盘容量，怎样能自动扩充原磁盘空间的大小？这留给读者去思考和实验。

在夜晚，确认应用没什么访问量，登录 Proxmox VE 的 Web 管理后台重启虚拟机。正确的步骤是先停止虚拟机，再启动。如图 6-8 所示那样，只单击“重置”按钮，虽然系统是重启了，但所做的硬件资源变更并不会生效。启动后，要注意检查一下，确认硬件资源是否真发生了变化。

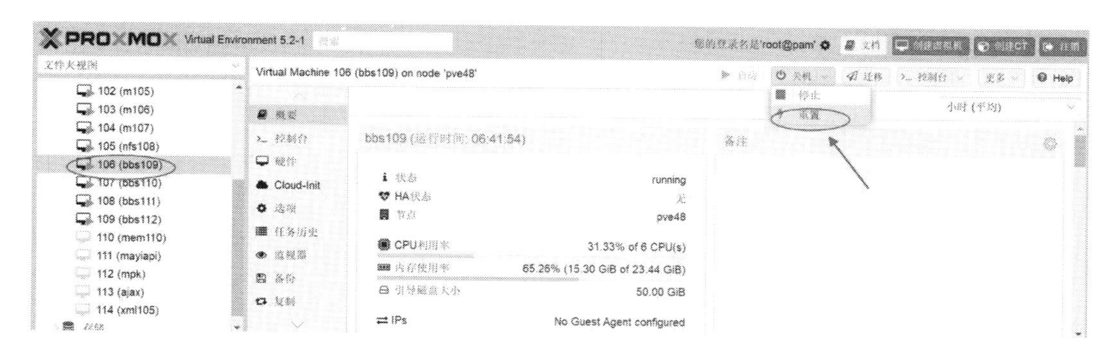

图 6-8

6.2 虚拟机克隆

虚拟机克隆是创建另外一个虚拟机的捷径，相对于常规方式创建虚拟机（分配资源、安装操作系统），用虚拟机克隆要简捷得多。Proxmox VE 支持虚拟机在线克隆和离线克隆，不管哪种情形，在线克隆总是异常的缓慢，如果配置也不够强悍的话，克隆一个虚拟机，可能需要几个小时，还不如常规方式创建虚拟机快捷。因此，强烈建议把源虚拟机系统关机（停止），然后再进行克隆。

为了使克隆更有效，需要检查一下源虚拟机的硬件配置，确保“CD/DVD 驱动器”不选“使用 CD/DVD 光盘镜像文件（ISO）”，如图 6-9 所示。

图 6-9

接下来，就可以进行克隆操作。在 Proxmox VE 的 Web 管理后台调出克隆菜单（也可以单击“更多”→“克隆”），如图 6-10 所示。

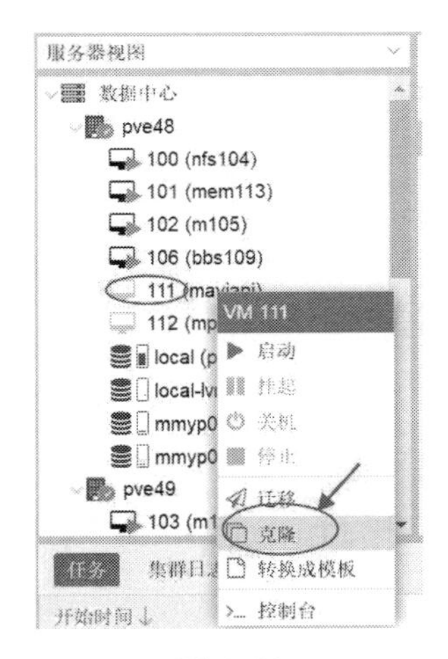

图 6-10

下一个编辑窗口，需要选定“目标节点”（如图 6-11 所示），如果是集群，会有多个物理节点可以选定，但只可以克隆到本地节点。如果要克隆到集群中的其他物理节点，需要先把源虚拟机加入高可用集群 HA（虚拟机怎样加入高可用集群，在本书第 9 章会详细讲解）。Proxmox VE 5.4 及以后的版本，不再有上述两个限制。目标虚拟机的名称，事先规划好，方便后期管理（一个集群中，会有大量的虚拟机存在，如果没有好的命名规划，后期维护时会很不方便，比如只命名为 101、102，时间久了，没人知道它是什么用途，对应什么 IP）。

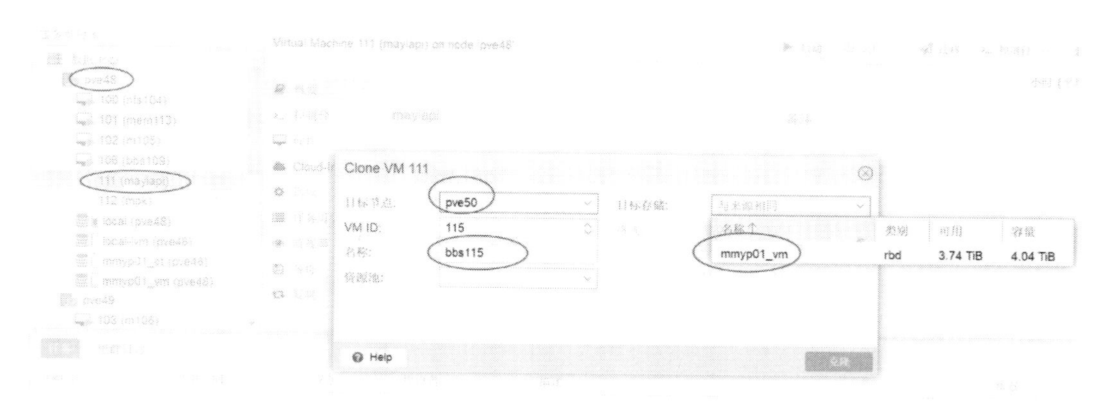

图 6-11

开始克隆以后，可以双击底部状态栏，查看执行过程及进度，如图 6-12 所示。

图 6-12

由于虚拟机克隆只能把目标创建在本宿主机节点，那么要把虚拟机克隆到集群中的其他节点，应该怎么办？那就用下面一招，虚拟机迁移。

6.3 虚拟机迁移

在 Proxmox VE 的 Web 管理后台所进行的迁移，只能在集群中的物理节点上进行（单节点的 Proxmox VE 平台，没有“迁移”菜单）。并且想调出迁移界面（如图 6-13 所示），只能用右击调出快捷菜单的方式（较新的版本在管理后台页面的右上角有“迁移”按钮）。

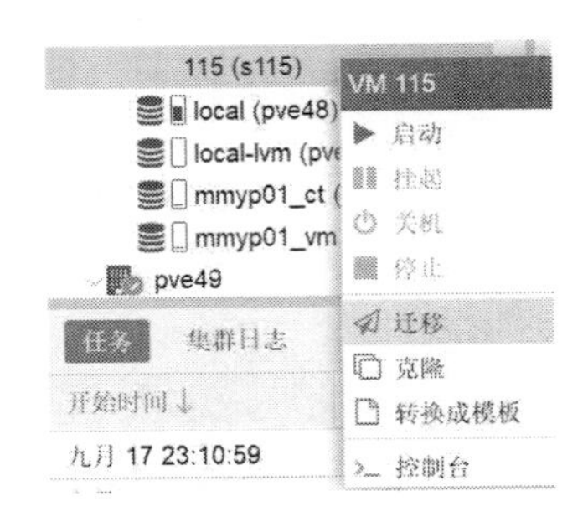

图 6-13

上面从下拉列表框选定目标节点，同时，确保“CD/DVD 驱动器”不选“使用 CD/DVD 光盘镜像文件（ISO）”，然后就可以开始迁移，如图 6-14 所示。

图 6-14

注意，迁移也最好是离线进行，不然会很耗费时间。单击“迁移”按钮，会弹出对话框，显示迁移进度及运行状况（迁移成功或者失败，均会输出有用信息）如图 6-15 所示。

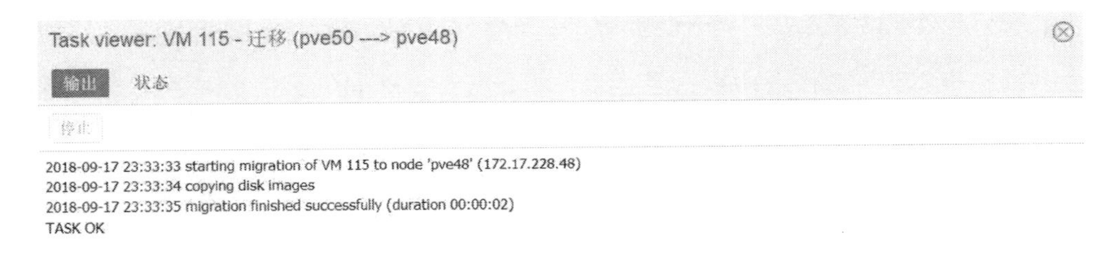

图 6-15

假如迁移时，没有把虚拟机添加的操作系统 ISO 镜像文件删除，那么在迁移虚拟机的时候，就会出现如图 6-16 所示的错误信息。

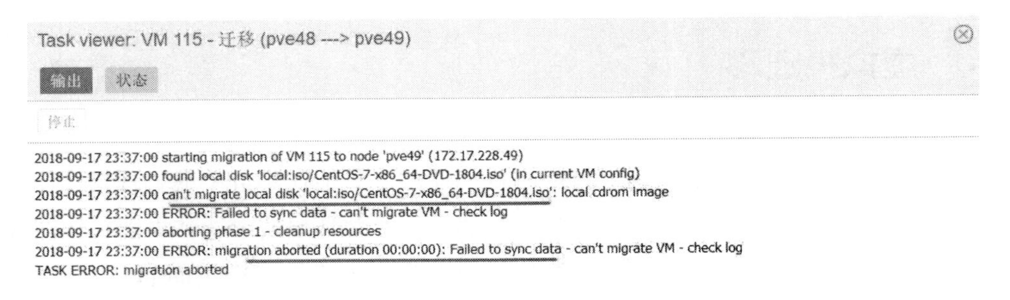

图 6-16

虽然以迁移虚拟机的方式，向其他节点创建虚拟机是一条捷径，但要先创建再迁移，如果要在目标机中快速创建多个虚拟机，用迁移的办法，就不好使了，因为没有源虚拟机可迁啊！需求存在，可有办法？有，请继续往下阅读！

6.4 快速创建虚拟机

从已经创建好的虚拟机转换成模板，同样确保“CD/DVD驱动器”不选“使用CD/DVD光盘镜像文件（ISO）”。实际上，安装完虚拟机操作系统以后，镜像文件也没什么了用武之地。不取消，既占用空间，又耗费时间。

选定源虚拟机，右击跳出“转换成模版”菜单，在“确认”对话框中单击“是”按钮，即开始转换，如图6-17所示。一般情况下，转换速度比克隆快。

图 6-17

生成模板不是最终目的，前面已讲过，创建模板是为了更快、更多地生成虚拟机（包括操作系统、安装在其上的应用程序、用户数据等）。与迁移虚拟机方式相比较，用模板克隆生成虚拟机，克隆源可谓取之不尽用之不竭（模板源不用迁移，一直可用于克隆）。

接下来，用模板来克隆虚拟机，并把它存储到其他物理节点。

选择要进行克隆的模板（可根据业务或服务类型，创建各种各样的模板待用），右击，弹出只有“迁移”和“克隆”两个条目的快捷菜单，直接单击“克隆”，弹出编辑对话框，如图6-18所示。

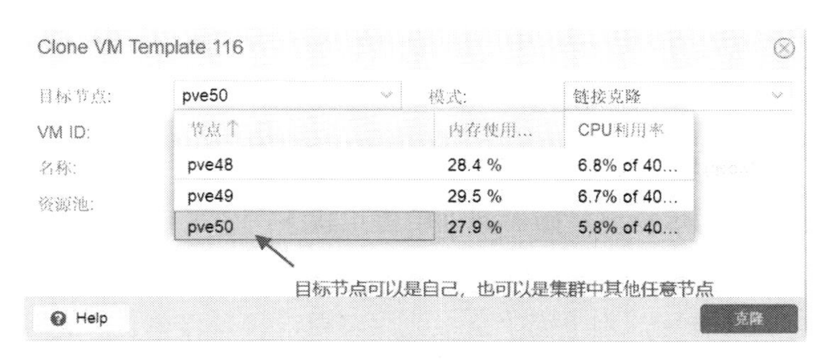

图 6-18

除了选定“目标节点：”，还有几个地方需要选择或者手动输入，具体的样例如图 6-19 所示。

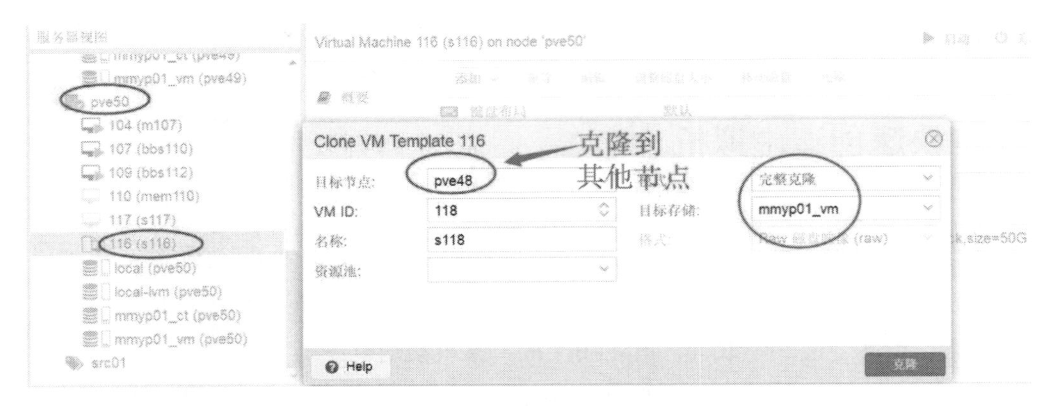

图 6-19

单击“克隆”按钮开始克隆，双击底部状态栏，可查看克隆进度。

重复虚拟机模板克隆，可创建若干虚拟机。

不管是用虚拟机直接克隆，还是用模板进行克隆，生成的虚拟机都需要对其网络进行设置，特别是 uuid 及 IP 地址。修改网络配置需要登录虚拟机系统，用命令行方式编辑配置文件，因此，最好是在 Proxmox VE 的 Web 管理后台的“>- 控制台”界面进行，这样不担心冲突导致网络不可用。但是，如果是在生产环境中进行批量克隆，就需要谨慎了，要先保证源虚拟机系统处于关闭状态，然后启动新建虚拟机，修改好配置，并重启网络使之生效。再重复这个操作，修改剩余的虚拟机的配置。

6.5 虚拟机销毁

出于管理的目的，有时候需要把弃用的虚拟机从 Proxmox VE 上进行销毁。一方面能释放宝贵的计算资源，另一方面也能使管理变得有序。

高可用集群 HA 虚拟机与不在高可用集群中的 HA 虚拟机，销毁方式稍微有些不同，下面分别进行讲解。

1. 非高可用集群虚拟机销毁

（1）选中弃用的虚拟机，确保其处于停止状态；如果还在运行，征得其他相关人员同意后，停止该虚拟机；

（2）单击 Web 管理后右上面“更多 ...”菜单，接着再单击“删除”菜单。为了避免误操作，Proxmox EV 提供了一剂“后悔药”，需要手动输入欲删除虚拟机的 ID 值。

图 6-20

这时，点按钮“删除”，就没有后悔的余地，真的把虚拟机给销毁了。

2. 高可用集群虚拟机销毁

（1）选中弃用的虚拟机，确保其处于停止状态；如果还在运行，征得其他相关人员同意后，停止该虚拟机；

（2）使此虚拟机从高可用集群 HA 脱离，否则，无法进行删除，并且报错“unable to remove VM 117 - used in HA resources (500)”。具体如何让虚拟机脱离组织？有两种方法：

方法一：依次选择“数据中心”→“HA”→欲删除的虚拟机，如“vm:115”，再单击上部“删除”按钮，如图 6-21 所示。

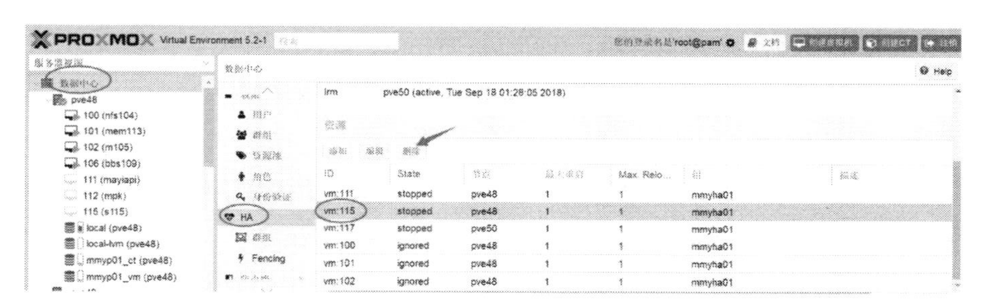

图 6-21

删除片刻完成，可以看到需要删除虚拟机的状态（state）值从 stopped 变成 ignored，此虚拟机从 HA 列表消失。

方法二：Proxmox VE 的 Web 管理后台选定处于关闭状态、需要删除的虚拟机，单击“选项”菜单，Web 管理后台右上方单击“更多”单选列表按钮，继续单击“管理 HA”菜单，完成后续操作，如图 6-22 所示。

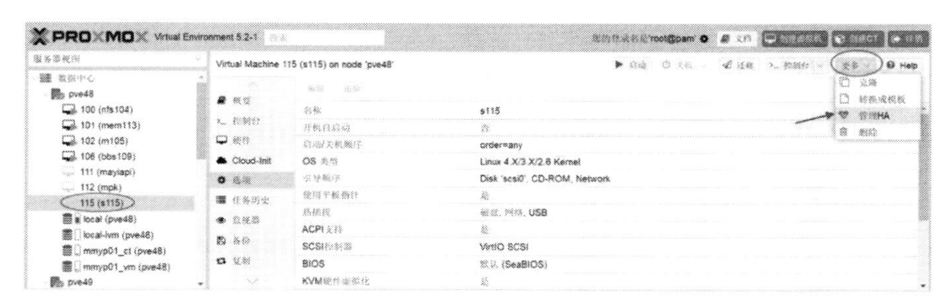

图 6-22

选择HA组，并把请求状态设置为“ignored”（如图6-23所示），为什么是它呢？其实是笔者靠经验试出来的，反正就4项可选，最多尝试4次而已。另外，方法一在操作过程中，短暂出现过虚拟机状态值为“ignored”，因此，这样设置是正确的。

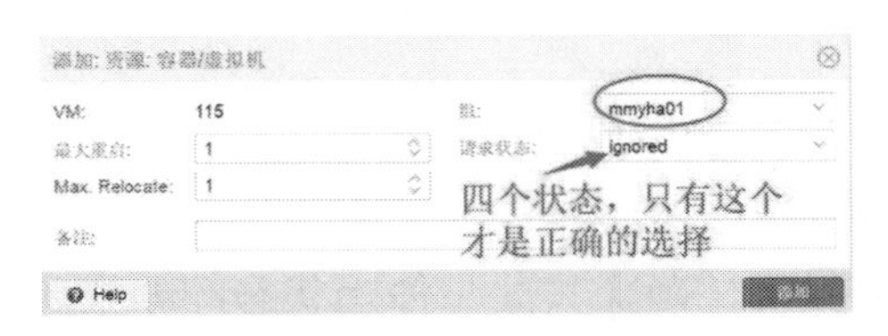

图 6-23

选择被移除高可用集群的虚拟机，然后销毁，方法见“非高可用集群虚拟机销毁”第（2）步。

6.6 操作失败锁定解除

有时候，对虚拟机迁移或者克隆操作时间过长或者突然引起整个Proxmox VE平台负载异常，如I/O增高、CPU负载居高不下等时，为了保证服务正常，需要采取强制手段，使当前费时的迁移/克隆立即终止。

强行终止正在进行的虚拟机操作，发生虚拟机被Proxmox VE锁定的概率比较大，如果不对其进行处理，后患无穷。

登录系统，用如下命令给虚拟机进行解锁。

```
root@pve48:~#qm unlock <vmid>
```

注意，解锁带的参数是虚拟机“id”，不是虚拟机的其他名称！

解锁完成，就可以继续后续操作。

第 7 章 Proxmox VE 单节点虚拟化

Proxmox VE 虚拟化平台，既可以在单个物理节点进行部署，也可以将数个物理节点组成高可用集群。虽然单节点的 Proxmox VE 平台可用性较差，但在某种场景下，可满足特定的需求，比如对可用性要求不高的测试环境、资金预算紧张且访问量小的应用。

这里有个重要的概念需要区分一下，那就是 Proxmox VE 集群与高可用。Proxmox VE 集群是针对物理节点建立起集群后，方便统一管理，即用浏览器访问任意物理节点地址，皆可对集群的所有节点以及其他计算资源进行管理；Proxmox VE 高可用是建立在物理节点集群之上，依赖共享存储（使用 Ceph 分布式存储去中心化，提供底层可用性及 I/O 性能）来保证物理节点创建的虚拟机的可用性。通俗来说，Proxmox VE 高可用集群所创建的虚拟机镜像位于共享存储（如 Ceph、NFS 等），各物理节点提供计算资源（CPU、内存、网络等），一旦某物理节点故障，运行其上的所有被配置成高可用属性的虚拟机，就会自动漂移到其他正常的物理节点，对外继续提供服务，如图 7-1 所示。

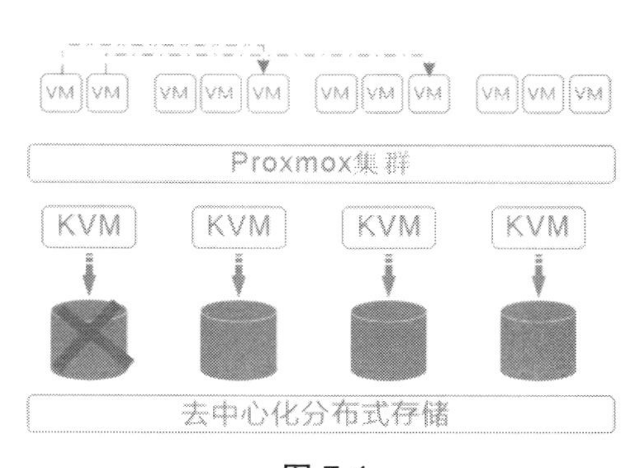

图 7-1

7.1 应用场景描述

某小型创业项目，办公室铺设了一条专线，ISP 服务方提供了一个唯一的公网 IP。有一台 1U 的 DellR410 机架式服务器，配置和性能一般。要用此有限条件，实现如下功能：

- 在此物理机部署多个 PHP、JAVA 应用；
- 根据应用部署多个独立的 MySQL 数据库服务器；
- 内网、外网皆能访问这些应用。

要达到上述目标，Proxmox VE 是个极好的选择。该项目组资金预算有限，不打算投入过多资金，幸好有一台旧的 DellR410 服务器，此服务器配置太低，只有一颗 4 核心（四个线程而已）CPU，4GB 内存，要想尽可能满足需求，需要增加服务器资源配置。由于机型限制，能增加的只有内存容量。最终说服了决策人，采购了几根二手内存，把内存增加到 16GB（舍不得花钱，“巧妇难为无米之炊”啊）。

7.2 系统规划

1. 网络连接

公网线路直接连服务器的网卡 1，网卡 2 连内部网络交换机，其中内部办公联网是另外一条宽带接入，此宽带接入没有公网地址。网络联通以后，服务器既能从公网访问，也能从内部办公网络进行访问，最终的网络连接如图 7-2 所示。

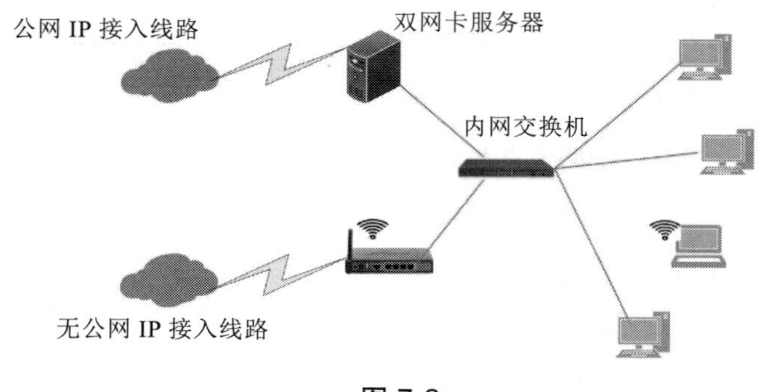

图 7-2

2. 服务器虚拟化

在此物理服务器上部署 Proxmox VE，创建若干虚拟机，这些虚拟机使用内网私有地址，与现有的办公网络在同一网段。不同的虚拟机，运行不同应用，既有利于数据隔离，也便于日常维护。

3. 互联网访问处理

Proxmox VE 宿主机系统，安装负载均衡工具 HAProxy（因为只有唯一的一台服务器，身兼多职，无法实现高可用，因此也无须 Keepalived），就能轻易实现请求转发。

4. 虚拟机及内网访问实现

因为只有唯一的一个公网 IP 地址，解决问题的思路是：把此公网 IP 绑定到宿主机的一个网卡，开启 IP 转发功能，再安装一个 pptpd 软件，需要远程管理虚拟机时，先拨号到 pptpd，就可以管理虚拟机或者内部办公网络的任意设备。

7.3 功能具体实现

做好规划以后，跟其他部门人员进行沟通，一致认为此方案简单可行。

7.3.1 安装部署 Proxmox VE

从 Proxmox 官网（www.proxmox.com）下载 ISO 镜像文件，并用 UltraISO 将其刻录到 U 盘。以 U 盘引导系统，将 Proxmox VE 安装到那台唯一的服务器上。安装过程设置好时区、主机名、网络（IP 地址、掩码、默认网关、域名解析服务器地址）、系统管理密码等。因为是双网络接口，需要对每一个网卡设置 IP 地址，但需要注意的是，只能在连接外网的那个网络接口设置默认网关。具体的安装方法，请参照本书第 3 章，此处不再赘述。

在物理服务器上安装完 Proxmox VE 后，需要确认内外网访问都是正常的。对于外网，能通过浏览器访问其公网 IP 地址，在浏览器地址栏输入 IP 地址加端口号 8006（https://IP:8006），登录后可以对其管理。对于内网，从办公室其他机器可以 Ping 得通此服务器内网地址，可用 SecureCRT 的 SSH 客户端连接到 Proxmox VE 宿主系统 Debian，并对其进行任意操作。

7.3.2 安装部署 pptpd

PPTP（Point to Point Tunneling Protocol），即点对点隧道协议。该协议是在 PPP 协议的基础上开发的一种新的增强型安全协议，支持多协议虚拟专用网（VPN）。通过该协议远端的用户可以很方便地连接到受保护的内部网络，是一种简单且廉价的内网穿越方案。

以 SSH 客户端工具登录到宿主机系统 Debian，命令行执行以下指令进行系统更新：

```
# 注释官方更新源
root@pve60:~# more /etc/apt/sources.list.d/pve-enterprise.list
#deb https://enterprise.proxmox.com/debian/pve stretch pve-enterprise
# 更新操作
root@pve60:~# apt-get update && apt-get dist-upgrade
Ign:1 http://ftp.debian.org/debian stretch InRelease
Get:2 http://ftp.debian.org/debian stretch-updates InRelease [91.0 kB]
Hit:3 http://security.debian.org stretch/updates InRelease
Hit:4 http://ftp.debian.org/debian stretch Release
Hit:5 http://download.proxmox.com/debian/pve stretch InRelease
Fetched 91.0 kB in 2s (35.9 kB/s)
Reading package lists... Done
Reading package lists... Done
…………此处省略………………
Processing triggers for pve-ha-manager (2.0-5) ...
Processing triggers for libc-bin (2.24-11+deb9u3) ...
Processing triggers for initramfs-tools (0.130) ...
update-initramfs: Generating /boot/initrd.img-4.15.17-1-pve
```

如果执行更新，出现如下警告信息，要特别注意。如果不留心，继续下一步，很可能就把 Proxmox VE 相关的包都删除了，最直接的后果，就是浏览器无法访问到 Proxmox VE 的 Web 管理界面。

```
W: (pve-apt-hook) !! WARNING !!
W: (pve-apt-hook) You are attempting to remove the meta-package 'proxmox-ve'!
W: (pve-apt-hook)
W: (pve-apt-hook) If you really you want to permanently remove 'proxmox-ve' from your system, run the following command
W: (pve-apt-hook)       touch '/please-remove-proxmox-ve'
W: (pve-apt-hook) and repeat your apt-get/apt invocation.
W: (pve-apt-hook)
W: (pve-apt-hook) If you are unsure why 'proxmox-ve' would be removed, please verify
W: (pve-apt-hook)       - your APT repository settings
W: (pve-apt-hook)       - that you are using 'apt-get dist-upgrade' or 'apt full-upgrade' to upgrade your system
E: Sub-process /usr/share/proxmox-ve/pve-apt-hook returned an error code (1)
E: Failure running script /usr/share/proxmox-ve/pve-apt-hook
```

如果不幸出现这个状况，可能的原因是没有付费订阅，被更新源检查阻止了（PVE 6及以后的版本不再有这种令人恐惧的问题，最多不能更新系统而已）。解决办法有两种:

（1）付费订阅。按 CPU 个数（不是核数）计算每年的费用，一个 CPU 每年需要几百欧元，比按 CPU 核心数计费的其他虚拟化平台要划算得多。

（2）删除文件“/etc/apt/sources.list.d/pve-enterprise.list”或者注释掉该文件唯一的文本行，使其失效。然后再更改更新源（官方有提供非订阅源，相比默认企业源，更新的软件包只是少了官方说的稳定性认证，也就是并未经过多次验证是否稳定可用，但依然是官方打包的软件包，一般也没有什么问题，笔者经常使用非订阅源更新Proxmox VE，也并未出过问题）。

```
## 创建文件 /etc/apt/sources.list.d/pve-install-repo.list
echo "deb http://download.proxmox.com/debian/pve stretch pve-no-subscription"> etc/apt/sources.list.d/pve-install-repo.list
### 取得更新源 key 文件
wget http://download.proxmox.com/debian/proxmox-ve-release-5.x.gpg -O /etc/apt/trusted.gpg.d/proxmox-ve-release-5.x.gpg
```

接下来，系统命令行执行“apt-get install pptpd”指令安装好 pptpd 软件包。一共会安装三个包即“bcrelay”“ppp”及“pptpd”，软件很小，片刻就可以安装好。pptpd 安装完以后，“pptpd”服务会随系统开机自动启动，没对安装好的 pptp 服务做相应的配置，启动也无用。

7.3.3 配置 pptpd

对 pptpd 服务进行配置，往往需要对其中的三个文件做修改，这些操作，需要登录 Proxmox VE 宿主系统 Debian，在命令行下用文本编辑器进行操作，步骤如下。

（1）修改文件“/etc/pptpd.conf”，使其最末两行为:

```
localip  172.18.5.1
remoteip 172.18.5.101-200
```

localip 是给宿主机 pptpd 用的，而 remoteip 是自动分配给远程客户端的 IP 地址范围。

（2）修改选项文件“/etc/ppp/pptpd-options”。为远程客户端设定可用的域名解析服务（DNS）IP 地址，因此仅需把 ms-dns 前的注释去掉，改成可用的 DNS:

```
ms-dns 61.135.154.5
ms-dns 159.226.240.66
```

为了方便查看调试信息，可把 debug 行前面的注释取消。

（3）修改文件“/etc/ppp/chap-secrets”，添加虚拟专用网拨号用户账号，一个账号占一行。通常输入四个字段：第一个字段是 VPN 拨号用户名，第二个字段是 pptpd 服务的验证名（在文件“/etc/ppp/pptpd-options”中设定），第三个字段是用户密码，第四个字段为允许拨号的远程主机的 IP 地址。一个已经配置好 pptpd 账号的格式如下所示：

```
sery    pptpd    "&hds)$+"    *
```

7.3.4 网络地址转换及 IP 伪装

在 Proxmox VE 宿主系统 Debian 上进行网络地址及 IP 地址伪装的目的是为了使远端的用户能通过网络拨号访问到办公室内部的系统，或者 Proxmox VE 上安装的虚拟机系统（虚拟机使用私有地址），并且不妨碍远程客户端访问互联网，同时此 Proxmox VE 宿主系统也作为办公室内部电脑上网的默认网关（条件有限，只能这样极致压缩了）。要实现这些功能，需要分两步进行：第一步开启内核 IP 转发；第二步写脚本，进行 IP 伪装。

1. 开启 IP 转发功能

在 Proxmox VE 宿主系统 Debian 中修改配置文件“/etc/sysctl.conf”，使“net.ipv4.ip_forward = 1”，命令行执行指令“sysctl -p”使其立即生效（如图 7-3 所示），并且重启系统也会继续有效。（执行指令“sysctl –w net.ipv4.ip_forward = 1”当前有效，重启系统回归原值）。

```
root@pve60:~# sysctl -p
net.ipv4.ip_forward = 1
```

图 7-3

2. IP 地址伪装及路由转发

Proxmox VE 宿主 Debian 系统命令行下，用编辑器撰写脚本文件 my_route.sh（内容如下），用于实现 IP 伪装及网段路由。脚本赋予执行权限，检查无误后执行该脚本，并把该脚本全路径名称重定向到文件“/etc/rc.local”中，再用命令行指令“systemctl enable rc-local”使脚本在系统开机时启动。

```
root@pve60:~# more /usr/local/bin/my_route.sh
#!/bin/bash
/sbin/iptables -t nat -A POSTROUTING -s 172.16.5.0/24 -o vmbr0 -j SNAT
--to-source 61.62.5.50
/sbin/iptables -t nat -A POSTROUTING -s 172.18.5.0/24 -o vmbr1 -j SNAT
--to-source 172.16.5.104
/sbin/iptables -t nat -A POSTROUTING -o vmbr0 -j MASQUERADE
```

为了方便读者理解网络结构，这里对脚本的参数及选项做一个说明：

- Proxmox VE 宿主机 IP 地址（兼任内网默认网关）：内网地址为 172.16.5.104，外网地址为 61.61.5.50。
- 内网网段地址：包括各办公人员、技术人员的主机，Proxmox VE 上创建的虚拟机，所分配地址段是 172.16.5.0/24。
- Proxmox VE 宿主系统网络接口分配：桥接口“vmbr0”连接到公众网络，桥接口“vmbr1”连接到内网交换机。

7.3.5 Windows 客户端拨号验证

确保 Proxmox VE 宿主系统启动服务 pptpd（可执行 systemctl enable pptpd 使服务开机启动），并且上述 my_route.sh 脚本也需执行，然后在远端 Windows 系统对这个虚拟专用网络进行拨号。拨号过程中，可在 Proxmox VE 宿主系统 Debian 中执行如下指令查看其输出，以判断其正确性：

```
root@pve60:~# tail -f /var/log/messages
Sep 27 22:36:18 pve60 pppd[2893]: Connection terminated.
Sep 27 22:36:18 pve60 pppd[2893]: Exit.
Sep 27 22:36:57 pve60 pppd[3041]: Plugin /usr/lib/pptpd/pptpd-logwtmp.
so loaded.
Sep 27 22:36:57 pve60 pppd[3041]: pppd 2.4.7 started by root, uid 0
Sep 27 22:36:57 pve60 pppd[3041]: Using interface ppp0
Sep 27 22:36:57 pve60 pppd[3041]: Connect: ppp0 <--> /dev/pts/1
Sep 27 22:37:27 pve60 pppd[3041]: LCP: timeout sending Config-Requests
Sep 27 22:37:27 pve60 pppd[3041]: Connection terminated.
Sep 27 22:37:27 pve60 pppd[3041]: Modem hangup
Sep 27 22:37:27 pve60 pppd[3041]: Exit.
Sep 27 22:40:00 pve60 pppd[3370]: Plugin /usr/lib/pptpd/pptpd-logwtmp.
so loaded.
Sep 27 22:40:00 pve60 pppd[3370]: pppd 2.4.7 started by root, uid 0
Sep 27 22:40:00 pve60 pppd[3370]: Using interface ppp0
Sep 27 22:40:00 pve60 pppd[3370]: Connect: ppp0 <--> /dev/pts/3
Sep 27 22:40:03 pve60 pppd[3370]: peer from calling number
106.121.133.43 authorized
Sep 27 22:40:03 pve60 kernel: [  648.926657] PPP MPPE Compression
module registered
Sep 27 22:40:03 pve60 pppd[3370]: MPPE 128-bit stateless compression
enabled
Sep 27 22:40:05 pve60 pppd[3370]: local  IP address 172.18.5.1
Sep 27 22:40:05 pve60 pppd[3370]: remote IP address 172.18.5.200
…………………………….省略若干…………………………
```

如果只能拨号，而 Windows 客户端不能访问 Internet 的话，一定是路由脚本 /usr/local/bin/my_route.sh 没有执行或者书写错误。

7.4 创建虚拟机、安装操作系统并部署应用

在 Proxmox VE 上创建虚拟机、在虚拟机上安装操作系统等，请参看本书相关的章节。

应用程序部署主要包括 Web（Nginx 或 Apache）、PHP（或者 Tomcat）、MySQL 一类，这不是本章内容的重点，因此不单独介绍。部署完毕并导入数据，可以通过直接访问虚拟机的地址获得信息（比如 Web 站点，在浏览器中输入该虚拟机的地址及端口号，可以加载页面，即可认为配置是正常的）。

7.5 为宿主机部署 HAProxy

这里要注意了，应用程序是部署在虚拟机之上的，而 HAProxy 却是部署在宿主机系统上的（HAProxy 与 Proxmox VE 共用同一 Debian 系统），为什么这样做？前面讲过，由于受条件限制，只有唯一的一个公网 IP，把 HAProxy 对外的服务监听到这个公网 IP 上，既能实现内外网访问的目的，又能有效利用资源。

在 Proxmox VE 宿主系统 Debian 上，有两种方法可以安装 HAProxy：一种是使用 Debian 的包安装工具“apt-get”；另一种则是下载源码，解包编译并进行安装。

Debian 命令行执行“apt-get install haproxy”进行安装比较省事，但安装的 HAProxy 版本相对低一些，在本文写作之时，所取得的版本号为 haproxy_1.7.5（如图 7-4 所示）。

```
root@pve60:~# apt-get install haproxy
Reading package lists... Done
Building dependency tree
Reading state information... Done
Suggested packages:
  vim-haproxy haproxy-doc
The following NEW packages will be installed:
  haproxy
0 upgraded, 1 newly installed, 0 to remove and 16 not upgraded.
Need to get 0 B/1,036 kB of archives.
After this operation, 2,020 kB of additional disk space will be used.
Selecting previously unselected package haproxy.
(Reading database ... 40668 files and directories currently installed.)
Preparing to unpack .../haproxy_1.7.5-2_amd64.deb ...
Unpacking haproxy (1.7.5-2) ...
Setting up haproxy (1.7.5-2) ...
Processing triggers for systemd (232-25+deb9u4) ...
Processing triggers for man-db (2.7.6.1-2) ...
Processing triggers for rsyslog (8.24.0-1) ...
```

图 7-4

执行完指令后，将生成配置文件“/etc/haproxy/haproxy.cfg”，后面具体的配置，修改此文件即可。

如果打算使用最新的HAProxy稳定版本，源码安装将是不二之选。如果知道下载链接（可委托他人帮忙），也可以直接下载HAProxy，最新版本的下载方式如下所示：

```
root@pve60:~# wget https://www.haproxy.org/download/1.8/src/
haproxy-1.8.14.tar.gz
--2018-10-13 14:25:22--  https://www.haproxy.org/download/1.8/src/
haproxy-1.8.14.tar.gz
Resolving www.haproxy.org (www.haproxy.org)... 51.15.8.218
Connecting to www.haproxy.org (www.haproxy.org)|51.15.8.218|:443...
connected.
HTTP request sent, awaiting response... 200 OK
Length: 2070813 (2.0M) [application/x-tar]
Saving to: 'haproxy-1.8.14.tar.gz'
haproxy-1.8.14.tar.gz
7%[==>] 150.77K  7.53KB/s    eta 4m 8s
```

下载完毕，用tar zxvf haproxy-1.8.14.tar.gz解包，并进入目录haproxy-1.8.14。安装之前，建议读一下该目录下的文件“README”，对快速入手很有帮助（有些软件可能会直接提供安装说明文件“INSTALL”）。

以ISO形式安装的Proxmox VE宿主系统Debian，默认情况下，没有安装编译工具make、gcc等，需要手动执行下列指令把包及相关依赖全部安装上：

```
root@pve60:~/haproxy-1.8.14# apt-get install libssl-dev make gcc
libpcre3 libpcre3-dev zlib1g
```

接下来，执行编译命令，如下所示：

```
root@pve60:~/haproxy-1.8.14# make TARGET=linux26 USE_PCRE=1 USE_
OPENSSL=1 USE_ZLIB=1 PREFIX=/usr/local/haproxy
```

执行过程如果报错，请仔细查看输出信息，一般都是因为包依赖的关系，用apt-get install解决即可。不过，与CentOS不同的是，Debian的包名有些古怪，比如“pcre”名为“libpcre”、“zlib”名为“zlib1g”。在命令行的末尾，加了选项“PREFIX=/usr/local/haproxy”，目的是把所有安装文件囚禁在目录“/usr/local/haproxy”中，便于日常管理和维护，否则安装文件随处安放。

安装步骤比较简单，建议把选项“PREFIX=/usr/local/haproxy”带上，才会把所有需要的文件安装到指定目录，具体指令如下：

```
root@pve60:~/haproxy-1.8.14# make install PREFIX=/usr/local/haproxy
install -d "/usr/local/haproxy/sbin"
install haproxy  "/usr/local/haproxy/sbin"
install -d "/usr/local/haproxy/share/man"/man1
install -m 644 doc/haproxy.1 "/usr/local/haproxy/share/man"/man1
install -d "/usr/local/haproxy/doc/haproxy"
for x in configuration management proxy-protocol architecture
peers-v2.0 cookie-options lua WURFL-device-detection linux-syn-cookies
network-namespaces DeviceAtlas-device-detection 51Degrees-device-
detection netscaler-client-ip-insertion-protocol peers close-options
SPOE intro; do \
        install -m 644 doc/$x.txt "/usr/local/haproxy/doc/haproxy" ; \
done
```

根据后端业务，对HAProxy进行配置，所有的操作都是对配置文件进行编辑，配置文件的命名、存储位置都无关紧要，只要启动的时候进行指定就能进行语法检查和项目加载。下面列出本项目的完整配置文件“haproxy.cfg”，供读者参考（可根据实际情况，用这个配置文件直接修改）：

```
[root@localhost ~]# more /usr/local/haproxy/etc/haproxy.cfg
global
    log         127.0.0.1 local2
    chroot      /var/lib/haproxy
    pidfile     /var/run/haproxy.pid
    maxconn     400000
    user        haproxy
    group       haproxy
    nbproc      1
    daemon
    tune.ssl.default-dh-param 2048
#---------------------------------------------
defaults
    mode                    http
    log                     global
    option                  dontlognull
    option                  redispatch
    retries                 3
    timeout http-request    10s
    timeout queue           1m
    timeout connect         10s
    timeout client          1m
    timeout server          1m
    timeout http-keep-alive 60s
    timeout check           10s
```

```
    maxconn                    100000
#-------------------------------------------
listen  web_ha
        bind 0.0.0.0:9999
        mode http
        transparent
        stats refresh 30s
        stats   uri     /haproxy-stats
        stats hide-version
        stats realm Haproxy\statistics
        stats auth admin:haproxy
#-------------------------------------------
frontend server_port80
         bind  *:80
         mode http
         option httplog
         option httpclose
         option forwardfor
         log global
         acl wx_efan          hdr_beg(host) -i wx.efan.com
         acl static_efan      hdr_beg(host) -i static.efan.com
         acl pay_efan         hdr_beg(host) -i pay.efan.com
use_backend          wx_efan_com            if  wx_efan
         use_backend          static_efan_com         if  static_efan
         use_backend          pay_efan_com            if  pay_efan
backend wx_efan_com
        mode http
        balance source
        #balance leastconn
        option httpchk HEAD /forum.php  HTTP/1.1\r\nHost:\wx.efan.com
        cookie wx_efan insert indirect nocache
         server s109 172.17.82.109:8001 weight 60 cookie s109 check
inter 2000 rise 2 fall 3
backend static_efan_com
        mode http
        balance source
       cookie static_efan insert indirect nocache
      server s125 172.17.82.125:8001 weight 50 cookie s196 check inter
2000 rise 2 fall 3
backend pay_efan_com
        mode http
        balance source
        cookie pay_efan insert indirect nocache
    server pay101 172.17.82.101:8001 weight 20 cookie s21 check inter
2000 rise 2 fall 3
```

撰写好配置文件，确认无误后，先执行语法检查，指令如下：

```
[root@localhost ~]# /usr/local/haproxy/sbin/haproxy -f /usr/local/
haproxy/etc/haproxy.cfg -c
Configuration file is valid
```

执行上述检查没有输出错误以后，去掉上述指令的最后一个字段“-c”启动HAProxy服务，在后端应用都正常的情况下，远程客户端以本地“hosts”文件把主机名与Proxmox VE宿主系统Debian的公网IP相绑定（如图7-5所示），再在客户端用浏览器访问相应的域名，验证配置的正确性。因为是测试环境，可以不进行域名认证和备案。

```
# For example:
#
#      102.54.94.97     rhino.acme.com          # source server
#       38.25.63.10     x.acme.com              # x client host

# localhost name resolution is handled within DNS itself.
#   127.0.0.1       localhost
#   ::1             localhost

#127.0.0.1 activation.cloud.techsmith.com
61.62.5.50   wx.efan.com
61.62.5.50   pay.efan.com
61.62.5.50   static.efan.com
```

图 7-5

7.6 项目实施效果

经过数天的努力，加上其他技术人员的配合，完全达到了预定的目标，这些目标包括但不限于以下内容：

- 内部办公电脑顺畅上网。
- 在外部，比如夜里在家里能访问办公室内部的系统，或者管理、维护Proxmox VE上部署的虚拟机。
- Proxmox VE上部署的虚拟机能访问互联网，以便调用其他合作伙伴系统的API。
- 部署在各地的自动售卖机通过互联网能连接到Proxmox VE里面虚拟机的应用，实现无人值守售货。
- 能调用多种互联网支付，比如微信、支付宝。
- 根据需要，随时创建或者销毁测试、开发用虚拟机。

第 8 章 Proxmox VE 多节点虚拟化

Proxmox VE 多节点集群，是实现运行于其上的虚拟机（或者容器）高可用的基础。有些情形下，可能不具备实现虚拟机高可用的条件，比如旧的、配置低的物理服务器重新利用，或者有时候不打算把集群做成高可用，以减少管理的复杂度。

即便没有高可用特性，但与单节点的 Proxmox VE 相比较，Proxmox 多节点集群的优势还是很明显的。这主要体现在以下几个方面：

- 更多的物理节点，能支持更多的应用（创建更多的虚拟机），可组建更大规模的网络。
- 通过负载均衡机制，易于实现应用层面的高可用。部分应用甚至是物理节点失效，不影响正常的业务运行。单节点理论上也可以创建多个应用，前端通过负载均衡来转发请求，但这样的设计毫无意义，物理节点失效，所有应用也就不复存在了。
- 通过统一入口，管理所有计算资源（物理节点、存储、网络、虚拟机等），比管理多个单独的 Proxmox VE 更方便。

接下来，将以一个具体的实例向读者分享 Proxmox VE 多机虚拟化的过程和心得。

8.1 只用集群、不要求高可用的场景

基于现有的条件，从闲置的旧服务器里选几台配置稍高的，然后再尽可能增加硬件配置（从其他旧服务拆），主要是加硬盘和内存。

基本思路是：在 4 台物理服务器上安装 Proxmox VE，做成节点集群；在集群的节点创建虚拟机，并部署相同的应用，分布到各物理节点；前端用两台 1U 的配置低的旧服务器做负载均衡；后端数据库不动，继续保留主从结构。数据安全方面，再部署一台服务器，配置 NFS 服务，作为操作系统镜像文件（ISO）及虚拟机备份的场所。总体结构图如图 8-1 所示。

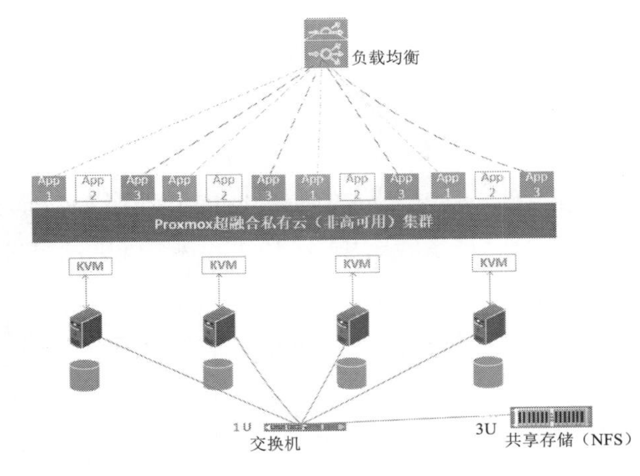

图 8-1

8.2 创建 Proxmox VE 集群

在正式安装之前，规划好物理节点主机名、物理节点 IP 地址、虚拟机 IP 地址等，并做好记录，为了方便查看，最好做成表格形式，如表 8-1 所示。

表 8-1

主机名	IP 地址	虚拟机 IP 范围
pve10	172.16.35.10	172.16.35.11~19
pve20	172.16.35.20	172.16.35.21~29
pve30	172.16.35.30	172.16.35.31~39
pve40	172.16.35.40	172.16.35.41~49

因网络的规模不大，为便于管理，简化结构，决定把物理节点、共享存储、虚拟机、负载均衡等，均共存于同一网络。在配置时，要避免 IP 地址冲突。当然，如果能把访问网络与数据网络分开，那就更好了。

8.2.1 安装 Proxmox VE 前的准备工作

安装 Proxmox VE 前的准备工作如下。

- 从官网（www.proxmox .com）下载最新的稳定版本 Proxmox VE VE 5.2 ISO Installer（当前最新的版本为 Proxmox VE 7.0），并把它刻录成可引导 U 盘，UltraISO 是一个不错的选择。如果服务器太旧而不能从 U 盘引导系统，则需把此 ISO 文件刻录成可引导光盘，用外置光驱来进行引导安装。
- 服务器通电开机，进入 BIOS 界面，启用 CPU 虚拟化功能，并确保从 U 盘（或者光盘）启动系统。有些品牌的 BIOS 很古怪，按常规的方法设置可能不能正常引导（提示找不到可引导的系统盘），这需要花些时间来处理，具体请参考相关手册或官方文档。

8.2.2 在物理节点安装 Proxmox VE

只要通电开机后，能出现 Proxmox VE 安装界面，如图 8-2 所示，一般都不会有问题，可以继续进行下一步。

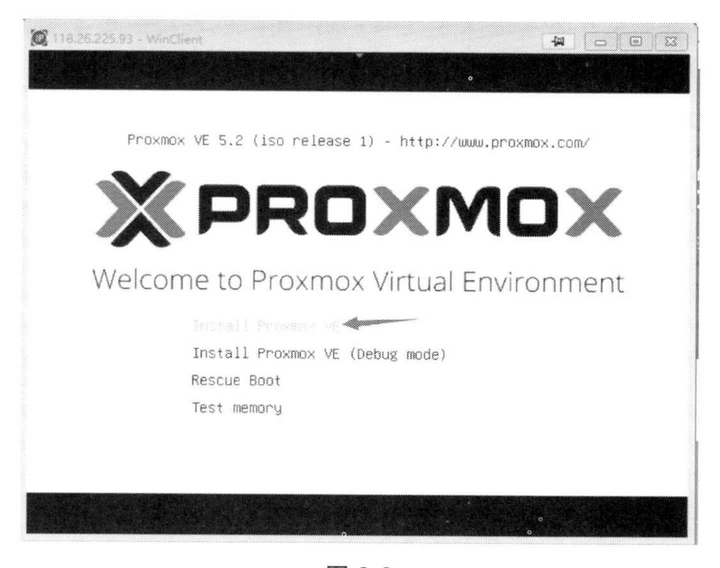

图 8-2

一直到网络设置那里，应该都不会有什么障碍，按提示操作即可，如图 8-3 所示。

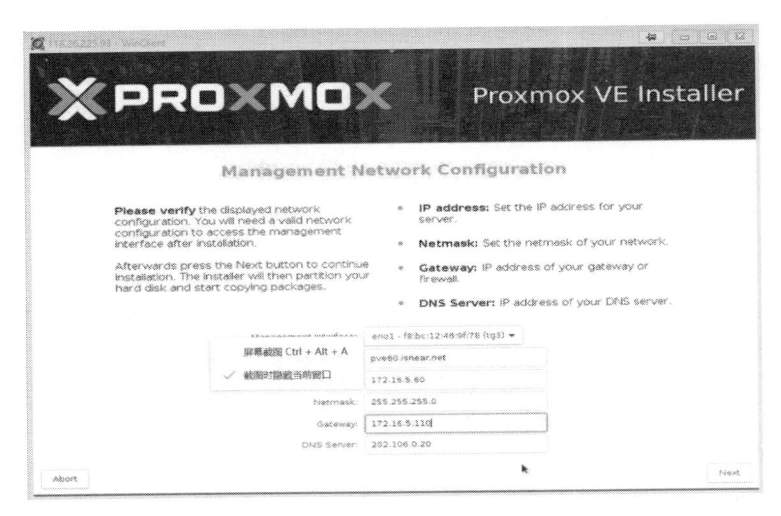

图 8-3

服务器一般都有多个网卡，本项目仅需设定一个 IP 地址，因此仅需要插入一根网线，需要根据连线的情况进行设定（看服务器网卡的指示灯及编号），确认安装完成后，网络是通达的。更多详细的安装方法，可参见前面的章节，这里不再赘述。安装完 Proxmox VE 以后，要保证各个节点之间能互相访问，把各宿主机的“/etc/hosts”按预先定义的名称与对应的 IP 地址做好绑定，确保各节点用主机名访问也是正常的（这个步骤可选）。各节点用浏览器访问其 IP 地址加端口号 8006，输入密码后能访问到管理页面。

各物理节点都执行一次“apt-get update && apt-get upgrade”，进行包更新操作，如果没有订阅服务，还需要把官方的更新源注释掉。具体的做法是，修改文件“/etc/apt/sources.list.d/pve-enterprise.list”，把其内容注释掉（其实就一行）。

8.2.3 正式创建 Proxmox VE 集群

随机抽一个物理节点，以 SSH 客户端登录 Proxmox VE 宿主系统 Debian。命令行执行如下指令创建名为 formyz 的集群：

```
root@pve20:~#pvecm create formyz
Corosync Cluster Engine Authentication key generator.
Gathering 1024 bits for key from /dev/urandom.
Writing corosync key to /etc/corosync/authkey.
Writing corosync config to /etc/pve/corosync.conf
Restart corosync and cluster filesystem
```

登录其他物理节点，命令行执行如下指令加入集群：

```
root@pve30:~#pvecm add pve20
Please enter superuser (root) password for 'pve20':
                                                    Password for root@
pve20: **********
Etablishing API connection with host 'pve20'
The authenticity of host 'pve20' can't be established.
X509 SHA256 key fingerprint is AB:F9:4F:58:10:90:32:4A:5A:CD:82:3A:E4:4
6:9B:7C:06:DD:66:AC:0A:23:5E:72:57:1E:5E:D9:45:F1:F7:34.
Are you sure you want to continue connecting (yes/no)? yes
Login succeeded.
Request addition of this node
Join request OK, finishing setup locally
stopping pve-cluster service
backup old database to '/var/lib/pve-cluster/backup/config-1536399579.
sql.gz'
waiting for quorum...OK
(re)generate node files
generate new node certificatemerge authorized SSH keys and known hosts
generated new node certificate, restart pveproxy and pve
```

如上，一条指令就可以建立起 Proxmox VE 集群，是不是超级简单？每个需要加入 Proxmox VE 集群的节点，在其“/etc/hosts”绑定主机名与 IP 地址映射，加入集群时就可以简化输入。“pvecm add”后的节点名称可以是任意已经存在于集群中的成员。

也可以从 Proxmox VE 的 Web 管理界面去创建或者加入已经存在的集群，如图 8-4 所示。

图 8-4

填写集群的名字就可以了，尽量取一个有意义的名字，方便后期管理和维护。

再来看 Web 加入集群，需要填好几个字段值，最后一项“指纹”（如图 8-5 所示），需要从创建好的 Proxmox VE 集群的 Web 管理后台，单击按钮“加入信息”获取并复制，比直接在宿主系统执行命令要麻烦一些。

图 8-5

当所有节点（本案例四个节点）都加入集群以后，需要验证操作的正确性，有两种方法，一种方法是用浏览器访问任一节点 Proxmox VE 的 Web 管理后台查看，另一种则是使用命令行指令。

从 Proxmox VE 的 Web 管理后台，单击菜单“集群”即可直观查看集群状态详情，如图 8-6 所示。

节点名称	ID ↑	表决	Ring 0	Ring 1
pve10	1	1	172.17.98.10	
pve20	2	1	172.17.98.20	
pve30	3	1	172.17.98.30	
pve40	4	1	172.17.98.40	

图 8-6

登录任意集群节点 Proxmox VE 宿主系统 Debian，命令行执行“pvecm status”。从输出状态可了解集群中有多少个节点，并且还可以了解到集群与 Corosync 关系紧密（这也意味着如果集群运行有异常，可从 Corosync 的日志信息进行排查），如图 8-7 所示。

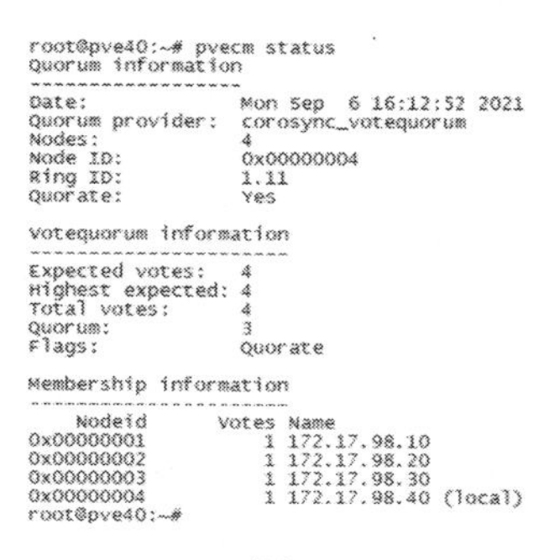

```
root@pve40:~# pvecm status
Quorum information
------------------
Date:             Mon Sep  6 16:12:52 2021
Quorum provider:  corosync_votequorum
Nodes:            4
Node ID:          0x00000004
Ring ID:          1.11
Quorate:          Yes

Votequorum information
----------------------
Expected votes:   4
Highest expected: 4
Total votes:      4
Quorum:           3
Flags:            Quorate

Membership information
----------------------
    Nodeid      Votes Name
0x00000001          1 172.17.98.10
0x00000002          1 172.17.98.20
0x00000003          1 172.17.98.30
0x00000004          1 172.17.98.40 (local)
root@pve40:~#
```

图 8-7

8.3 准备 NFS 共享服务器

Openfiler 集成了 NFS 功能，也可以安装 CentOS 系统，再用编辑器修改文件"/etc/exports"，设定共享目录，并给设定的共享目录合理授权，启动 NFS 及其相关的服务（如 portmap、nfs 等，版本不同，启动的服务也可能不同）。不管哪种方法，只要权限授予正确就好。

Proxmox VE 的 Web 管理后台，单击"数据中心"的子菜单"存储"，再单击"添加"菜单，选中"NFS"，如图 8-8 所示。

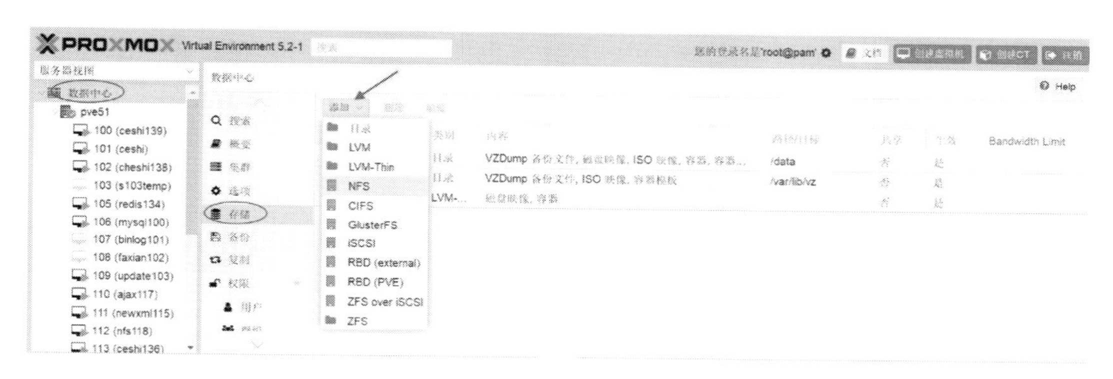

图 8-8

在"添加：NFS"对话框填写 ID（可任意填写，但为了方便后期维护，尽量取一个易于从字面理解的名字），手动输入服务器的名称（可以是主机名、IP 地址，只要宿主机系统能访问到它），然后单击下一个输入框"Export"下拉列表的箭头，NFS 服务器的共享地址会显示出来，而不用去手动输入（如图 8-9 所示）。

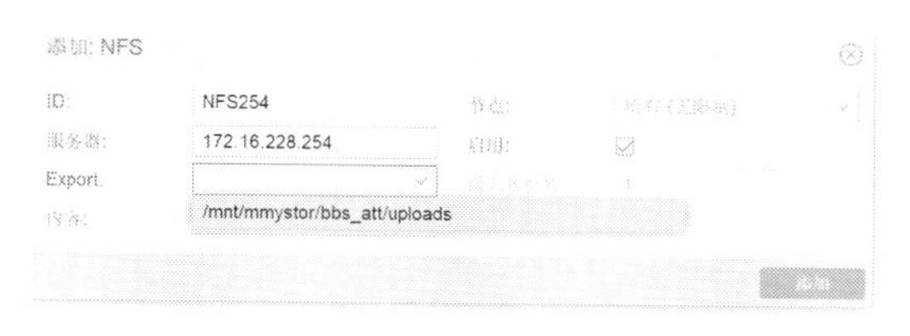

图 8-9

选定输出项"Export"的值以后，不要急于单击"添加"按钮。最下一行"内容"输入框，需要手动选定几项。因为笔者用这个 NFS 来存储操作系统镜像文件 ISO 及虚拟机备份，因此，需要选择如图 8-10 所示的项。

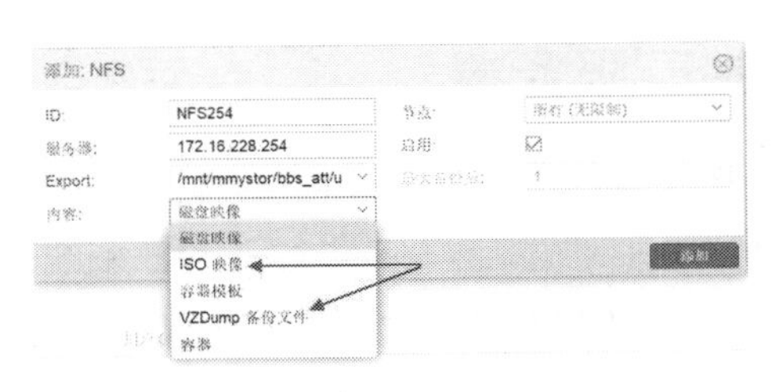

图 8-10

单击一次，选中一项，可以多选。选完后就可以单击“添加”按钮。添加过程很快，完成以后，“存储”菜单的子项就多了添加好的 NFS 存储，如图 8-11 所示。

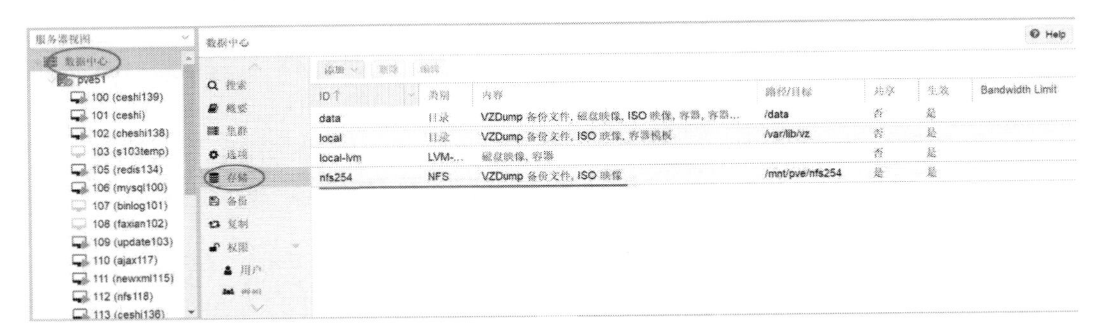

图 8-11

执行以上操作，其实质是集群的所有物理节点挂载 NFS 共享存储，以及在此共享目录创建子目录甚至孙目录。即在 NFS 共享目录创建子目录 dump 和 template，其中 template 目录还有子目录 iso 等，记住这个路径，稍后要用来存放操作系统 ISO 镜像文件（存放在别的目录不能被识别）。目录 dump 则是备份文件的存放位置，启用备份调度或者手动备份虚拟机，生成的文件就在这里。

```
root@pve20:/mnt/pve/nfs254/template/iso# pwd
/mnt/pve/nfs254/template/iso
root@pve20:/mnt/pve/nfs254/template/iso# ls -al
total 5748364
drwxr-xr-x 2 root  500        106 Oct  9 12:41 .
drwxr-xr-x 4 root  500         28 Sep  8 23:40 ..
-rw-r--r-- 1  500  500 4470079488 May  4 05:07 CentOS-7-x86_64-
DVD-1804.iso
-rw-r--r-- 1  root root 1093398528 Mar 26  2018 centreon-3.4.6.el7.
x86_64.iso
-rw------- 1 root root  322842624 Sep 22 23:48 virtio-win-0.1.160.iso
```

NFS 没有高可用性，这其实没有什么可担心的，因为使用操作系统镜像文件及定时备份不是高频操作，况且磁盘做了 RAID，可靠性还是很高的。假如把虚拟机的镜像磁盘放在 NFS 上，不光性能上要求高，而且很危险了（高频度使用）。

8.4 创建虚拟机及安装虚拟机操作系统

到目前为止，已经准备好 NFS 共享目录，并通过 Proxmox VE 的 Web 管理后台将其添加到集群。把需要使用的操作系统 ISO 镜像文件下载或者复制到任意节点宿主系统 Debian 的 NFS 挂载点子目录“/template/iso”（比如本案为“mnt/pve/nfs155/template/iso”）。接下来，在 Proxmox VE 的 Web 管理后台进行如下操作。

（1）在某一物理节点分配计算资源，并创建好虚拟机。具体的创建过程，请参照前面的章节，这里不再赘述。

（2）设置虚拟机操作系统 ISO 镜像存储在 NFS 共享目录，这样能保证集群所有的宿主机都能读取这个镜像文件，如图 8-12 所示。

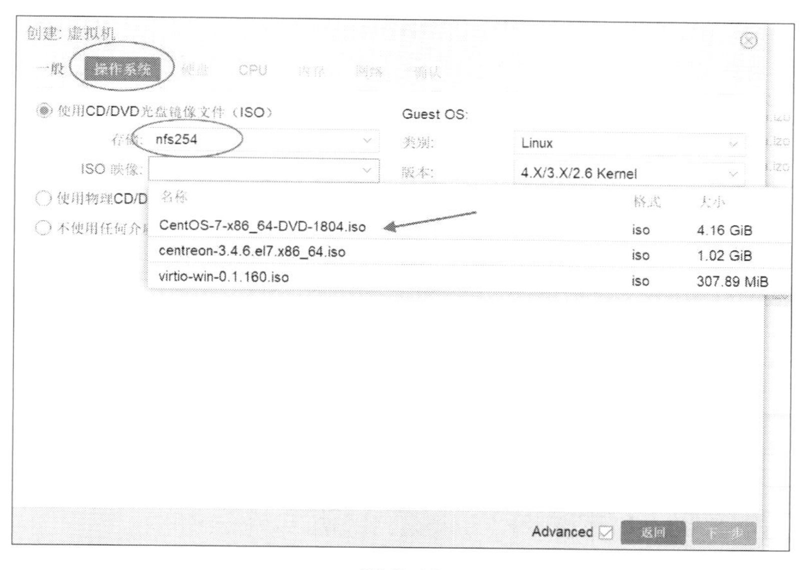

图 8-12

如果不是共享方式，需要在不同的节点创建虚拟机并安装操作系统的话，每个节点的本地目录，都需要存在所需的操作系统 ISO 镜像文件，这不但浪费存储空间，而且极度没有效率。

（3）创建虚拟机的命名，也需要考究一番。在一个适度规模的集群中，可能会创建数十个虚拟机，如果不对命名进行统一规范，上线后的日常管理将会有诸多不便。本人常用的命名方法是应用名 +IP 地址末尾数，比如 mon-35-23，标识这个虚拟机是用于监控，IP 地址是 172.16.35.23。

（4）虚拟机安装操作系统。具体过程，可参照本书第 5 章相关内容，此处不再赘述。

8.5 虚拟机部署应用

以 SSH 客户端登录刚安装好操作系统的虚拟机，在上面部署应用、做配置及导入数据，具体操作如下。

（1）安装好软件。主要是 Nginx、PHP 以及相关扩展，如 php-gd2、php-memcache 等。具体的安装方法，请自行搜索文档，这里不再赘述。

（2）Nginx 及 PHP 配置。需要设置路径、运行账户、目录属主等。即便是虚拟机，笔者也是把程序与数据进行分离的，比如软件安装目录为“/usr/local/nginx”，用户数据（站点）的目录为“/data/html/www.formyz.com”；尽量不以 root 账户启动服务，而用普通账户启动，比如以 www 账户启动 Nginx 及 PHP，普通账户尽可能不指定 shell（/sbin/nologin），以提高系统的安全性。

（3）导入用户数据。一部分是数据库数据，另一部分是站点数据。数据库数据用工具导入，站点数据把它放到配置文件指定的路径，并赋予正确的权限。

（4）启动所有相关服务，直接访问此虚拟机，确保应用处于正常状态。对于 Web 类业务，通过绑定虚拟机 IP 及域名，能直接得到页面（本地电脑修改 hosts 文件进行映射）。

（5）设置虚拟机的应用随系统开机启动，避免计划性维护时遗忘。个人比较喜欢应用的启动命令或脚本，放置在文件“/etc/rc/local”中，通用性比较好，又比较直接。

8.6 创建虚拟机模板并克隆虚拟机

由于相同的应用需要分布到不同的物理节点，以实现负载均衡下的高可用，因此对于同一个应用，需要在各物理节点上重复部署多次。按照常规的方法，在集群中的多个节点重复虚拟机创建、虚拟机安装操作系统、虚拟机部署应用……不仅效率低，而且容易出错。一个比较有用的方法是：把一个部署好应用并且服务都正常的虚拟机做成模板，然后用这个模板克隆出所需数量的虚拟机，启动虚拟机并登录，修改 IP 地址，然后在前端负载均衡设置好负载转发。

确认前一个步骤创建的虚拟机应用处于正常状态以后，关闭虚拟机。然后登录 Proxmox VE 的 Web 管理后台，进行下列操作。

（1）选中已经关闭系统的虚拟机（关闭状态是灰色的，而运行状态的虚拟机，图标右侧有个绿色的箭头），右击弹出菜单，如图 8-13 所示。

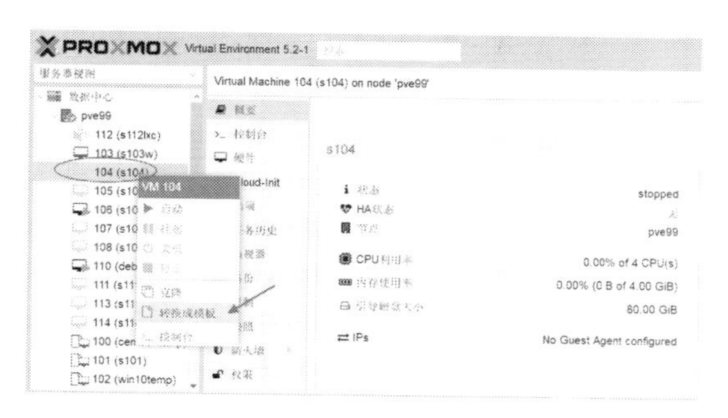

图 8-13

转换过程没什么可以设定的地方，比如指定模板存储位置（只能就地转换），另外转换完以后，源虚拟机不复存在。转化过程很快（秒级）。不能把处于运行状态的虚拟机进行模板转换，强行转换，会得到一个警告！如图 8-14 所示。

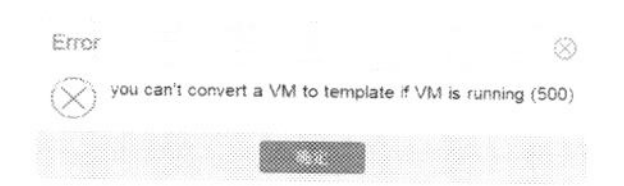

图 8-14

（2）在“101（s101）”上右击，在弹出的快捷菜单中单击“克隆”选项，如图 8-15 所示。

图 8-15

克隆模式有两种选择：完整克隆及链接克隆。建议选择完整克隆（如图 8-16 所示），如果资源实在很紧张，也可以选择链接克隆。

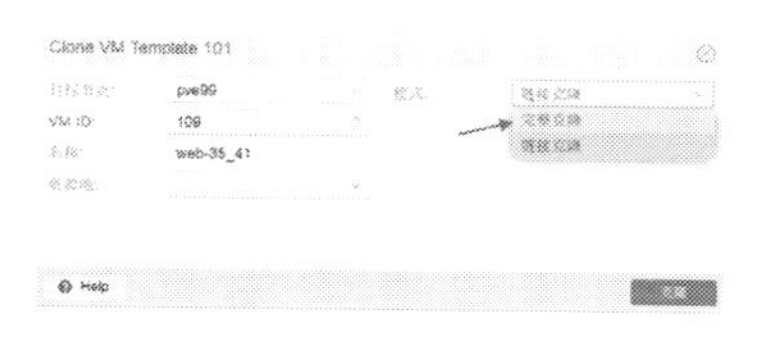

图 8-16

（3）启动克隆出来的虚拟机，从 Proxmox VE 的 Web 管理后台的虚拟机控制台登录虚拟机的操作系统，修改网络配置（如果配置文件有 uuid 这一项的话，注释掉，以避免与其他虚拟机发生冲突）。检查服务是否都能随开机启动了，用浏览器绑定其 IP 地址访问是否正常（虚拟机部署的是 Web 应用）。

（4）继续在 Proxmox VE 的 Web 管理后台用模板克隆虚拟机，根据需求克隆出相应数量的虚拟机，并在不启动虚拟机系统的情况下，将这些虚拟机迁移到不同的宿主节点上（虚拟机运行状态迁移比较慢）。然后逐个启动虚拟机，从 Proxmox VE 的 Web 管理后台虚拟机控制台登录虚拟机操作系统，更改虚拟机网络配置，同时检查相关服务是否正常运行。

8.7 部署并配置负载均衡

从客户端单独对每个虚拟机上的应用进行访问都没问题以后，就可以进行负载均衡的安装配置。软件选择 Keepalived + HAProxy，Keepalived 提供失败切换功能，HAProxy 提供负载均衡及健康检查功能。如果站点需要支持 https，对应地，需要在 HAProxy 里面配置好 SSL 证书。默认情况下，HAProxy 可能不支持多域名证书转发，如果是对多个域名做负载，则需要重新编译安装 Openssl 及 HAProxy，使其支持 TNSSNI，具体的操作方法，请以关键字“haproxy sni”在网上进行搜索。

8.8 数据备份与恢复

备份分应用数据备份和虚拟机备份，其中应用备份部分，只要对可变数据进行部分备份就够了，如数据库数据、用户上传数据。虚拟机备份是 Proxmox VE 本身内置的功能，简单几步就可以把数据备份到共享的 NFS 存储上。

应用部分，由于数据库独立在系统之外，不用再做处理，用户生成数据，用 rsync 同步到 NFS。

虚拟机备份及恢复在之后会详细介绍。

8.9 系统可用性测试

尽管 Proxmox VE 集群本身没有实现高可用性，但通过应用层面的设计，整个系统仍然是高可用的。

部署并配置全部应用以后，还需要模拟故障，对整个系统的可用性进行测试。

- 健康检查测试：关闭某个虚拟机，测试业务是否正常；关闭某个物理节点，测试业务是否正常。
- 失败切换测试：关闭主负载均衡器，测试业务是否正常。

对于整个系统来说，即使虚拟机失效、负载均衡失效，甚至 Proxmox VE 物理节点失效（只要 Proxmox VE 集群不崩溃），对外提供的服务依然是正常的（如图 8-17 所示）。

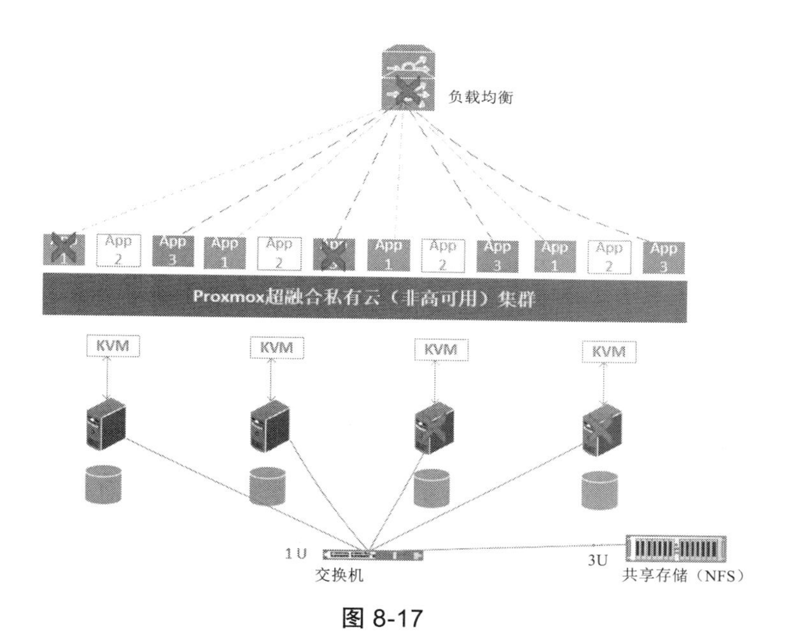

图 8-17

第9章 Proxmox VE 最高可用性超融合集群

某知名传媒平台，所有业务都在公有云上承载，一年的费用超过五十万元（大概有50多个配置较高的云主机、数个RDS数据库）。运营成本高不说，还经常发生故障导致服务不可访问，另外一些应用还时不时被刷流量，为应对攻击，以前的运维人员专门部署了一台应用，用于承担攻击流量。因为存在这样的困扰，加之运维人员的离职，因而笔者有幸被邀请参与项目优化及改造。

项目优化及改造重点聚焦于系统可用性和低建设成本。经过初步评估，把公有云上的业务迁移到自己可以管控的基础设施上，通过部署超融合虚拟化平台承载迁移下来的业务，成本低、可控性强并且能对整体架构做性能优化。经过数次讨论，方案终于得以定形。决定以负载均衡为前端，Proxmox VE超融合高可用集群为基础，Proxmox Backup Server（简称PBS）为灾备，Centreon分布式监控平台为“耳目”，组成一套最高可用性的应用集群，其总体架构如图9-1所示。

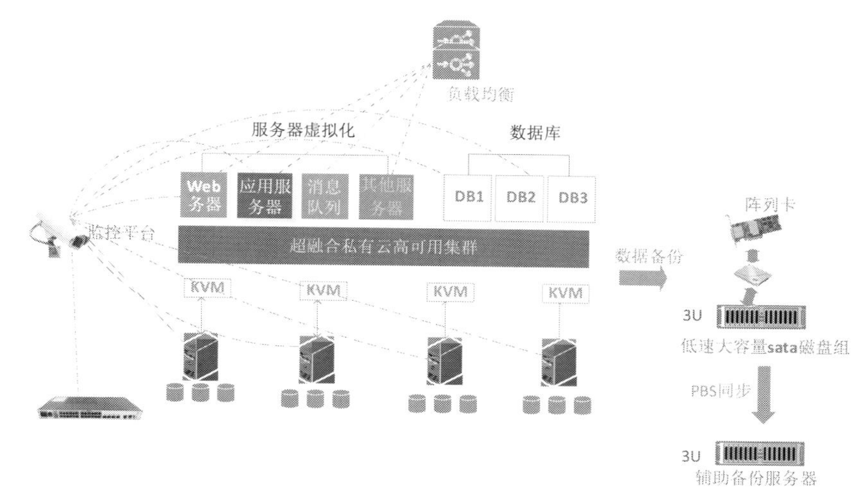

图 9-1

9.1 最高可用性集群方案设计

方案设计要结合现状，一次到位并预留余量，比如超融合高可用集群，至少需要3台物理服务器，那么在规划时，配置4台甚至更多。在设备配备上，对于配置要求不高的应用，可以采用现有的旧设备，比如负载均衡、监控等。

9.1.1 总体目标

● 服务最高可用性。负载均衡高可用、超融合集群高可用。负载均衡单个失效、超融合集群部分失效，只要节点数量能维持住集群，就能保证业务或应用的可用性，不会对用户的访问产生影响。可用性越高，系统的稳定性越好，用户的体验越好，技术及运营的压力也就越小。

● 系统可扩展。增加或者减少节点数量，不影响服务的正常运行。

● 易于实现，部署及日常管理简单。系统越复杂，实施和维护的时间成本就越高，特别是在发生故障的时候。同样，对人员的专业水平、经验要求也高。

● 高性价比。大部分的中小型企业或者一些经费紧张的组织机构，对建设成本的投入还是非常敏感的，不是每家都可以不计成本上一些高大上的商业解决方案。因此，在方案设计上，既要满足功能需求，保证性能，同时也要尽可能降低成本，最大限度地利用资源。当然，必要的余量还是要预留的。

● 通用性。能适用多种环境、多种应用。

● 可恢复性。系统全部崩溃甚至连主备份系统也崩溃，可以从辅助备份系统获取数据进行快速恢复。

● 运维可视化。监控平台全天候对系统及应用进行实时监测，发生故障随时告警。

9.1.2 平台组成

1. 超融合高可用虚拟化集群

采用通用PC服务器加开源软件，组成超融合虚拟化集群平台，在此平台上创建虚拟机，迁移应用到超融合集群的虚拟机上。基于安全考虑，整个集群部署在受保护的内部网络，用户的访问请求，由网络边界处的负载均衡负责分发。

在以前的传统方案中，为了保证系统的高可用性，集群节点通常需要使用共享存储。要在容量、性能上做平衡，代价是非常大的——高转速的磁盘容量小、大容量的磁盘转速低，集中访问，必然对磁盘的I/O有很高的要求。另外，还必须考虑共享存储的单点问题（做成RAID10容量降低一半）。超融合集群一体化架构，去掉了共享存储这个中心点，不但提高了整体的可用性，而且还在提高性能的基础上大大降低成本。两种架构的比较如图9-2所示。

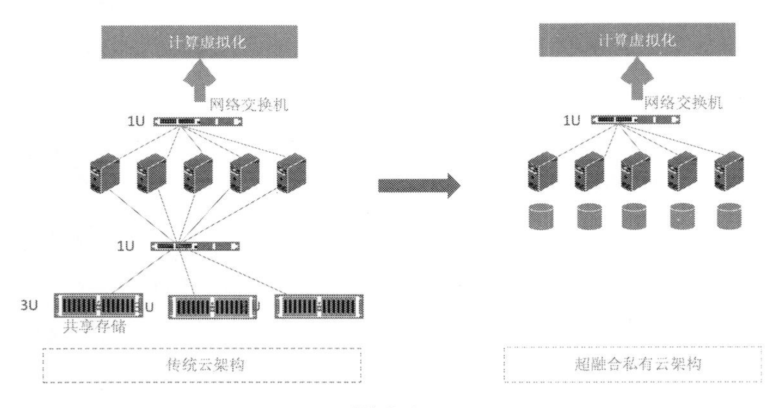

图 9-2

超融合架构，存储与计算资源集成在一起，去掉了共享存储，精简结构降低了管理上的复杂性。采用Proxmox VE这款去中心化的超融合集群架构，可用性又比其他有中心控制节点的超融合提高了一个量级。

2. 负载均衡器

入户访问入口使用两台物理机，部署开源软件做负载分发（LoadBalance）、失败切换（Failover）及健康检查（Check-Health）。

3. 灾备系统

备份由两台物理服务器组成，一台接受超融合集群的数据备份，另一台用于同步备份服务器的数据（可称之为辅助备份服务器）。整个平台存在两份数据副本，数据安全等级大大提高。与高可用超融合虚拟化平台一样，灾备系统也部署在受保护的内部网络，并且不需要在前端转发用户的访问请求。

4. 分布式监控平台

监控平台单独部署在一台虚拟化的物理服务器上，此系统可部署在网络边界，提供两个网络接口，用一个内部网络相联通。如果仅部署在受保护的内部网络，则需要在负载均衡器或者路由器上做转发。以虚拟化方式部署监控系统，是为了备份及恢复方便考虑，它与超融合集群共用一套备份系统。

5. 辅助设施

辅助设施具有关键数据离线备份、操作系统镜像文件存储等用途。

6. 高可用超融合平台支撑软件

负载均衡：CentOS 操作系统，Keepalived 组合 HAProxy。

监控平台：开源软件 Centreon 分布式一体化套装。ISO 镜像文件一键安装，包括 Apache、PHP 数据库 MariaDB 等。

超融合高可用集群：开源虚拟化平台软件 Proxmox VE。该平台最大的亮点是集群去中心化及存储去中心化，这意味着只要集群得以维持，集群中的任意节点失效都不会导致服务不可用。

灾备系统：Proxmox 另一个开源软件产品 Proxmox Backup Server（简称 PBS）。到目前为止 PBS 已经发布了两个正式版本，版本号为 Proxmox Backup Server 2.0-1。在 PBS 没有发布之前，可以用 NFS 来进行虚拟机的备份。两者的差异将在后面的章节进行介绍。

辅助设施系统：操作系统之上设置 NFS 共享存储，或者使用“Openfiler”“FreeNAS”一类的开源集成套件。

7. 需求汇总

总结起来，要实现超融合最高可用性目标，简而言之，就是需要采购一些服务器、若干内存、若干硬盘、少许网络设备。做好规划以后，在准备好的基础设施上部署所需的开源软件就能满足需求。

9.1.3 资源配置

资源配置主要涉及硬件部分，包括服务器、交换机、防火墙、连接线缆等。

● 网络交换机：配备两台全千兆可网管交换机，支持多个网络接口互联。一台交换机用于用户访问的网络设备互联，另一台交换机作为存储网络的接口互联，即去中心化分布式文件系统单独分配一个网络，不与其他网络互联。

● 带虚拟专用网穿透功能的简易防护墙：配备一台，主要用于系统或平台的后台管理——客户端远程拨号，对受保护的内部网络的设施或应用进行管控操作。比如SSH连接底层系统、浏览器访问Proxmox VE超融合集群Web管理后台。

● 服务器：按角色分类，包括负载均衡服务器、监控服务器、备份服务器和超融合集群服务器。

◆ 负载均衡服务器。共需两台，一主一备。单颗CPU，32GB内存，两块600GB SAS高转速（10K转速）硬盘，单电源。因配置要求不高，也可以用旧的服务器。

◆ 监控服务器。需要一台，单颗CPU，32GB内存，两块600GB SAS高速硬盘，双电源。如有闲置服务器，则可再利用。

◆ 备份服务器。一主一备，共需两台。单个CPU，32GB内存，两块固态硬盘SSD（做RAID 1，安装系统）、4块12TB容量的SATA低速硬盘（7.2K转速），双电源。

◆ 超融合集群服务器。理论上，Proxmox VE组成高可用超融合集群最少需要3台服务器（如图9-3所示），但为了保证有更好的可用性，建议至少采用4台通用PC服务器（本案采用4台服务器）。

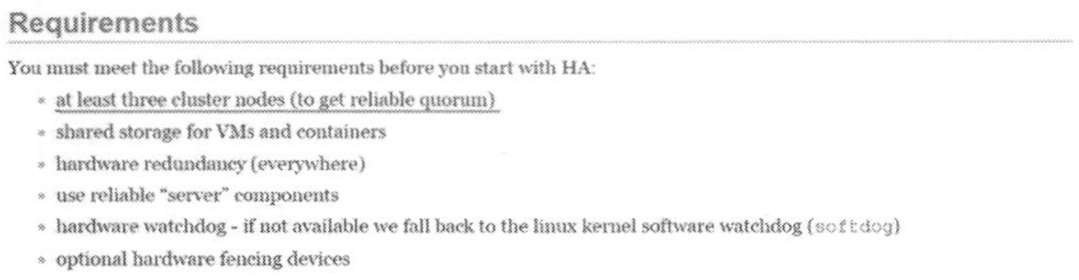

Requirements

You must meet the following requirements before you start with HA:

- at least three cluster nodes (to get reliable quorum)
- shared storage for VMs and containers
- hardware redundancy (everywhere)
- use reliable "server" components
- hardware watchdog - if not available we fall back to the linux kernel software watchdog (softdog)
- optional hardware fencing devices

图 9-3

超融合高可用集群对服务器的性能要求较高：CPU核数高、磁盘转速高、内存容量高、总体存储容量高。下面以表格的形式列出单台服务器的配置，可供大家参考，见表9-1。

表 9-1

主要部件名称	型号	参数	数量	其他
CPU	Intel Xeon E5-2660 V2	10核心20线程	2	
内存	DDR3	16GB	16	总容量256GB
存储1	SSD	256GB	2	安装Proxmox VE
存储2	SAS	2.4TB、10000转	4	分布式去中心化存储
电源	标准	475W	2	

9.1.4 实施计划

考虑到业务的连续性、不可逆性（从公有云迁移失败再切换回去，白折腾要负责任的），因此整个迁移需要小心仔细地分步骤实施，确保迁移成功。

1. 项目准备阶段

此阶段的主要任务是采购设备、选定 IDC 托管机房、规整现有的空闲服务器把它们重新配备以利于再次投入使用（比如用旧的服务器，插入更多的新硬盘用于数据备份）、准备好系统安装所需要的存储介质以及梳理限于业务的关联性及重要性。

2. 设备上架阶段

所有设备运输到选定的 IDC 机房以后，按功能划分好机位（比如 Proxmox VE 超融合集群的 4 台服务器在机柜中机位相邻、负载均衡两台服务器机位相邻、网络设备放在机柜最顶端），检查设备资源是否都按要求配置好。设备上架，插好电源，按规划好的网络把各联网设备连接到 相应的交换机。设备加电，观察设备电源指示灯、服务器网络指示灯、硬盘指示灯的状态，空转运行 24 小时以上。

3. 系统安装和平台部署

（1）负载均衡安装 CentOS 操作系统，正确联网后再部署 Keepalived 及 HAProxy。

（2）单机安装 Proxmox VE，在其上用 ISO 镜像文件安装监控系统 Centreon 21.04。

（3）四台物理节点安装 Proxmox VE。

（4）两台备份服务器安装 Proxmox Backup Server。

（5）共享存储服务器安装操作系统或者直接安装 Openfiler 套件。

CentOS 操作系统安装、在 CentOS 上部署软件 Keepalived 及 HAProxy、部署 Centreon 监控、部署 Openfiler 存储系统，请参看拙作《分布式监控平台 Centreon 实践真传》及《负载均衡实践真传》相关章节，本书不做具体展开。

4. 平台初始化及配置

（1）Proxmox VE 集群创建、Ceph 去中心化文件系统安装及 CephPool 创建。

（2）Proxmox VE 超融合集群创建虚拟机并在虚拟机上创建操作系统、虚拟机部署应用。

（3）迁移数据并调试。

（4）虚拟机转换成模板。

（5）用模板创建其他虚拟机。

（6）配置负载均衡并进行功能测试。

（7）对重要资源进行监控。

（8）设置 Proxmox VE 自动备份及恢复测试。

本书着重介绍 Proxmox VE 超融合集群，其他内容暂且略过不表。

9.2 安装 Proxmox VE 到物理服务器

具体内容参见本书第 3 章，这里不再赘述。

9.3 创建 Proxmox VE 集群

简而言之，创建 Proxmox VE 集群就是实现统一管理接口，即从一个 Proxmox VE 的 Web 管理后台界面对集群中的所有节点进行管理。又因为 Proxmox VE 集群去中心化机制，所以从任何节点登录 Proxmox VE 管理后台，都可以对整个集群进行管理。Proxmox VE 集群是实现整个平台高可用的基础，因此，只有完成物理节点的集群，才可以进行后续的操作。需要注意的是，集群不等同于高可用，高可用针对的是虚拟机或容器。

Proxmox VE 集群高可用的表现形式为：当集群中的某个节点失效（死机或网络不可达），运行在此节点上的虚拟机或容器，会自动漂移到其他正常运行的节点上，从而保证应用的可用性和连续性。注意，重启集群节点，虚拟机或者容器并不会自动漂移！节点漂移过程会导致应用的闪断，消除这个问题的绝佳措施是用户的访问通过负载均衡转发。

接下来，按照下列步骤将 4 个物理节点组成一个 Proxmox VE 集群，操作如下（与第 8 章的部分内容重复，为了阅读连贯性，多占了一些篇幅，请读者理解）。

第一步：设置 IP 地址与主机名映射（每个主机皆要执行），是为了简化输入，不用记 IP 地址而用容易识别的主机名，这个操作不是必须的。

```
root@pve49:~# more /etc/hosts
172.16.228.49 pve49
172.16.228.48 pve48
172.16.228.50 pve50
172.16.228.51 pve51
```

每个主机设置好以后，需要做验证，以免犯书写上的低级错误，操作如下：

（1）Ping 各个主机名，测试其联通性。

（2）执行指令“hostname --ip-address”检查本机地址是否正确。

（3）检查文件“/etc/hostname”，核对其设置与“/etc/hosts”文件里本机主机名是否一致。如果这两者设定不一致，Proxmox VE 相关服务不能启动。

第二步：更新 Proxmox VE。如果没有付费订阅，需要注释掉文件“/etc/apt/sources.list.d/pve-enterprise.list”中的行，使其失效。再执行“apt-get update&&apt-get upgrade –y”（每个主机皆要执行）。

第三步：创建物理节点集群，具体操作如下：

（1）随机选择一个物理主机，登录系统执行如下指令：

```
root@pve48:~# pvecm create mmycls01
Corosync Cluster Engine Authentication key generator.
Gathering 1024 bits for key from /dev/urandom.
Writing corosync key to /etc/corosync/authkey.
Writing corosync config to /etc/pve/corosync.conf
Restart corosync and cluster filesystem
```

（2）其他剩余节点执行如下命令，加入集群中：

```
root@pve49:~# pvecm add pve48
Please enter superuser (root) password for 'pve48':
                                                        Password for root@
pve48: **********
Etablishing API connection with host 'pve48'
The authenticity of host 'pve48' can't be established.
X509 SHA256 key fingerprint is AB:F9:4F:58:10:90:32:4A:5A:CD:82:3A:E4:4
6:9B:7C:06:DD:66:AC:0A:23:5E:72:57:1E:5E:D9:45:F1:F7:34.
Are you sure you want to continue connecting (yes/no)? yes
Login succeeded.
Request addition of this node
Join request OK, finishing setup locally
stopping pve-cluster service
backup old database to '/var/lib/pve-cluster/backup/config-1536399579.
sql.gz'
waiting for quorum...OK
(re)generate node files
generate new node certificate
merge authorized SSH keys and known hosts
generated new node certificate, restart pveproxy and pve
```

交互过程输入的是物理节点 pve48 系统的管理员账号“root”密码，执行完毕，在浏览器界面立刻可以看到效果，如图 9-4 所示。

图 9-4

重复上述步骤，将剩余的两个物理节点依次加入集群“mmycls01”，添加完毕以后，Proxmox VE 的 Web 管理后台主页面左侧栏将显示 4 个物理节点存在的状态（绿色）。

第四步：验证所创建集群的正确性。除了从浏览器查看状态外，还可以在任意节点执行命令“pvecm status”进行验证：

```
root@pve49:~# pvecm status
Quorum information
------------------
Date:              Sat Sep  8 17:59:46 2018
Quorum provider:   corosync_votequorum
························省略·································.
Membership information
  Nodeid      Votes Name
0x00000001        1 172.16.228.48
0x00000002        1 172.16.228.49 (local)
0x00000003        1 172.16.228.50
```

Proxmox VE 主机集群创建完成以后，在浏览器输入任意节点的 IP 地址登录后，都可以对整个集群的资源进行管理。真正体现了去中心化特点。

9.4 创建 Ceph 去中心化分布式存储

共享存储是实现 Proxmox VE 集群高可用的必备条件。有多种共享存储可供选择，比如 NFS、iSCSI、Ceph 等。NFS 与 iSCSI 属于集中式存储，存在性能及单点故障；Ceph 是一种去中心化的分布式存储，可与计算资源紧密结合，构成超融合技术架构。

Pveceph 是 Proxmox VE 提供的一套管理工具，用来在物理节点安装和管理 Ceph（一种分布式文件系统）服务。相对于原生的 Ceph，Pveceph 对其进行了改进及封装，能大大简化操作步骤和降低管理难度（具体参看 Ceph 官方文档关于 quickstart 部分）。

9.4.1 安装 Ceph 相关的包

登录 Proxmox VE 集群所有节点宿主系统 Debian，执行以下指令：

```
root@pve48:~# pveceph install
……………………………….省略………………………………
8 upgraded, 55 newly installed, 0 to remove and 0 not upgraded.
Need to get 54.7 MB of archives.
After this operation, 180 MB of additional disk space will be used.
Do you want to continue? [Y/n] y
…………………………………….省略……………………………………….
replacing ceph init script with own ceph.service
'/usr/share/doc/pve-manager/examples/ceph.service' -> '/etc/systemd/
system/ceph.service'
Synchronizing state of ceph.service with SysV service script with /
lib/systemd/systemd-sysv-install.
Executing: /lib/systemd/systemd-sysv-install enable ceph
```

有些文档给出的指令是 pveceph install --version luminous，从其执行时的输出，可判断两种方式其实是一样的。

```
The following NEW packages will be installed:
   binutils ceph ceph-base ceph-fuse ceph-mgr ceph-mon ceph-osd
cryptsetup-bin libcephfs2
   libcurl3 libgoogle-perftools4 libjs-jquery libjs-sphinxdoc libjs-
underscore libleveldb1v5
   liblttng-ust-ctl2 liblttng-ust0 libparted2 libtcmalloc-minimal4
libunwind8 parted
  python-bs4 python-cffi-backend python-cherrypy3 python-click python-
colorama
   python-cryptography python-dnspython python-enum34 python-flask
python-formencode
   python-idna python-ipaddress python-itsdangerous python-jinja2
python-logutils python-mako
   python-markupsafe python-openssl python-paste python-pastedeploy
python-pastedeploy-tpl
   python-pecan python-prettytable python-pyasn1 python-repoze.lru
python-rgw python-routes
  python-setuptools python-simplegeneric python-singledispatch python-
tempita python-waitress
  python-webob python-webtest python-werkzeug
The following packages will be upgraded:
   ceph-common libpve-storage-perl librados2 libradosstriper1 librbd1
librgw2 python-cephfs
```

```
  python-rados python-rbd
9 upgraded, 56 newly installed, 0 to remove and 4 not upgraded.
Need to get 57.3 MB of archives.
After this operation, 189 MB of additional disk space will be used.
Do you want to continue? [Y/n] y
```

与 Proxmox VE 5.4 集成 Ceph 名称不一样，Proxmox VE 6.X 版本安装的 Ceph 名称为 Nautilus。除用命令行安装 Ceph 外，还可以直接从 Proxmox VE 的 Web 管理后台进行安装，如图 9-5 所示。

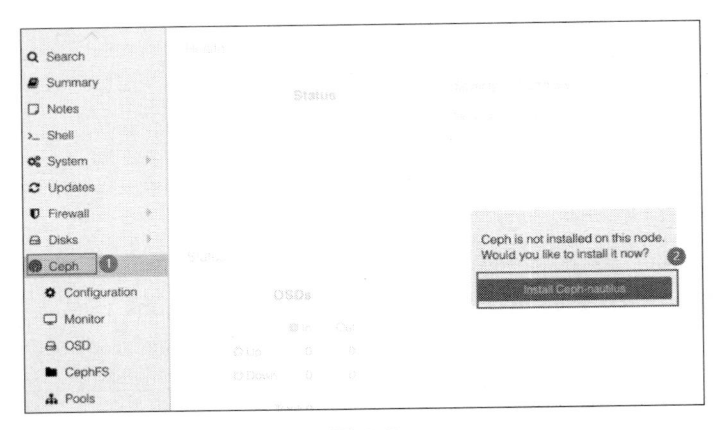

图 9-5

9.4.2　初始化 Ceph 存储网络

任意一个物理节点宿主系统 Debian 执行如下指令，即可完成所有节点的初始化操作：

```
pveceph init --network 172.16.228.0/24
```

此指令执行过程没有信息输出，执行完毕后，可通过查看“/etc/pve/ceph.conf”文件了解详情（如图 9-6 所示）。同时，可在其他未进行此操作的物理节点查看同名文件，看文件信息是否自动同步。

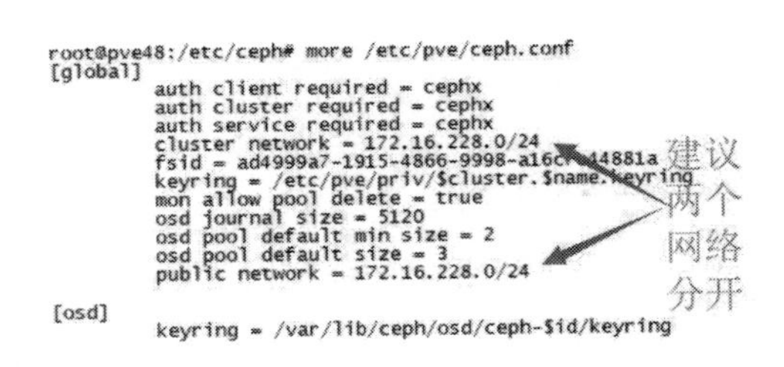

图 9-6

9.4.3 创建 Ceph 监视器

为实现平台的高可用功能，至少需要在三个物理节点安装 Ceph 监视器。安装监视器有两种途径：Proxmox VE 的 Web 管理后台安装及命令行安装。接下来，分别用这两种方式来创建 Ceph 分布式文件系统的监视器。

1. 集群节点宿主系统 Debian 命令行创建 Ceph 监视器

每一个节点执行一次创建操作。具体的指令为“pveceph createmon”。执行过程通过屏幕显示，通过输出，可以了解安装过程执行了哪些操作。

```
root@pve48:/etc/ceph# pveceph createmon
Created symlink /etc/systemd/system/ceph-mon.target.wants/ceph-mon@
pve48.service -> /lib/systemd/system/ceph-mon@.service.
admin_socket: exception getting command descriptions: [Errno 2] No
such file or directory
INFO:ceph-create-keys:ceph-mon admin socket not ready yet.
INFO:ceph-create-keys:ceph-mon is not in quorum: u'probing'
INFO:ceph-create-keys:ceph-mon is not in quorum: u'probing'
INFO:ceph-create-keys:ceph-mon is not in quorum: u'electing'
INFO:ceph-create-keys:ceph-mon is not in quorum: u'electing'
INFO:ceph-create-keys:Talking to monitor...
exported keyring for client.admin
updated caps for client.admin
INFO:ceph-create-keys:Talking to monitor...
INFO:ceph-create-keys:Talking to monitor...
INFO:ceph-create-keys:Talking to monitor...
INFO:ceph-create-keys:Talking to monitor...
creating manager directory '/var/lib/ceph/mgr/ceph-pve48'
creating keys for 'mgr.pve48'
setting owner for directory
enabling service 'ceph-mgr@pve48.service'
Created symlink /etc/systemd/system/ceph-mgr.target.wants/ceph-mgr@
pve48.service -> /lib/systemd/system/ceph-mgr@.service.
starting service 'ceph-mgr@pve48.service'
```

执行完指令，相关的服务也跟着启动了。

```
root@pve48:/etc/ceph# ps auxww|grep ceph |grep -v grep
ceph        16363  0.4  0.0 421688 35676 ?       Ssl  13:59   0:01 /
usr/bin/ceph-mon -f --cluster ceph --id pve48 --setuser ceph --setgroup
ceph
ceph        16625  0.3  0.0 433780 52892 ?       Ssl  14:00   0:00 /
usr/bin/ceph-mgr -f --cluster ceph --id pve48 --setuser ceph --setgroup
ceph
```

2. Proxmox VE 的 Web 管理后创建 Ceph 监视器

选定物理节点，依次单击“Ceph”→“监视器”→“创建”选项（如图 9-7 所示）。

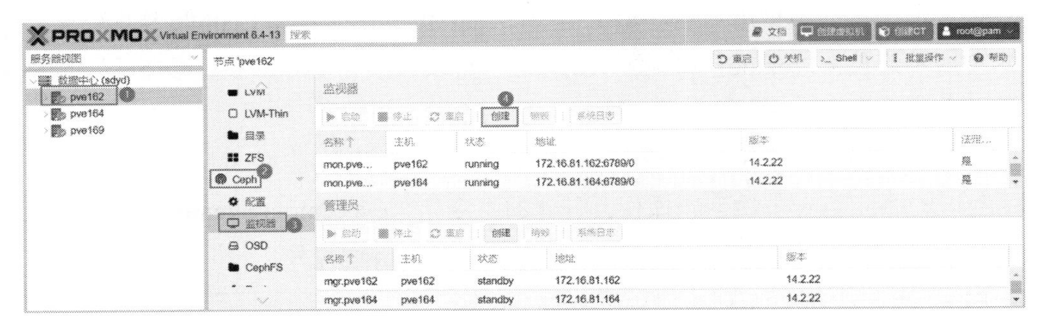

图 9-7

弹出“创建：Ceph Monitor/Manager”界面，确认无误后，单击“创建”按钮，如图 9-8 所示。

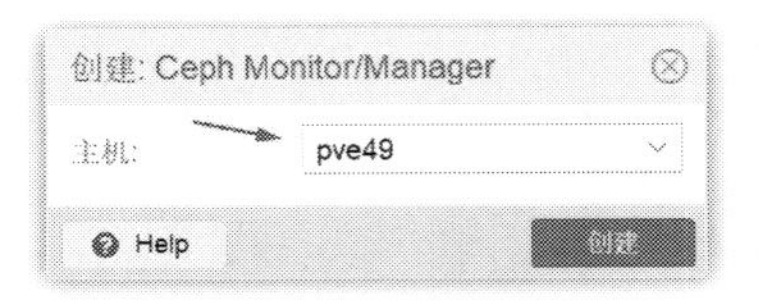

图 9-8

现在，再回过头去看配置文件“/etc/pve/ceph.conf”，其后面追加了与监视器相关的内容，如图 9-9 所示。

图 9-9

官方的文档中，还有一个安装 Ceph 管理器的步骤，不过，Pveceph 新版 Luminous 创建监视器的同时，也把管理器一并创建了。如果强制去执行指令“pveceph createmgr”，系统会报错，并输出报错信息“ceph manager directory ‘/var/lib/ceph/mgr/ceph-pve49’ already exists”。

9.4.4 创建 CephOSD

此操作可用宿主系统 Debian 命令行或者在 Proxmox VE 的 Web 管理后台进行，图形界面实际上也是去调用相关的命令行。接下来，仅以图形界面方式进行创建操作，这些操作需要在每个节点执行。

此次使用的服务器配置了四块 2.4TB 10000 转的 SAS，先使用其中的一块，剩下的磁盘，后面再增加进去。

创建 CephOSD 的具体步骤如下：

第一步：选取物理节点，继续选择“Ceph”→“OSD”，单击左上方“创建：OSD”按钮，如图 9-10 所示。

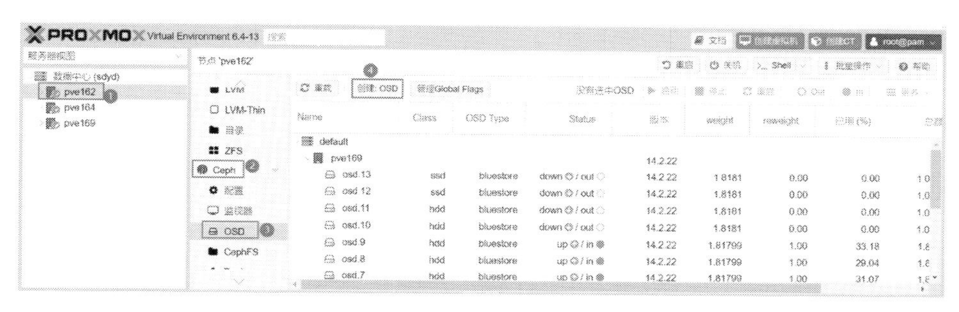

图 9-10

第二步：选取空闲的磁盘“/dev/sdb”。一次只能选一个，因此需要执行多次，如图 9-11 所示。

图 9-11

第三步：验证创建的正确性。刷新浏览器，效果如图 9-12 所示。

Name	T...	C	C	Status	weight	reweight	已用 %	已用 总量	延时(ms) A...	延时(ms) C...
default	root									
pve40	host									
osd 15	osd	...	...	up / in ...	2.182587	1	27.80	2.18 TiB	0	0
osd.14	osd	...	...	up / in ...	2.182587	1	27.93	2.18 TiB	0	0
osd 13	osd	...	...	up / in ...	2.182587	1	31.30	2.18 TiB	0	0
osd.12	osd	...	...	up / in ...	2.182587	1	29.83	2.18 TiB	0	0
pve30	host									
osd.11	osd	...	...	up / in ...	2.182587	1	34.95	2.18 TiB	0	0
osd 10	osd	...	...	up / in ...	2.182587	1	33.08	2.18 TiB	0	0
osd.9	osd	...	...	up / in ...	2.182587	1	30.34	2.18 TiB	0	0
osd 8	osd	...	...	up / in ...	2.182587	1	32.84	2.18 TiB	0	0
pve20	host									

图 9-12

注意，创建 CephOSD 需要空白的空间，即没有创建任何分区及文件系统。如果存在分区或文件系统，需要用 wipefs 或者 dd 工具，在宿主系统 Debian 命令行下清除磁盘信息，这样就能在 Proxmox VE 的 Web 管理后台识别到空白的硬盘，从而进行 OSD 的创建。

9.4.5 创建 CephPool

在 OSD上创建 CephPool 或者 Cephfs，才能最终被集群的所有节点共享，创建高可用（High Availability，HA）的虚拟机或容器，就是以 CephPool 作为共享存储，来保证其可用性。笔者所有的项目都是用 CephPool 做共享存储，还没有试过 Cephfs，OracleDatabaseRAC 的共享存储怎么样？

登录任意节点 Web 管理后台，选择物理节点及其右侧中间栏菜单“Pools”，再单击顶部“创建”按钮，如图 9-13 所示。

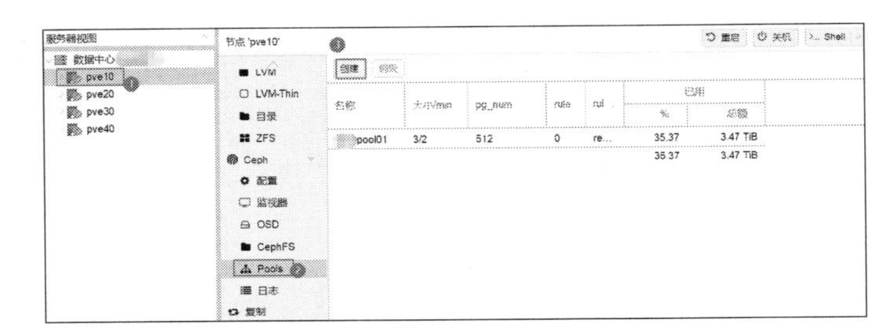

图 9-13

从 Proxmox VE 的 Web 管理后台创建 CephPool，默认的 PG_NUM（placement group）值是 64，而笔者创建的 OSD 有 8 个（本来是 16 个的，有个 2.4TB 的磁盘，在创建 OSD 的时候，报错“OSD::mkfs: ObjectStore::mkfs failed with error (5) Input/output error”）。如果以默认的值来创建 Pool，就会产生如下的告警信息：

```
root@pve48:/var/log/ceph# more /var/log/ceph/ceph.log
2018-09-12 11:03:38.798657 mon.pve48 unknown.0 - 0 :  [INF] mkfs
6d933b59-8c78-4619-9a8c-9514ddafd075
2018-09-12 11:03:38.790075 mon.pve48 mon.0 172.17.228.48:6789/0 1 :
cluster [INF] mon.pve48 is new leader, mons pve48 in quorum (ranks 0)
2018-09-12 11:03:38.796946 mon.pve48 mon.0 172.17.228.48:6789/0 2 :
cluster
 cluster [INF] Activating manager daemon pve48
…………………………………………..省略…………………………….
2018-09-12 11:11:05.369785 mon.pve48 mon.0 172.17.228.48:6789/0 305 :
cluster [WRN] Health check failed: too few PGs per OSD
```

```
(8 < min 30) (TOO_FEW_PGS)
2018-09-12 11:11:13.792129 mon.pve48 mon.0 172.17.228.48:6789/0 321 :
cluster [WRN] Health check update: too few PGs per OSD
(24 < min 30) (TOO_FEW_PGS)
2018-09-12 11:35:59.317648 mon.pve48 mon.0 172.17.228.48:6789/0 856 :
cluster [INF] Health check cleared: TOO_FEW_PGS (was: t
oo few PGs per OSD (24 < min 30))
```

根据报错信息提示（“TOO_FEW_PGS:PG”的值设定得太低），参照官方的建议及项目的实际情况，笔者把 PG_NUM 设定成 512，如图 9-14 所示。

图 9-14

切换到 Proxmox VE 宿主系统 Debian，用命令行查看日志文件“/var/log/ceph/ceph.log”，检索是否还有报错信息。如果设置正确，在 Proxmox VE 的 Web 管理后台也能看到效果，如图 9-15 所示。

图 9-15

可以创建多个 CephPool。但由于项目所用的磁盘不算太多，所以就把所有的 OSD 归并到同一个 CephPool 中。

9.5 创建高可用虚拟机或容器（VM/LXC HA）

创建高可用虚拟机或容器的具体步骤如下。

9.5.1 在集群的主机节点建立起 HA 组

登录超融合集群任意节点 Proxmox VE 的 Web 管理后台，先建立起 HA 群组，把物理节点包含进来，如图 9-16 所示。

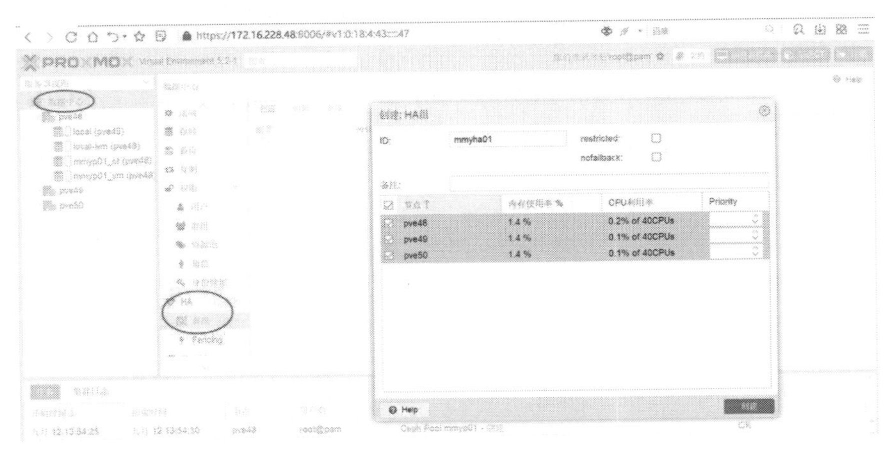

图 9-16

9.5.2 在集群上创建虚拟机

从其他的 Proxmox VE 系统复制某个虚拟机备份，然后把此虚拟机进行恢复，这是创建虚拟机比较快的一种方式（比用操作系统 ISO 镜像文件引导，一步步安装操作系统要快）。注意，虚拟机的存储方式一定要选 CephPool，项目名称为 mmyp01_vm，如图 9-17 所示。

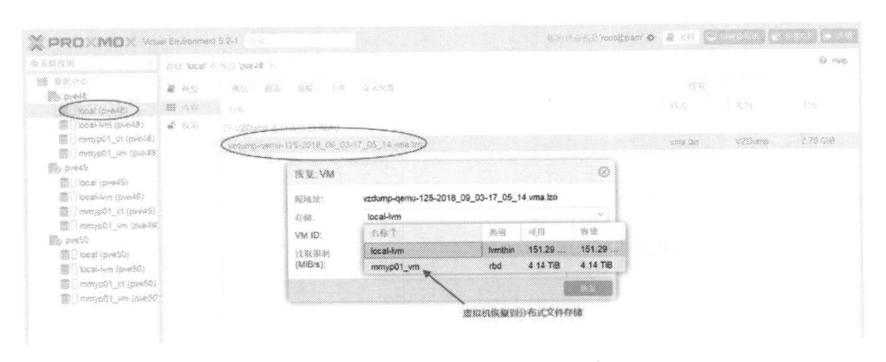

图 9-17

如果是手动创建虚拟机的话，在设置存储位置时，要选 CephPool，名称为 mmyp01_vm，如图 9-18 所示。

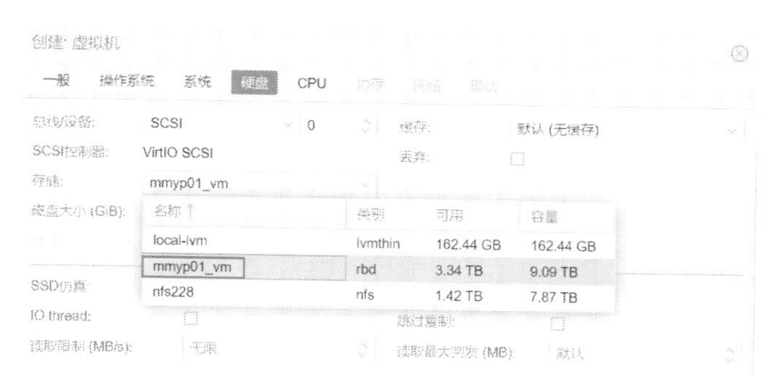

图 9-18

不论是从备份恢复来的虚拟机，还是手动创建的虚拟机，都要确保虚拟机系统能正常启动并能正确连网。

9.5.3 实现虚拟机高可用（VMHA）

把正常运行的、业务权重比较高的虚拟机，加入高可用资源之中，以实现故障隔离及自动漂移。

登录 Proxmox VE 集群任意节点 Web 管理后台，在数据中心级别的子菜单“HA”下进行操作，如图 9-19 所示。

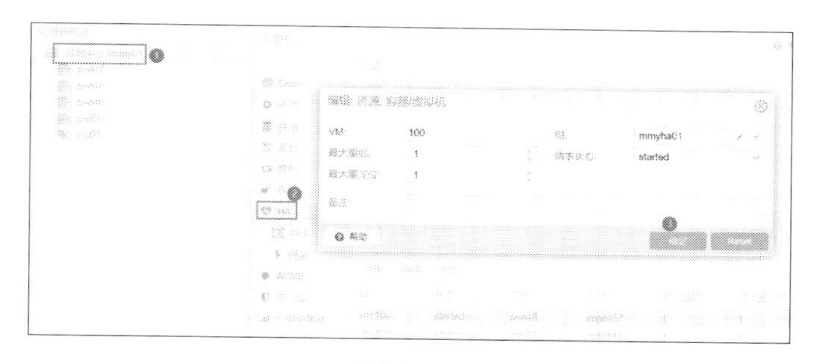

图 9-19

添加虚拟机，VM 下拉列表会列出所有已经创建好的虚拟机，但每次只能选择一个“组”下拉列表中只有一个选项，就是前面创建好的“mmyha01”，如图 9-20 所示。

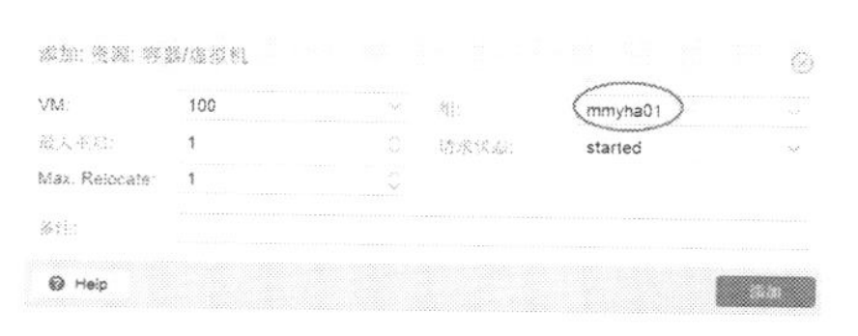

图 9-20

“请求状态”下拉列表有四个选择：started、stoped、ignored、disabled。其中

disabled主要用于虚拟机在集群中出现故障，需要将故障虚拟机从HA资源移除时使用。

由于添加虚拟机到HA集群的操作选择“请求状态”为“started”，因此，虚拟机高可用创建完毕，Proxmox VE就会把这些在集群中的虚拟机启动。

重复上述步骤，将所有需要实现高可用功能的虚拟机加入HA资源中。添加完毕后，也可以到Proxmox VE集群节点的宿主系统Debian中，查看配置文件“/etc/pve/ha/resources.cfg”，了解其本质，如图9-21所示。

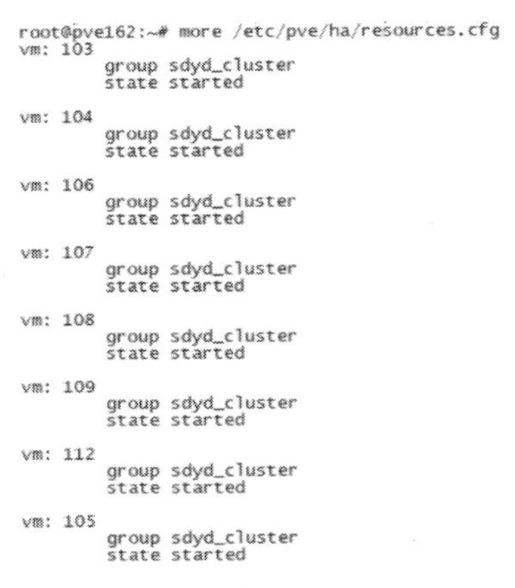

```
root@pve162:~# more /etc/pve/ha/resources.cfg
vm: 103
        group sdyd_cluster
        state started

vm: 104
        group sdyd_cluster
        state started

vm: 106
        group sdyd_cluster
        state started

vm: 107
        group sdyd_cluster
        state started

vm: 108
        group sdyd_cluster
        state started

vm: 109
        group sdyd_cluster
        state started

vm: 112
        group sdyd_cluster
        state started

vm: 105
        group sdyd_cluster
        state started
```

图9-21

9.5.4 高可用HA功能测试

创建几个虚拟机，分布于不同的物理节点，然后暴力关机，观察出故障的节点上运行的虚拟机是否正常漂移。

在Proxmox VE集群的三个物理节点各创建一个虚拟机，并安装好操作系统，将这些虚拟机纳入高可用集群后将自行启动，如图9-22所示。

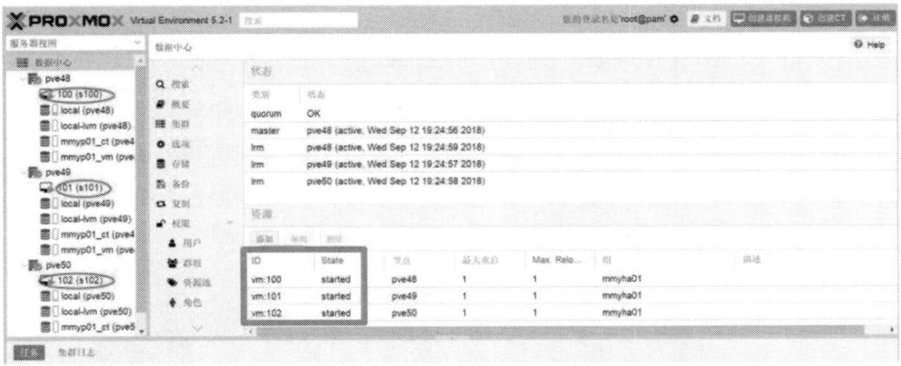

图9-22

模拟故障发生，远程关闭 Proxmox VE 集群的某个物理节点（pve48），看看会发生什么。从另外一个存活的正常节点用浏览器登录 Proxmox VE 的 Web 管理后台，可以看到节点 pve48 已经是失效状态，等待片刻，失效节点 pve48 上运行的虚拟机就自动漂移过来了，如图 9-23 所示。

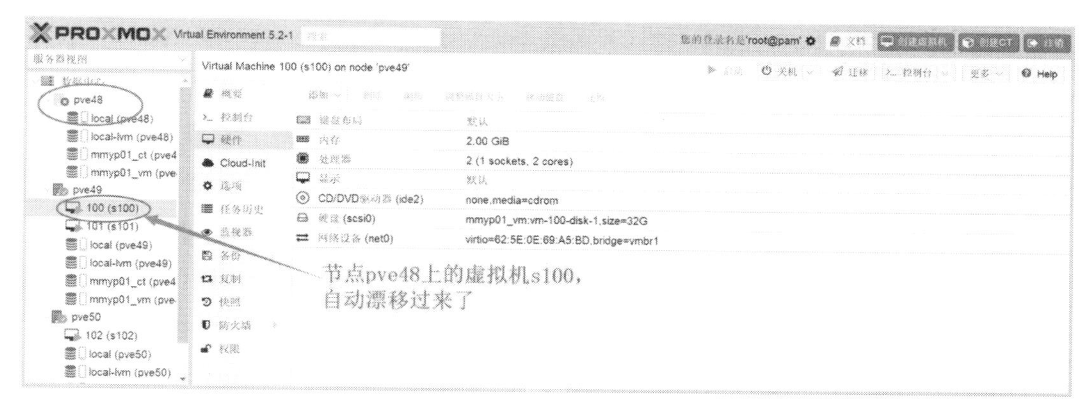

图 9-23

为了验证漂移是否有效，登录发生漂移的虚拟机系统进行进一步验证，经查证，虚拟机主机名、IP 地址以及其上安装的其他软件都没有变化，原封不动地漂移过来了！

让这个节点关闭一整晚，第二天打电话给机房，让他们开机。

参照这个过程，其他项目创建好的 Proxmox VE 超融合集群的高可用功能，也进行故障模拟测试，检验节点失效，其上运行的虚拟机能否正常漂移。

9.6 后续操作

Proxmox VE 超融合高可用功能实现以后，就可以逐步迁移用户及导入数据，每一个独立的应用子系统（比如论坛系统，包括论坛程序、图片及附件文件、数据库）功能测试正常后，再由相关技术人员进行压力测试。经过评估后，将其加入负载均衡转发队列，解析域名到负载均衡。接着进行下一个应用的迁移，再将应用加入负载均衡转发队列……

经过漫长的等待，数据迁移、数据同步及域名解析完成。各方面都经受住考验后，把集群状态、虚拟机资源、应用服务等，用分布式监控平台 Centreon 实时监控起来。

最后一个步骤，设置虚拟机及用户数据自动备份。用备份数据进行恢复演练，以验证备份的正确性。

9.7 迁移验收及效果

从规划到系统正式上线，大概用了一个月的时间，主要的工作是数据拷贝及功能调试。由于采用了按应用逐个迁移的方式（没迁移的继续在云上提供服务，迁移到超融合集群并且没有任何问题的应用，在自建的高可用集群上提供服务），总的来说是很顺利的。

自购服务器托管到 IDC 机房，建立最高可用性集群。50 多个虚拟机及 10 多个 RDS 全部迁移下来，使用的硬件设备占不到一个机柜。通过采购合适的新设备与旧设备的搭配使用，极大地降低了成本，第一年的费用包括设备采购成本、机房托管成本，总共不到 20 万元；从第二年起，在设备寿命期内，仅仅只需要支付 IDC 机房设备托管费（包括带宽费），以五年使用寿命计算，节省的成本不是一点点。

因为整体架构为最高可用性集群，运维起来自然轻松，系统也非常稳定，到目前为止，Proxmox VE 超融合集群已经平稳无故障运行超过 1000 天，如图 9-24 所示。

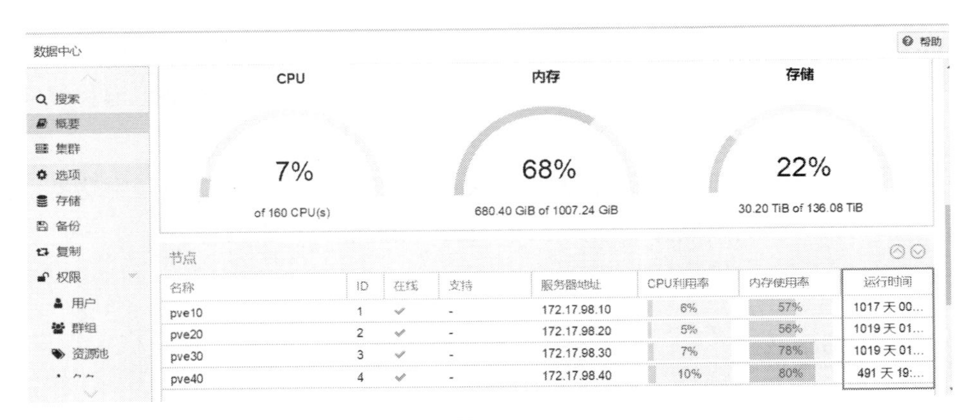

图 9-24

虽然运行中更换过集群节点的硬盘、CPU，以及扩充容量，负载均衡变更转发队列，但平台上运行的业务从未受过影响，非常令人满意。

9.8 三个基本概念

对象存储设备：Object-based Storage Device（OSD），笔者还未找到关于这个概念简洁而直观的定义，暂且这样理解：从文件系统层面进行操作，无法直接识别 OSD 里面存储的文件或目录。

去中心化（Centerless）：在一个分布式集群中，没有一个固定的节点来充当控制中心，直观上看每个节点都是平等的，任意部分节点故障，并不会导致整个分布式集群失效。而有中心化的集群，控制节点一旦失效，整个集群将停止服务，比如分布式文件系统 Moosefs，元数据服务器一旦发生故障，整个存储将不能对外提供存储服务。

IDC 托管：Internet Data Center（互联网数据中心）简称 IDC。自己采购或者租赁设备，支付租金使用 IDC 服务商提供的机柜、电力、网络及服务的运行模式，称为 IDC 托管。与云服务商不同的是，服务器、网络交换机等设施属于使用方，对物理设备具有独占性。

第10章 Proxmox VE 超融合集群日常维护

Proxmox VE 超融合集群部署并用于生产系统以后，并不能一劳永逸，这仅仅是万里长征的第一步。虽然超融合集群本身提供了非常高的可用性，但并不能保证整个系统在运行中不会整体崩溃。因此，好的系统架构加上尽职尽责的维护，才是保证集群及应用长期稳定运行的必要条件。

Proxmox VE 超融合集群日常维护有以下几项：

● 集群运行状态：CPU 使用率、内存使用率、磁盘使用率。当某个指标随着运行时间的推移而可能超过告警阈值（如图 10-1 所示）时，就需要对负载进行有效的分担，比如迁移负载高节点的虚拟机到负载低节点，或者调整虚拟机的硬件配置。

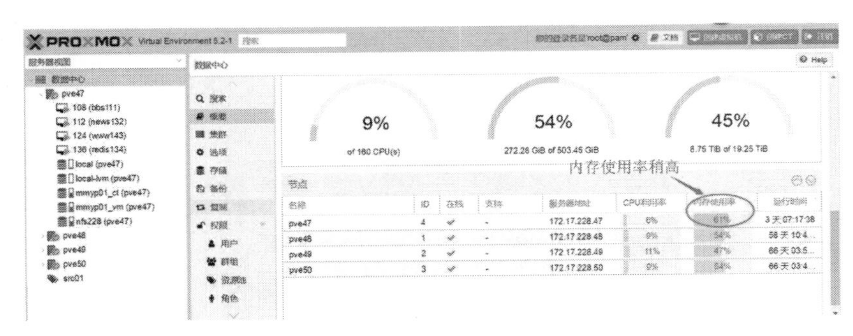

图 10-1

● 网络及服务监控：监控物理节点网络流量、物理节点主机资源及服务、虚拟机主机资源及服务。这些监控与物理机监控相同。笔者的喜好是把流量监控与服务监控独立开来，用 Cacti 监控交换机端口，从而了解到服务器的流量，并用 Centreon 监控各项服务。相对于 Zabbix 动不动就上百个监控项，以 Nagios 封装的 Centreon 更简洁易用一些，如图 10-2 所示。

图 10-2

- 故障处理：Proxmox VE 超融合集群故障包括物理节点故障、虚拟机故障、集群故障、Ceph 去中心化存储故障，等等（网络故障出现的概率低）。
- 容量扩充或者节点下线：当现有资源不足以承载业务时，需要对 Proxmox VE 的容量进行扩充。正常情况下，对集群进行节点缩减还是比较少的，除非发生故障，把故障机去掉，再加入新的节点。

日常维护的内容比较宽泛，有些内容已经在前面的章节讲解，比如备份与恢复，因此不再赘述。

10.1 Proxmox VE 升级

升级的主要目的是获得更好的性能、使用新增的功能。从 Proxmox VE 6.2 版本开始，存储支持 Proxmox Backup Server（简称 PBS），可以使用 Proxmox 的专用备份服务器。与 NFS 备份相比，PBS 效率要高很多，而且支持多设备副本同步。对 Proxmox VE 超融合集群来说，就是在集群节点宿主系统 Debian 上安装 PBS 的客户端程序“proxmox-backup-client”。笔者曾经尝试在 Proxmox VE 5.X 版本安装“proxmox-backup-client”，但没能成功，因此，升级 Proxmox VE 势在必行。

10.1.1 Proxmox VE 升级的前提条件及注意事项

VE 升级的前提条件及注意事项如下：

- 先将 Proxmox VE 升级到当前最新稳定版本 5.4。

● 测试环境进行升级操作，准确无误后再在生产环境中进行Proxmox VE的升级。

● 如果是线上环境，一定要先备份，万一崩溃，还有机会恢复到升级前的状态。Proxmox VE集群节点逐个进行升级，升级前，把需要升级的节点上的虚拟机全部迁移到其他服务器，升级完成后再迁移回来。重复此过程，直到所有节点都升级完毕。

● Corosync需要升级到版本3.X。

10.1.2 Proxmox VE升级条件检查

登录Proxmox VE的Web管理后台，或者登录Proxmox VE超融合集群任意节点宿主系统Debian，命令行执行指令“pveversion”，如图10-3所示。

```
root@pve10:~# pveversion -v| grep proxmox-ve
proxmox-ve: 5.4-2 (running kernel: 4.15.17-1-pve)
root@pve10:~#
```

图 10-3

当前的Proxmox VE版本正好是5.4，满足需求。

登录Proxmox VE集群宿主系统Debian，命令行执行指令“corosync –v”查验其版本号为2.4.4，不满足条件，需要将其升级到Corosync 3.X。

10.1.3 升级集群同步服务Corosync

由于Proxmox VE超融合集群配置了虚拟机的高可用功能（如图10-4所示），需要在升级前关闭服务“pve-ha-lrm”及“pve-ha-crm”。

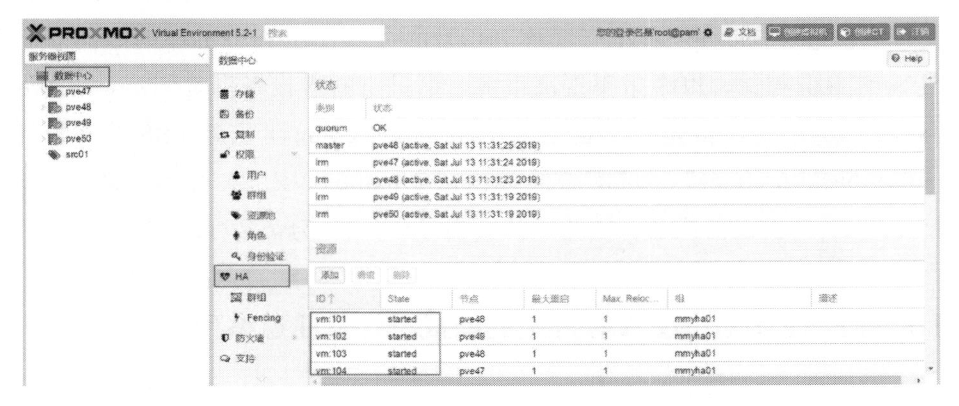

图 10-4

在每一个Proxmox VE集群节点的宿主系统Debian命令行执行指令“systemctl

stop pve-ha-lrm && systemctl stop pve-ha-crm”。这个是 Corosync 升级的前提条件，必须先执行。

接下来设置 Corosync 更新源，它是通过 Proxmox VE 集群宿主系统 Debian 命令行创建文件来实现的。具体的指令如下：

```
root@pve47:~# echo "deb http://download.proxmox.com/debian/corosync-3/
stretch main"> /etc/apt/sources.list.d/corosync3.list
```

接着确认该更新源是否有效，执行下面的指令：

```
root@pve47:~# apt-get list --upgradeable
Listing... Done
corosync/stable 3.0.2-pve2~bpo9 amd64 [upgradable from: 2.4.4-pve1]
libcmap4/stable 3.0.2-pve2~bpo9 amd64 [upgradable from: 2.4.4-pve1]
libcorosync-common4/stable 3.0.2-pve2~bpo9 amd64 [upgradable from:
2.4.4-pve1]
libcpg4/stable 3.0.2-pve2~bpo9 amd64 [upgradable from: 2.4.4-pve1]
libqb0/stable 1.0.5-1~bpo9+2 amd64 [upgradable from: 1.0.3-1~bpo9]
libquorum5/stable 3.0.2-pve2~bpo9 amd64 [upgradable from: 2.4.4-pve1]
libvotequorum8/stable 3.0.2-pve2~bpo9 amd64 [upgradable from: 2.4.4-
pve1]
```

从输出可知，更新源是有效可用的。现在，可以在 Proxmox VE 的物理宿主系统 Debian 逐一执行指令“apt-get dist-upgrade”升级 Corosync 到 3.0 版本，如图 10-5 所示。

```
root@pve:~# apt-get dist-upgrade
Reading package lists... Done
Building dependency tree
Reading state information... Done
Calculating upgrade... Done
The following NEW packages will be installed:
  libcfg7 libknet1 libzstd1
The following packages will be upgraded:
  corosync libcmap4 libcorosync-common4 libcpg4 libqb0 libquorum5 libvotequorum8
7 upgraded, 3 newly installed, 0 to remove and 0 not upgraded.
Need to get 2,405 kB of archives.
After this operation, 1,671 kB of additional disk space will be used.
Do you want to continue? [Y/n]
```

图 10-5

升级过程可能导致节点从集群中暂时离开（如图 10-6 所示），属于正常现象，不用担心。升级完毕并重启服务“pve-ha-lrm”与“pve-ha-crm”后，升级完 Corosync 的物理节点又会回到集群。

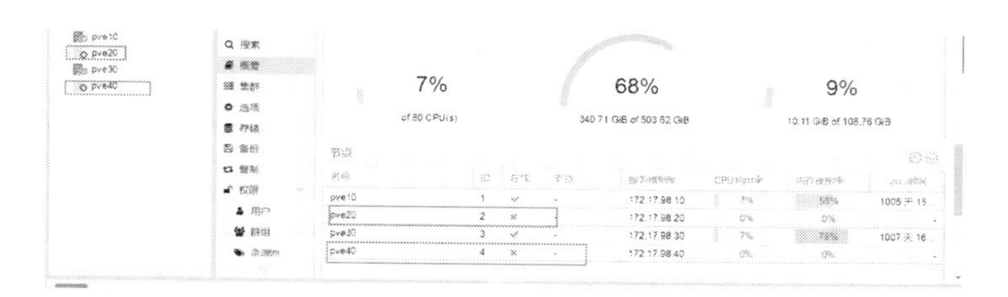

图 10-6

10.1.4 准备 Proxmox VE 6 的更新源

有 4 个地方需要修改或者更新。由于官方更新源受网络速度的限制，改用国内可用的更新源。经众多同行多次使用，证明国内的更新源是可靠的，可放心使用。

1. 修改集群节点宿主操作系统 Debian 更新源

用工具 sed 代替“vi”编辑器，直接在命令行更新，操作指令如下：

```
sed -i 's/stretch/buster/g' /etc/apt/sources.list
```

执行后，文件“/etc/apt/source.list”的完整内容如下：

```
deb https://mirrors.ustc.edu.cn/debian/ buster main contrib non-free
deb-src https://mirrors.ustc.edu.cn/debian/ buster main contrib non-free
deb https://mirrors.ustc.edu.cn/debian/ buster-updates main contrib non-free
deb-src https://mirrors.ustc.edu.cn/debian/ buster-updates main contrib non-free
deb https://mirrors.ustc.edu.cn/debian/ buster-backports main contrib non-free
deb-src https://mirrors.ustc.edu.cn/debian/ buster-backports main contrib non-free
deb https://mirrors.ustc.edu.cn/debian-security/ buster/updates main contrib non-free
deb-src https://mirrors.ustc.edu.cn/debian-security/ buster/updates main contrib non-free
```

2. 创建 Proxmox VE 更新源

集群节点宿主系统 Debian 执行如下命令行指令进行创建：

```
echo "deb  http://mirrors.ustc.edu.cn/proxmox/debian/pve buster pve-no-subscription"> /etc/apt/sources.list.d/pve-no-sub.list
```

3. 创建或更新其他所需软件的更新源

集群节点宿主系统 Debian 执行如下命令行指令，进行创建或更新：

```
sed -i -e 's/stretch/buster/g' /etc/apt/sources.list.d/pve-install-repo.list
```

更新完毕后，文件“pve-install-repo.list”完整内容如下：

```
deb http://download.proxmox.com/debian/pve buster pve-no-subscription
```

4. 创建或修改 Ceph 更新源

集群节点宿主系统 Debian 执行如下命令行指令进行创建或修改：

```
echo "deb http://mirrors.ustc.edu.cn/proxmox/debian/ceph-luminous buster main"> /etc/apt/sources.list.d/ceph.list
```

创建或修改完一个节点的更新源，确认无误后，可以用rsync将其同步到其他节点。

10.1.5 升级到Proxmox VE 6.X

为以防万一，在正式升级Proxmox VE前，确保需要升级的集群节点上没有运行的虚拟机，如果存在，则将其上所有处于运行状态的虚拟机暂时迁移到其他集群节点，如图10-7所示。

图 10-7

处于运行状态的虚拟机迁移完毕以后，命令行运行指令“pve5to6”总体检查一遍环境，看升级过程是否存在潜在问题，如图10-8所示。

```
= CHECKING CONFIGURED STORAGES =

PASS: storage 'cp151' enabled and active.
PASS: storage 'itpubpool01_vm' enabled and active.
PASS: storage 'itpubpool01_ct' enabled and active.
PASS: storage 'local-lvm' enabled and active.
PASS: storage 'local' enabled and active.
PASS: storage 'nfsstoraget156' enabled and active.
PASS: storage 'nfs155' enabled and active.

= MISCELLANEOUS CHECKS =

INFO: Checking common daemon services..
PASS: systemd unit 'pveproxy.service' is in state 'active'
PASS: systemd unit 'pvedaemon.service' is in state 'active'
PASS: systemd unit 'pvestatd.service' is in state 'active'
INFO: Checking for running guests..
WARN: 2 running guest(s) detected - consider migrating or stopping them.
INFO: Checking if the local node's hostname 'pve10' is resolvable..
INFO: Checking if resolved IP is configured on local node..
PASS: Resolved node IP '172.17.98.10' configured and active on single interface.
INFO: Check node certificate's RSA key size
PASS: Certificate 'pve-root-ca.pem' passed Debian Busters security level for TLS connections (4096 >= 2048)
PASS: Certificate 'pve-ssl.pem' passed Debian Busters security level for TLS connections (2048 >= 2048)
INFO: Checking KVM nesting support, which breaks live migration for VMs using it..
PASS: KVM nested parameter not set.
INFO: Checking VMs with OVMF enabled and bad efidisk sizes...
PASS: No VMs with OVMF and problematic efidisk found.

= SUMMARY =

TOTAL:    41
PASSED:   31
SKIPPED:  1
WARNINGS: 9
FAILURES: 0

ATTENTION: Please check the output for detailed information!
root@pve10:~#
```

图 10-8

万事俱备，正式开始Proxmox VE升级，集群节点宿主系统Debian执行如下指令：

```
apt-get update & apt-get dist-upgrade
```

如果没有错误提示，按"Y"键继续，如图10-9所示。

```
  pve-firmware pve-ha-manager pve-i18n pve-manager pve-qemu-kvm pve-xtermjs
  python python-apt-common python-bs4 python-cephfs python-cffi-backend
  python-chardet python-cherrypy3 python-click python-cryptography
  python-dnspython python-enum34 python-flask python-formencode python-idna
  python-ipaddr python-jinja2 python-mako python-markupsafe python-minimal
  python-openssl python-paste python-pastedeploy python-pastedeploy-tpl
  python-pecan python-pkg-resources python-prettytable python-protobuf
  python-pyasn1 python-rados python-rbd python-repoze.lru python-requests
  python-rgw python-routes python-setuptools python-simplegeneric python-six
  python-talloc python-urllib3 python-waitress python-webob python-webtest
  python-werkzeug python2.7 python2.7-minimal python3 python3-apt
  python3-chardet python3-debian python3-debianbts python3-httplib2
  python3-minimal python3-pkg-resources python3-pycurl python3-pysimplesoap
  python3-reportbug python3-requests python3-six python3-urllib3 qemu-server
  readline-common reportbug rpcbind rrdcached rsync rsyslog samba-common
  samba-libs screen sed sensible-utils sg3-utils smartmontools smbclient
  socat spiceterm spl sqlite3 ssh strace systemd systemd-sysv sysvinit-utils
  tar tasksel tasksel-data tcpdump telnet thin-provisioning-tools tzdata ucf
  udev uidmap usbutils util-linux vim-common vim-tiny vncterm wamerican wget
  whiptail xfsprogs xkb-data xsltproc xxd xz-utils zfs-initramfs
  zfsutils-linux zlib1g
593 upgraded, 277 newly installed, 8 to remove and 0 not upgraded.
Need to get 565 MB of archives.
After this operation, 1,538 MB of additional disk space will be used.
Do you want to continue? [Y/n]
```

图 10-9

更新过程可能出现警告，按Enter键可继续，按组合键Ctrl + C可放弃升级，如图10-10所示。

```
Get:863 https://mirrors.ustc.edu.cn/debian buster/main amd64 strace amd64 4.26-
0.2 [898 kB]
Get:864 https://mirrors.ustc.edu.cn/debian buster/main amd64 tcpdump amd64 4.9.
3-1~deb10u2 [400 kB]
Get:865 https://mirrors.ustc.edu.cn/debian buster/main amd64 usbutils amd64 1:0
10-3 [75.6 kB]
Get:866 https://mirrors.ustc.edu.cn/debian buster/main amd64 usb.ids all 2019.0
7.27-0+deb10u1 [174 kB]
Get:867 https://mirrors.ustc.edu.cn/debian buster/main amd64 va-driver-all amd6
4 2.4.0-1 [13.0 kB]
Get:868 https://mirrors.ustc.edu.cn/debian buster/main amd64 vdpau-driver-all a
md64 1.1.1-10 [20.8 kB]
Get:869 https://mirrors.ustc.edu.cn/debian-security buster/updates/main amd64 l
ibnss-systemd amd64 241-7~deb10u8 [205 kB]
Get:870 https://mirrors.ustc.edu.cn/debian-security buster/updates/main amd64 l
ynx amd64 2.8.9rel.1-3+deb10u1 [642 kB]
Fetched 565 MB in 2min 44s (3,427 kB/s)
W: (pve-apt-hook) !! ATTENTION !!
W: (pve-apt-hook) You are attempting to upgrade from proxmox-ve '5.4-2' to prox
mox-ve '6.4-1'. Please make sure to read the Upgrade notes at
W: (pve-apt-hook)        https://pve.proxmox.com/wiki/Upgrade_from_5.x_to_6.0
W: (pve-apt-hook) before proceeding with this operation.
W: (pve-apt-hook)
W: (pve-apt-hook) Press enter to continue, or C^c to abort.
```

图 10-10

更新过程中，会有一个汇总信息，按空格键往下翻，然后再按"Q"键退出信息阅读，更新将继续进行，如图10-11所示。

```
Package configuration
Configuring keyboard-configuration
Please select the layout matching the keyboard for this machine.

Keyboard layout:

  English (US)
  English (US) - Cherokee
  English (US) - English (classic Dvorak)
  English (US) - English (Colemak)
  English (US) - English (Dvorak)
  English (US) - English (Dvorak, alt. intl.)
  English (US) - English (Dvorak, intl., with dead keys)
  English (US) - English (Dvorak, left-handed)
  English (US) - English (Dvorak, right-handed)
  English (US) - English (intl., with AltGr dead keys)
  English (US) - English (Macintosh)

        <Ok>                         <Cancel>
```

图 10-11

用光标选默认值“English（US）”，再切换到“<OK>”按钮，按 Enter 键。接下来，是一些交互场景，需要用户输入字符“Y”“I”等，输入不分大小写，如图 10-12 所示。

```
W: (pve-apt-hook) before proceeding with this operation.
W: (pve-apt-hook)
W: (pve-apt-hook) Press enter to continue, or C^c to abort.

Reading changelogs... Done
apt-listchanges: Mailing root: apt-listchanges: news for pve10
Extracting templates from packages: 100%
Preconfiguring packages ...
(Reading database ... 91390 files and directories currently installed.)
Preparing to unpack .../base-files_10.3+deb10u10_amd64.deb ...
Unpacking base-files (10.3+deb10u10) over (9.9+deb9u13) ...
Setting up base-files (10.3+deb10u10) ...
Installing new version of config file /etc/debian_version ...

Configuration file '/etc/issue'
 ==> Modified (by you or by a script) since installation.
 ==> Package distributor has shipped an updated version.
   What would you like to do about it ?  Your options are:
    Y or I  : install the package maintainer's version
    N or O  : keep your currently-installed version
      D     : show the differences between the versions
      Z     : start a shell to examine the situation
 The default action is to keep your current version.
*** issue (Y/I/N/O/D/Z) [default=N] ? y
Progress: [  0%] [.............................................]
```

图 10-12

输入字符“Y”继续进行更新，这个过程中可能还会出现交互场景，可根据实际的情况做选择。在窗口的底部有进度条显示完成情况，如图 10-13 所示。

```
Replacing config file /etc/perl/XML/SAX/ParserDetails.ini with new version
Setting up vdpau-driver-all:amd64 (1.1.1-10) ...
Setting up criu (3.11-3) ...
Setting up libavfilter7:amd64 (7:4.1.6-1~deb10u1) ...
Setting up python-paste (3.0.6+dfsg-1) ...
Setting up python-requests (2.21.0-1) ...
Setting up glib-networking:amd64 (2.58.0-2+deb10u2) ...
Setting up python3-reportbug (7.5.3~deb10u1) ...
Setting up python-pastedeploy (2.0.1-1) ...
Setting up gstreamer1.0-libav:amd64 (1.15.0.1+git20180723+db823502-2+deb10u1) .
..
Setting up python-openssl (19.0.0-1) ...
Setting up libsoup2.4-1:amd64 (2.64.2-2) ...
Setting up python-flask (1.0.2-3) ...
Setting up gstreamer1.0-plugins-good:amd64 (1.14.4-1+deb10u1) ...
Setting up libglusterfs-dev (5.5-3) ...
Setting up python-bs4 (4.7.1-1) ...
Setting up reportbug (7.5.3~deb10u1) ...
Installing new version of config file /etc/reportbug.conf ...
Setting up python-webtest (2.0.32-1) ...
Setting up lxc-pve (4.0.6-2) ...
Installing new version of config file /etc/apparmor.d/abstractions/lxc/start-co
ntainer ...

Progress: [ 96%] [#########################################################...]
```

图 10-13

执行到99%的时候，会弹出一个交互应答，询问是否“安装企业订阅更新源”（如图 10-14 所示），如果没付费就按“N”键忽略掉。

```
Setting up ceph (12.2.13-pve1) ...
Setting up pve-cluster (6.4-1) ...
Setting up libpve-cluster-perl (6.4-1) ...
Setting up libpve-http-server-perl (3.2-3) ...
Setting up libpve-access-control (6.4-3) ...
Setting up libpve-cluster-api-perl (6.4-1) ...
Setting up librados2-perl (1.1-2) ...
Setting up libpve-storage-perl (6.4-1) ...
Setting up pve-firewall (4.1-4) ...
Setting up libpve-guest-common-perl (3.1-5) ...
Setting up pve-container (3.3-6) ...
Setting up pve-ha-manager (3.1-1) ...
Setting up qemu-server (6.4-2) ...
Setting up pve-manager (6.4-13) ...

Configuration file '/etc/apt/sources.list.d/pve-enterprise.list'
 ==> Modified (by you or by a script) since installation.
 ==> Package distributor has shipped an updated version.
   What would you like to do about it ?  Your options are:
    Y or I  : install the package maintainer's version
    N or O  : keep your currently-installed version
      D     : show the differences between the versions
      Z     : start a shell to examine the situation
 The default action is to keep your current version.
*** pve-enterprise.list (Y/I/N/O/D/Z) [default=N] ? n
```

图 10-14

虽然在更新过程中有几个警告，但还是很顺利地完成了更新，刷新 Proxmox VE 的 Web 管理后台，版本号果然变成 6.4（如图 10-15 所示），升级成功！

图 10-15

10.1.6 Proxmox VE 6.4 版本功能验证

把 Proxmox VE 版本从 5.4 升级到 6.4 的主要目的是使用 Proxmox 专用存储 PBS，因此，重点放在了 PBS 的客户端程序“proxmox-backup-client”上，只要它被正确安装就可以初步认定整个更新操作是成功的。

登录刚做好 Proxmox VE 升级集群节点的 Web 管理后台，添加存储，看是否有菜单项“Proxmox Backup Server”，如图 10-16 所示。

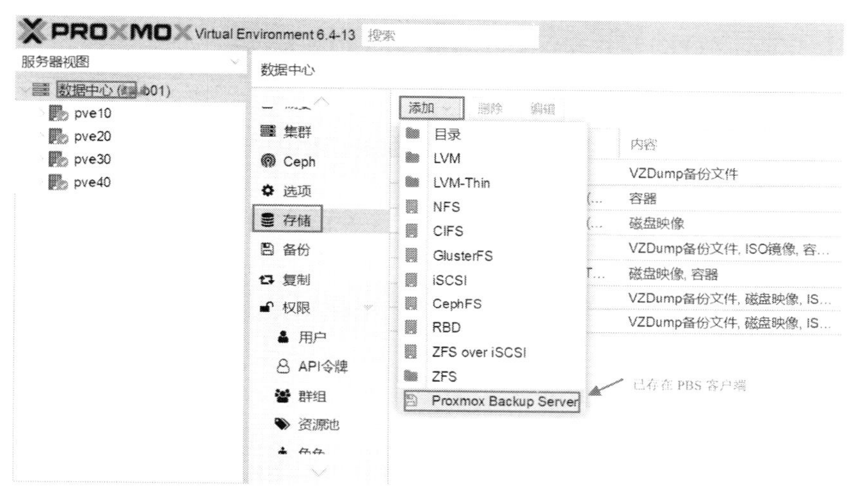

图 10-16

重复前面的步骤，把集群剩余节点的 Proxmox VE 全部升级到 6.4 版本。特别注意，升级后的 Proxmox VE（6.4）的虚拟机，不能迁往未升级的 Proxmox VE（5.4）上；未升级的 Proxmox VE 上的虚拟机往升级后的 Proxmox VE 上迁移，会报错（如图 10-17 所示）。这个情况会在升级过程中存在，因为升级是一个节点一个节点进行的，升级过的 Proxmox VE 与未升级的 Proxmox VE 在集群中共存，请注意做好虚拟机的节点分布，避免未升级节点因负荷过大而被压垮。

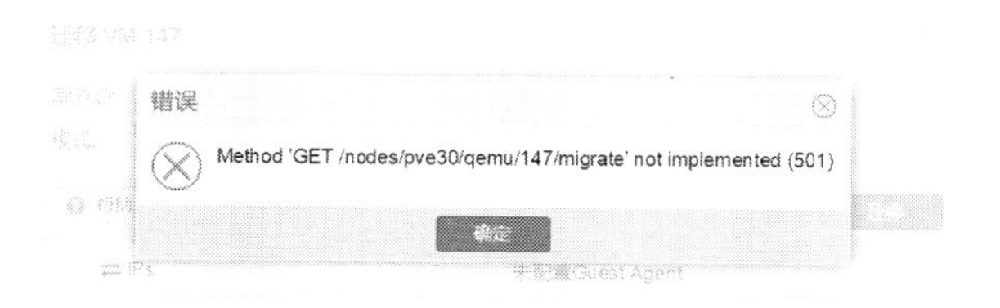

图 10-17

待所有集群节点的 Proxmox VE 升级完毕后，进入宿主系统 Debian，执行“apt autoremove”，把陈旧的包从系统卸载干净，如图 10-18 所示。

```
root@pve40:~# apt autoremove
Reading package lists... Done
Building dependency tree
Reading state information... Done
The following packages will be REMOVED:
  libfdt1 libleveldb1v5 liblttng-ust-ctl2 pve-kernel-4.15.18-21-pve
  pve-kernel-4.15.18-24-pve pve-kernel-4.15.18-26-pve
  pve-kernel-4.15.18-27-pve pve-kernel-4.15.18-29-pve python-pyasn1
0 upgraded, 0 newly installed, 9 to remove and 0 not upgraded.
After this operation, 1,289 MB disk space will be freed.
Do you want to continue? [Y/n] y
```

图 10-18

10.2 Proxmox VE 超融合集群容量管理

集群容量管理主要涉及容量扩充和容量缩减。容量扩充包括节点扩充与现有节点增加配置（增加内存、增加磁盘等）。

10.2.1 Proxmox VE 非增加节点方式扩充容量

由于 Proxmox VE 超融合集群天然的高可用性，即便是在线生产系统，随时为设备提供节点也不会终止整个系统对外提供服务。在不增加物理节点的情况下，可垂直扩展的部件主要有内存、磁盘等（CPU 直接到位）。

1. 扩充内存

关闭集群中的某个物理节点，然后拔掉电源（以前真干过带电拔插部件，机箱直接冒起一缕青烟），插上内存条，开机能正常启动并能识别到新增内存即可。然后，换到集群的另一个节点，重复这个过程，直到所有的节点都增加完为止。因 Proxmox VE 超融合集群上的虚拟机设定了高可用，关机即可实现虚拟机自动漂移，加之前端负载均衡器的健康检测，普通用户不会感知到业务闪断存在。

在集群中，所有的物理资源配置最好一致，有利于管理及日常维护。

2. 扩充磁盘

扩充磁盘比扩充内存复杂一些，因为多了创建 OSD 这个步骤。按下列顺序添加磁盘。

（1）关闭电源，插入磁盘（热插拔硬盘插槽可以不拔电源线）。

（2）新插入的磁盘能被操作系统所识别，如果不使用直通卡，需要在操作系统引导前将磁盘做成 RAID0。

（3）在 Proxmox VE 的 Web 管理后台创建新的 OSD。放心大胆地执行，因为创建好的磁盘不能再被创建，除非清除磁盘数据（命令行执行指令“wipefs”）。

10.2.2 新增物理节点扩充超融合集群容量

虽然 Proxmox VE 超融合支持不同资源配置的节点组成集群，但是为了管理上的便利，强烈建议所有节点资源配置一致：CPU 型号、颗数一致、内存大小一致、硬盘容量转速一致，等等。

新增物理节点扩充整个集群容量，按以下顺序进行操作：

（1）新节点安装 Proxmox VE，配置好网络。登录到该节点的宿主系统 Debian，命令行执行指令“apt-get update && apt-get upgrade”对新安装的 Proxmox VE 进行更新。

（2）宿主系统 Debian 命令行执行指令“pvecm add pve7”将本机加入超融合集群。其中“pvecm add”后的参数为集群中的节点名称，它可以是超融合集群中的任意一个节点。添加过程进度，可以在 Proxmox VE 的 Web 管理后台立即观察到，如图 10-19 所示。

图 10-19

（3）新物理节点成功加入超融合集群后，Proxmox VE 的 Web 管理后台将展现所有的物理节点，如图 10-20 所示。

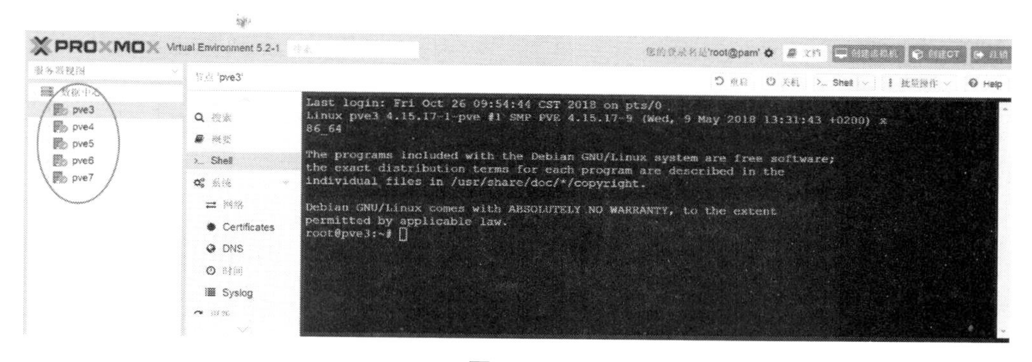

图 10-20

（4）新加入超融合集群的物理节点安装 Ceph，软件版本为“nautilus”。在宿主系统 Debian 命令行执行如下指令进行安装：

```
pveceph install
```

（5）新加入超融合集群的物理节点，登录宿主系统 Debian，执行 Ceph 初始化操作，命令如下：

```
pveceph init --network 172.16.180.0/24
```

（6）用新节点宿主系统 Debian 命令行创建监听器，指令如下：

```
pveceph creatmon
```

执行完这个操作，刷新集群 Proxmox VE 的 Web 管理后台，可看到刚才新增的 Ceph 监听器，如图 10-21 所示。

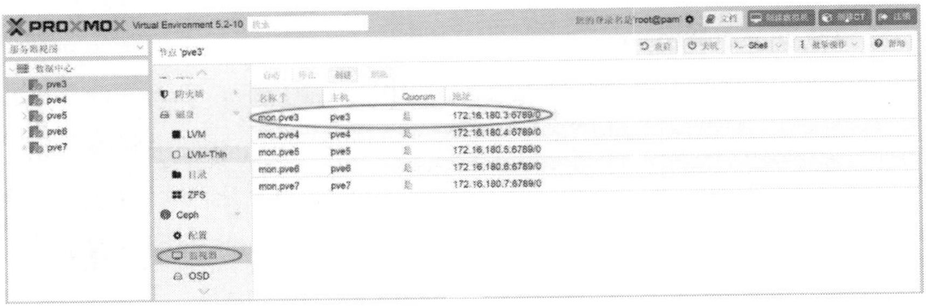

图 10-21

（7）在 Proxmox VE 的 Web 管理后台添加 OSD 磁盘，把新加入节点的所有空闲磁盘创建成 OSD（如图 10-22 所示）。注意，Ceph 去中心化分布式文件系统要求磁盘是独立的，不需要做 RAID 5 一类的冗余。如果初始安装不能识别硬盘，可能需要把每个磁盘配置成 RAID0。

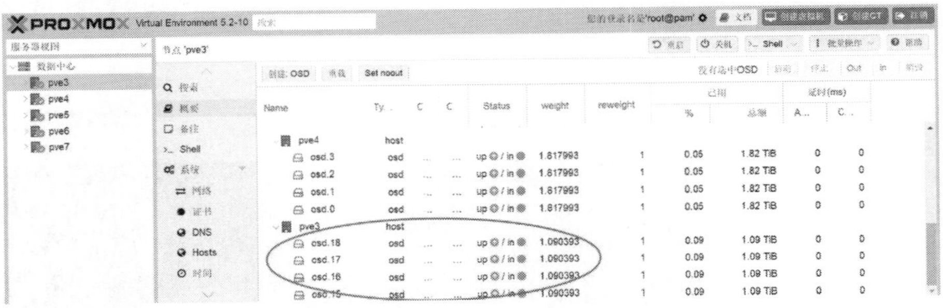

图 10-22

（8）添加完节点磁盘 OSD，超融合集群的存储容量会自动增加。在新增节点之前，从 Proxmox VE 的 Web 管理后台查看集群存储的总容量，如图 10-23 所示。

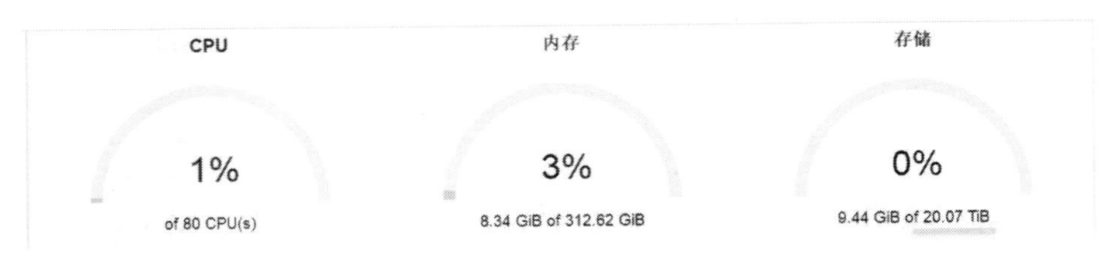

图 10-23

增加节点所有空闲磁盘的 OSD 后，刷新 Proxmox VE 的 Web 管理后台，查看存储的总容量的变化，如图 10-24 所示。

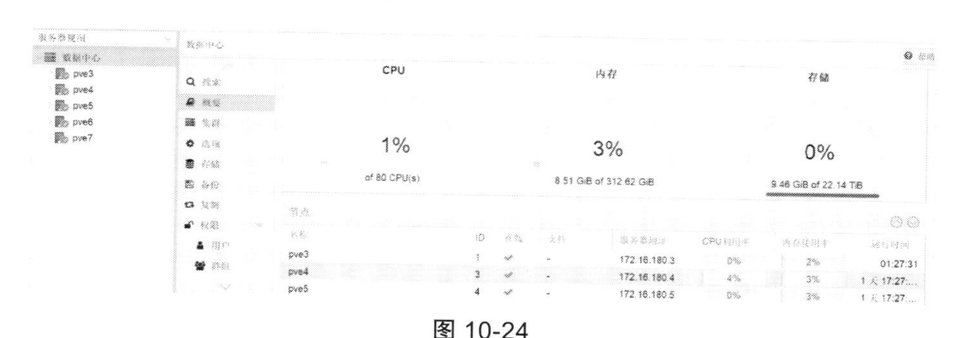

图 10-24

10.2.3 从超融合集群中撤离节点

当 Proxmox VE 超融合集群需要缩减容量，并把节点用于其他目的时，就需要把部分节点从集群中撤离。不要将节点一关了之，虽然这样不会导致服务异常，但会留下一些后患，比如 Ceph 健康检测会给出警告信息、Web 管理后台撤离后的节点会显示一个大红叉。因此，最好有序撤离，避免麻烦。

1. 销毁 Ceph OSD

有两种方式可以销毁 Ceph OSD：节点宿主系统 Debian 命令行和 Proxmox VE 集群 Web 管理后台。从 Web 管理后台操作，直观且不易出错，以下步骤均在 Web 管理后台进行，有明确的说明除外。

第一步：将需要撤离集群的节点上承载的所有处于运行状态的虚拟机迁移到其他物理节点，确认整个集群不会因迁移负荷重新分布而过载。

第二步：将单块 Ceph OSD 从在线“in”变成离线“out”，如图 10-25 所示。

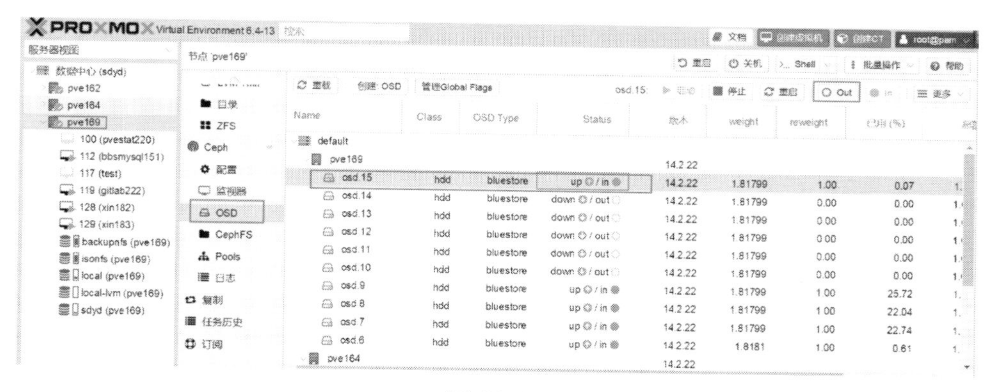

图 10-25

第三步：将处于“out”状态的 Ceph OSD 停止在线（down），如图 10-26 所示。

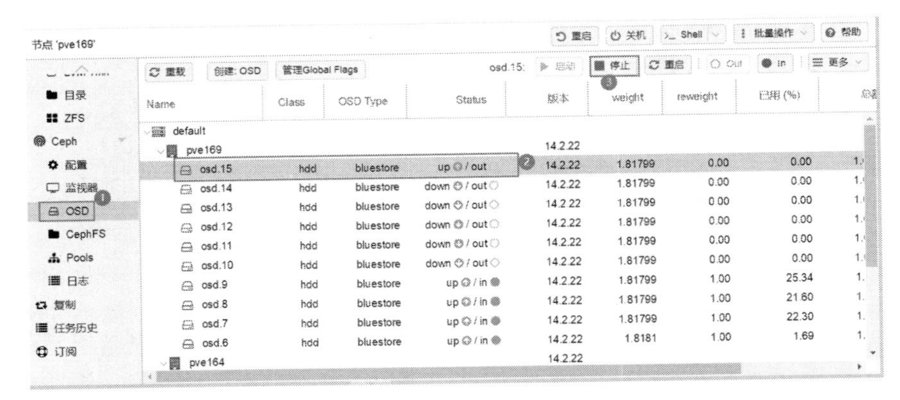

图 10-26

第四步：将处于停止状态（down）的 Ceph OSD 销毁，如图 10-27 所示。

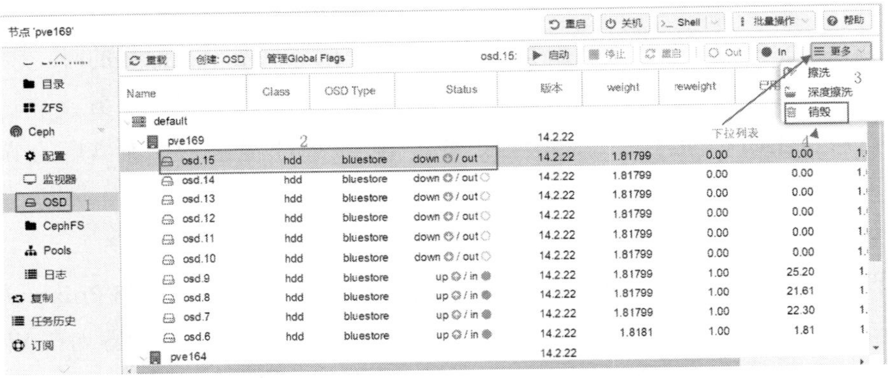

图 10-27

销毁过程可以单击“详情”按钮查看细节，如图 10-28 所示。

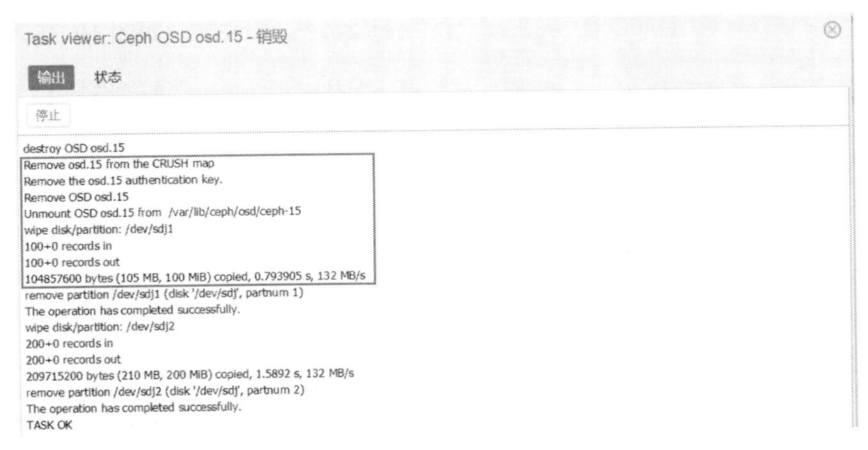

图 10-28

顺利完成 Ceph OSD 销毁，与之对应的磁盘将变成原始状态，在宿主系统 Debian 命令行执行指令 “fdisk –l” 可与 Ceph OSD 设备进行对比，如图 10-29 所示。

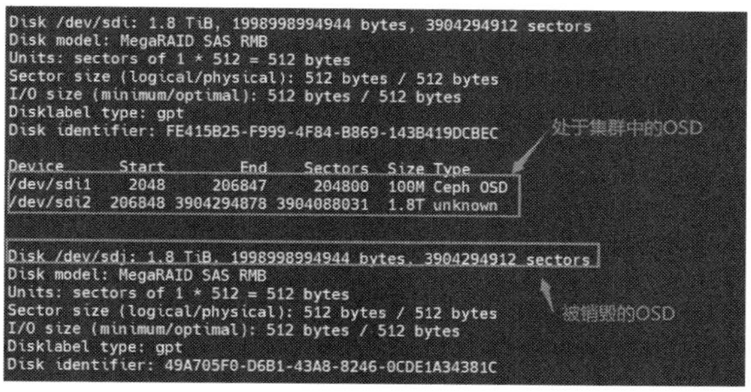

```
Disk /dev/sdi: 1.8 TiB, 1998998994944 bytes, 3904294912 sectors
Disk model: MegaRAID SAS RMB
Units: sectors of 1 * 512 = 512 bytes
Sector size (logical/physical): 512 bytes / 512 bytes
I/O size (minimum/optimal): 512 bytes / 512 bytes
Disklabel type: gpt
Disk identifier: FE415B25-F999-4F84-B869-143B419DCBEC

Device      Start        End    Sectors  Size Type
/dev/sdi1    2048     206847     204800  100M Ceph OSD
/dev/sdi2  206848 3904294878 3904088031  1.8T unknown

Disk /dev/sdj: 1.8 TiB, 1998998994944 bytes, 3904294912 sectors
Disk model: MegaRAID SAS RMB
Units: sectors of 1 * 512 = 512 bytes
Sector size (logical/physical): 512 bytes / 512 bytes
I/O size (minimum/optimal): 512 bytes / 512 bytes
Disklabel type: gpt
Disk identifier: 49A705F0-D6B1-43A8-8246-0CDE1A34381C
```

处于集群中的OSD

被销毁的OSD

图 10-29

销毁 Ceph OSD 会导致磁盘数据重新平衡，因此操作完一次后，需要停留一段时间，等数据平衡后，再进行下一次销毁操作。

重复上述第二步到第四步，将欲撤离集群节点的所有 Ceph OSD 销毁。

第五步：在集群中的其他节点宿主系统 Debian 命令行执行指令 “ceph osd crush rm pve7”，将节点 “pve7” 从 Ceph 集群中清理出去。

2. 物理节点撤离集群

节点从 Ceph 集群中撤离完成后，才可以进行物理节点的撤离。登录已撤离节点的宿主系统 Debian，命令行执行以下指令完成集群服务的停止。

```
# 停止服务 pve-cluster、corosync
systemctl stop pve-cluster
systemctl stop corosync
#Proxmox VE 集群文件系统变成本地模式
pmxcfs -l
# 删除与集群相关的目录及文件
rm /etc/pve/corosync.conf
rm -rf /etc/corosync/*
# 停止集群文件系统服务
killall pmxcfs
```

节点关机，然后登录集群中的其他任意节点宿主系统 Debian，在命令行执行指令 “pvecm delnode pve7”，将节点 “pve7” 彻底驱逐出集群。

10.3 监控 Proxmox VE 超融合集群

监控平台是高可用系统的 “耳目”，监控引擎是 “眼”，故障告警是 “耳”，是不可或缺的基础设施。Proxmox VE 超融合监控主要涉及集群和运行其上的虚拟机两部分，下面分别进行展开说明。

10.3.1 用 Centreon 监控 Proxmox VE 超融合集群

在确保监控平台 Centreon 能访问到 Proxmox VE 超融合集群的前提下，每一个节点的宿主系统 Debian 部署好 NRPE（Nagios Remote Plugin Executor），然后在 NRPE 的安装目录中部署 Nagios 插件。

1. Debian 下部署 NRPE

部署 NRPE 全部在 Debian 命令行下完成，除非明确指出非 Debian 系统。

（1）下载最新的 NRPE 源码包，当前的最新发布版本为 nrpe-4.0.2，下载地址为：https://github.com/NagiosEnterprises/nrpe/releases/download/nrpe-4.0.2/nrpe-4.0.2.tar.gz，用 wget 或者 curl 下载到本地。

（2）创建系统账号“nagios”，需要 shell 及登录系统的权限，因此需要给此账户设置密码。设置权限的目的是 Ceph 监控状况时，需要借用管理员权限，但运行 NRPE 服务却是“nagios”账号。创建用户“nagios”账号及设置密码的指令如下：

```
useradd nagios
passwd nagios
```

（3）解包并执行安装，指令如下：

```
tar zxvf nrpe-4.0.2.tar.gz
cd nrpe-4.0.2
./configure --prefix=/usr/local/nrpe --with-nrpe-user=nagios  --with-nrpe-group=nagios
```

此过程如果顺利进行，没有任何错误信息提示（如图 10-30 所示），则可进行下一步。默认安装的 Proxmox VE，可能会缺少依赖包，如 openssl，执行下列指令：

```
apt-get install gcc make openssl libssl-devel
```

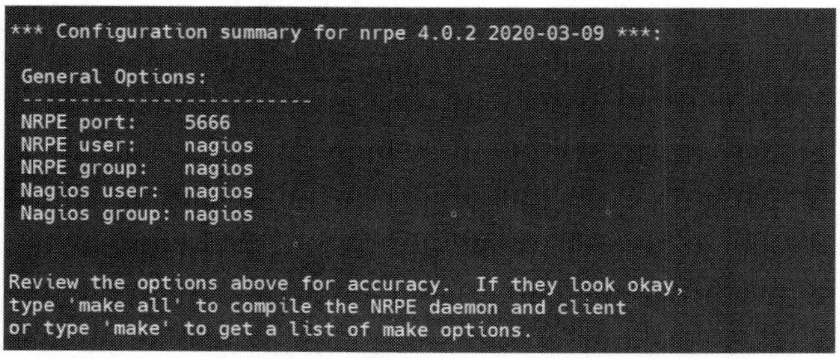

```
*** Configuration summary for nrpe 4.0.2 2020-03-09 ***:

 General Options:
 -------------------------
 NRPE port:    5666
 NRPE user:    nagios
 NRPE group:   nagios
 Nagios user:  nagios
 Nagios group: nagios


Review the options above for accuracy.  If they look okay,
type 'make all' to compile the NRPE daemon and client
or type 'make' to get a list of make options.
```

图 10-30

（4）编译及安装软件到指定的目录，指令如下：

```
make all
make install-plugin
make install-config
make install
```

（5）进入目录“/usr/local/nrpe”，查看安装是否成功，如图 10-31 所示。

```
root@pve:/usr/local/nrpe# pwd
/usr/local/nrpe
root@pve:/usr/local/nrpe# ls -al
total 32
drwxr-sr-x  8 root   staff  4096 Jun 23 12:09 .
drwxrwsr-x 11 root   staff  4096 Jun 23 12:07 ..
drwxr-sr-x  2 root   staff  4096 Jun 23 12:07 bin
drwxrwsr-x  2 nagios nagios 4096 Jun 23 12:07 etc
drwxr-sr-x  2 root   staff  4096 Jun 23 12:09 include
drwxrwsr-x  2 nagios nagios 4096 Jun 23 12:26 libexec
drwxr-sr-x  3 root   staff  4096 Jun 23 12:09 share
drwxr-xr-x  2 nagios nagios 4096 Jun 23 12:07 var
root@pve:/usr/local/nrpe#
```

图 10-31

2. 在 Debian 中部署 Nagios 插件

为便于管理，建议把 Nagios 插件安装到 NRPE 目录。除非另做说明，以下操作皆在集群节点宿主系统 Debian 命令行进行。

（1）下载最新稳定版本源码 nagios-plugins-2.3.3，下载地址为：https://nagios-plugins.org/download/nagios-plugins-2.3.3.tar.gz，可用 wget 或 curl 将其下载到本地目录。

（2）解包并执行安装，指令如下：

```
tar zxvf nagios-plugins-2.3.3.tar.gz
cd nagios-plugins-2.3.3
./configure  --with-nagios-user=nagios --with-nagios-group=nagios \
--prefix=/usr/local/nrpe
make && make install
```

configure 加选项“--prefix=/usr/local/nrpe”把软件安装限定在 NRPE 的部署路径，这个不是必须的，也可以指定其他安装路径。

（3）进入目录“/usr/local/nrpe/libexec”，查看 Nagios 插件安装情况，如图 10-32 所示。

```
root@pve:/usr/local/nrpe/libexec# pwd
/usr/local/nrpe/libexec
root@pve:/usr/local/nrpe/libexec# ls -al | more
total 7296
drwxrwsr-x 2 nagios nagios   4096 Jun 23 12:26 .
drwxr-sr-x 8 root   staff    4096 Jun 23 12:09 ..
-rwxr-xr-x 1 nagios nagios 210536 Jun 23 12:09 check_apt
-rwxr-xr-x 1 nagios nagios   2344 Jun 23 12:09 check_breeze
-rwxr-xr-x 1 nagios nagios 220072 Jun 23 12:09 check_by_ssh
lrwxrwxrwx 1 root   nagios      9 Jun 23 12:09 check_clamd -> check_tcp
-rwxr-xr-x 1 nagios nagios 157248 Jun 23 12:09 check_cluster
-rwxr-xr-x 1 root   nagios   3237 Jun 23 12:26 check_cputempt
-r-sr-xr-x 1 root   nagios 212808 Jun 23 12:09 check_dhcp
-rwxr-xr-x 1 nagios nagios 211632 Jun 23 12:09 check_dig
-rwxr-xr-x 1 nagios nagios 371576 Jun 23 12:09 check_disk
-rwxr-xr-x 1 nagios nagios  10132 Jun 23 12:09 check_disk_smb
-rwxr-xr-x 1 nagios nagios 234960 Jun 23 12:09 check_dns
-rwxr-xr-x 1 nagios nagios 112112 Jun 23 12:09 check_dummy
-rwxr-xr-x 1 nagios nagios   5064 Jun 23 12:09 check_file_age
-rwxr-xr-x 1 nagios nagios   6502 Jun 23 12:09 check_flexlm
lrwxrwxrwx 1 root   nagios      9 Jun 23 12:09 check_ftp -> check_tcp
-rwxr-xr-x 1 nagios nagios 350016 Jun 23 12:09 check_http
-r-sr-xr-x 1 root   nagios 252160 Jun 23 12:09 check_icmp
-rwxr-xr-x 1 nagios nagios 165520 Jun 23 12:09 check_ide_smart
-rwxr-xr-x 1 nagios nagios  15273 Jun 23 12:09 check_ifoperstatus
-rwxr-xr-x 1 nagios nagios  13420 Jun 23 12:09 check_ifstatus
lrwxrwxrwx 1 root   nagios      9 Jun 23 12:09 check_imap -> check_tcp
-rwxr-xr-x 1 nagios nagios   6983 Jun 23 12:09 check_ircd
lrwxrwxrwx 1 root   nagios      9 Jun 23 12:09 check_jabber -> check_tcp
-rwxr-xr-x 1 nagios nagios 200144 Jun 23 12:09 check_load
-rwxr-xr-x 1 nagios nagios   7068 Jun 23 12:09 check_log
-rwxr-xr-x 1 nagios nagios  25573 Jun 23 12:09 check_mailq
-rwxr-xr-x 1 nagios nagios 161456 Jun 23 12:09 check_mrtg
```

图 10-32

3. 监控 Proxmox VE 超融合集群

Proxmox VE 正常运行主要涉及 Corosync 服务、Pveproxy 服务、CEPH 健康状态，只要这三个条件同时满足，就可以大致认为 Proxmox VE 是正常的。除非另做说明，以下操作皆在集群节点宿主系统 Debian 命令行进行。

根据这几个条件，写一个 Nagios 插件脚本，命名为 check_pve，将其布置到目录“/usr/local/nrpe/libexec”中，使其属主、属组皆为“nagios”，并赋予执行权限，脚本“check_pve”的内容如下：

```
#!/bin/bash
#Writed by sery(vx:formyz) in 2021-07-01
source /etc/profile
is_corosync=`ps aux| grep corosync|grep -v grep|wc -l`
pve_tcp8006=`netstat -anp| grep pveproxy | grep tcp| wc -l`
ceph_health=`ceph health detail| grep HEALTH|awk '{print $1}'`
if [[ $is_corosync == 1 ]] && [[ $pve_tcp8006 -ge 1 ]]
   then
    if  [[ $ceph_health = "HEALTH_OK" ]]
       then
       echo "Proxmox ceph VE is OK!"
       exit 0
    elif [[ $ceph_health = "HEALTH_WARN" ]]
       then
       echo "Proxmox VE ceph is WARNING"
       exit 1
```

```
    else
        echo "Proxmox Ve is CRITICAL"
        exit 2
  fi
fi
```

在 Proxmox VE 超融合集群所有功能都正常的情况下，手动执行脚本“/usr/local/nrpe/libexec/check_pve”，观察其输出，如图 10-33 所示。

```
root@pve10:/usr/local/nagios/libexec# ./check_pve
Proxmox ceph VE is OK!
root@pve10:/usr/local/nagios/libexec#
```

图 10-33

从输出可知，脚本正确无误。接下来，需要将其整合到 NRPE 服务中。请按下列操作逐步进行。

（1）默认安装的 Proxmox VE，可能没带工具 sudo，执行系列指令将其安装到 Debian。

```
apt install sudo
```

（2）用 vi 编辑器修改文件“/etc/sudoers”或者直接使用 visudo 进行编辑，任意位置插入如下一行内容。这个授权是必须的，否则加入监控平台 Centreon 以后，输出状态为“未知 UNKOWN”。

```
nagios  ALL=(root) NOPASSWD:/usr/local/nrpe/libexec/check_pve
```

（3）系统由管理员“root”账号切换到普通账号“nagios”，再用 sudo 运行自行编写的插件脚本“check_pve”，观察其运行情况，如图 10-34 所示。

```
root@pve162:~# su - nagios
nagios@pve162:~$ sudo /usr/local/nrpe/libexec/check_pve
Proxmox ceph VE is OK!
```

图 10-34

（4）在 NRPE 服务的配置文件“/usr/local/nrpe/etc/nrpe.cfg”末尾插入一文本行，内容如下：

```
command[check_pve]=sudo /usr/local/nagios/libexec/check_pve
```

（5）继续修改 NRPE 服务配置文件，更新其他需要监控的项及相关内容，下面摘录部分供读者参考。

```
server_address=172.16.98.20
allowed_hosts=127.0.0.1,172.16.98.172  #172.16.98.172 为 Centreon 监控服务器
command[check_users]=/usr/local/nrpe/libexec/check_users -w 5 -c 10
command[check_load]=/usr/local/nrpe/libexec/check_load -r -w 15,10,05
-c 30,25,20
```

```
command[check_df]=/usr/local/nrpe/libexec/check_disk -N ext4  -w 20%
-c 10%
command[check_total_procs]=/usr/local/nrpe/libexec/check_procs -w 750
-c 900
command[check_mem]=/usr/local/nrpe/libexec/check_swap -w 50%  -c 40%
command[check_pve]=/usr/local/nrpe/libexec/check_pve
```

（6）命令行执行指令“/usr/local/nrpe/bin/nrpe –c /usr/local/nrpe/etc/nrpe.cfg -d”启用服务 NRPE，再用指令“ps auxww | grep nrpe”查看守护进程是否存在。

（7）登录 Centreon 监控服务器宿主系统 CentOS，命令行执行指令“libexc/check_nrpe –H 172.16.98.10 –c check_pve”，观察其输出，如图 10-35 所示。

图 10-35

（8）登录监控平台 Centreon 的 Web 管理后台，将监控项“check_pve”添加上，输出配置并重启监控引擎，使监控生效，如图 10-36 所示。

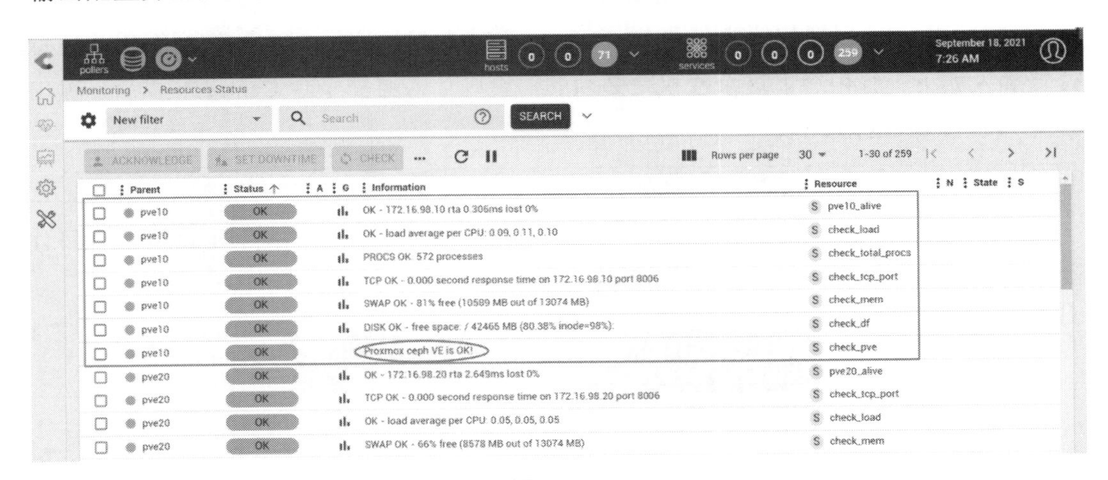

图 10-36

10.3.2 监控 Proxmox VE 超融合集群上的虚拟机

虚拟机的监控包括主机存活、主机资源、网络服务等，具体内容将在后续出版的本系列图书《分布式监控平台 Centreon 实践真传》中讲述，这里不再赘述。

10.4 打造炫酷的 Proxmox VE 监控界面

现在终于把 Proxmox VE（简称 PVE）从 6.1 版本升级到 6.4 版本了，在 Web 管理后台对比 Proxmox VE 6.4 与 Proxmox VE 6.1，看看新增了哪些功能。在数据中心的菜单项里多了一个度量服务器（Metric Server），中文显示“公制服务器”（如图 10-37 所示）。

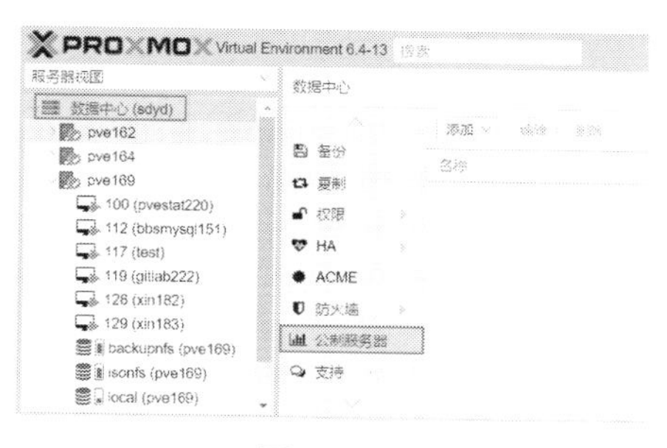

图 10-37

单击进去后，会发现是添加远程数据统计服务器 InfluxDB 或者 Graphite（如图 10-38 所示）。

图 10-38

既然可以添加 InfluxDB，那么在此基础上整合 Grafana 就可以打造一个很炫酷的 Proxmox VE 监控界面！

10.4.1 准备工作

在 Proxmox VE 集群中创建一个虚拟机，安装好 CentOS 7 操作系统，确保此虚拟机能访问互联网。然后在此虚拟机上部署及简单配置 InfluxDB 及 Grafana。

1. 安装 InfluxDB

（1）下载稳定版 InfluxDB 1.8.0。

```
wget https://dl.influxdata.com/influxdb/releases/influxdb-1.8.0.x86_64.
rpm
sudo yum localinstall influxdb-1.8.0.x86_64.rpm
```

（2）安装软件 InfluxDB。

```
yum install influxdb-1.8.0.x86_64.rpm
```

（3）验证安装。

```
[root@localhost ~]# systemctl status influxdb
 influxdb.service - InfluxDB is an open-source, distributed, time series
database
    Loaded: loaded (/usr/lib/systemd/system/influxdb.service; enabled;
vendor preset: disabled)
   Active: inactive (dead)
     Docs: https://docs.influxdata.com/influxdb/
```

2. 配置 InfluxDB

InfluxDB 1.8 版本安装完毕以后，对配置文件“/etc/influxdb/influxdb.conf”进行修改，修改过的内容如下：

```
 [[udp]]
    enabled = true
    bind-address = "0.0.0.0:8089"
    database = "proxmox"
    batch-size = 1000
    batch-timeout = "1s"
```

3. 启动 InfluxDB 并创建数据库

（1）启动 InfluxDB 服务。

```
systemctl start influxdb
systemctl enable influxdb
```

（2）创建 InfluxDB 用户及数据库。先在命令行执行指令“influx”，进入客户端。

```
# 创建用户 admin
>CREATE USER "admin" WITH PASSWORD '123456' WITH ALL PRIVILEGES
>SHOW USERS
user  admin
----  -----
admin true
# 创建数据库 proxmox
>create database proxmox
>show databases
name: databases
name
```

```
----
telegraf
_internal
proxmox
```

4. 安装 Grafana

（1）下载 Grafana 8.1.1。

```
wget https://dl.grafana.com/oss/release/grafana-8.1.1-1.x86_64.rpm
```

（2）安装 Grafana 8.1.1。

```
yum install grafana-8.1.1-1.x86_64.rpm
```

（3）启动 Grafana 服务。

```
systemctl enable grafana
systemctl start grafana
```

10.4.2 整合工作

整合工作包括 Proxmox VE 整合 InfluxDB，InfluxDB 整合 Grafana。

1. Proxmox VE 整合 InfluxDB

以任意 Proxmox VE 登录 Web 管理后台，添加 InfluxDB 服务器，具体信息如图 10-39 所示。

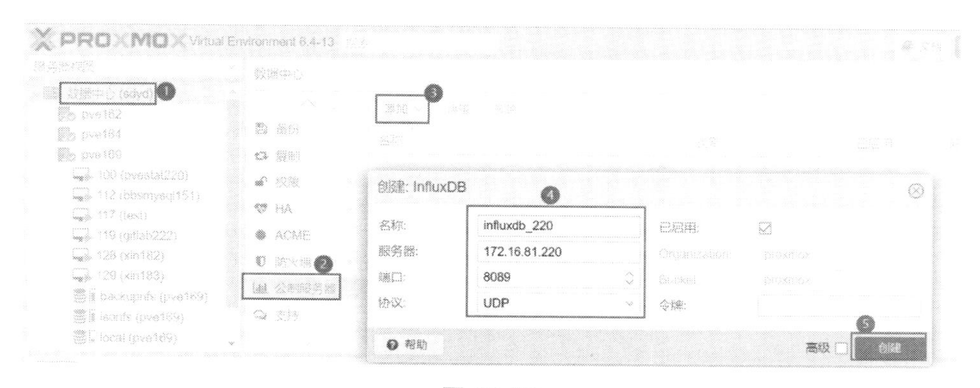

图 10-39

创建完毕，没有任何验证信息，不管是否能连接都不会有提示。

2. Grafana 整合 InfluxDB

在浏览器输入 Grafana 所在系统的 IP 地址加端口号 3000，在登录界面输入默认的用户名及密码，按提示修改登录密码。接下来，添加数据源 InfluxDB，目的是把 Proxmox VE 的数据收集起来进行展示，如图 10-40 所示。

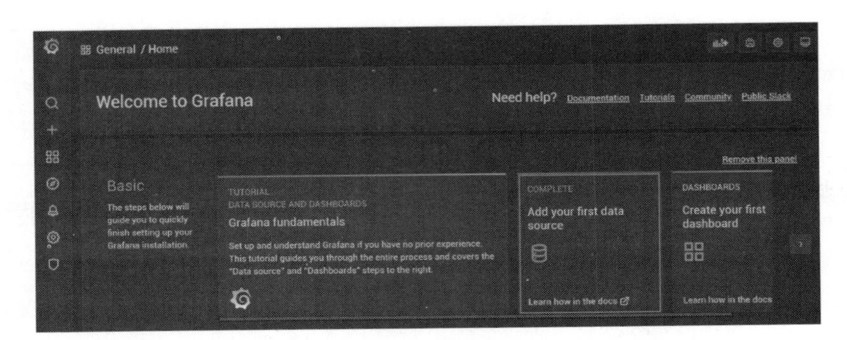

图 10-40

支持多种数据源，这里选择“InfluxDB”，如图 10-41 所示。

图 10-41

数据源设定，因为 Grafana 与 InfluxDB 安装在同一个系统之中，因此用默认的设置即可，如图 10-42 所示。

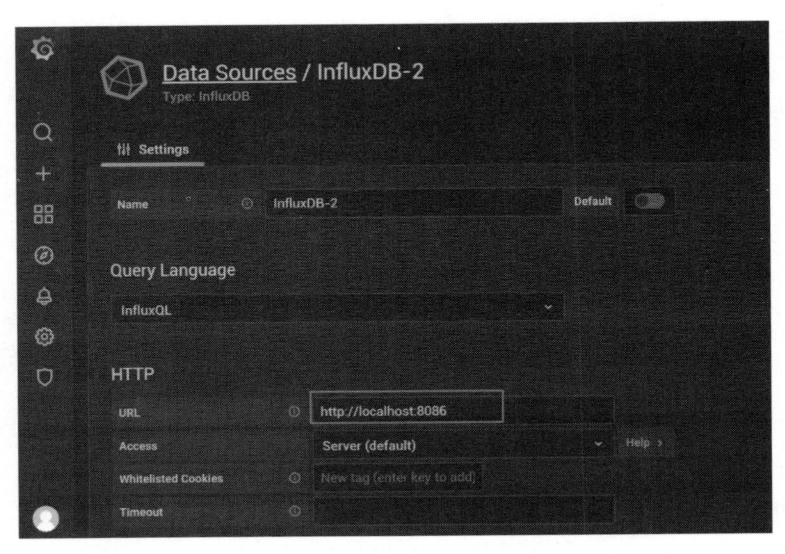

图 10-42

访问数据库所需的信息，来自前面的设定，手动逐一输入，如图 10-43 所示。

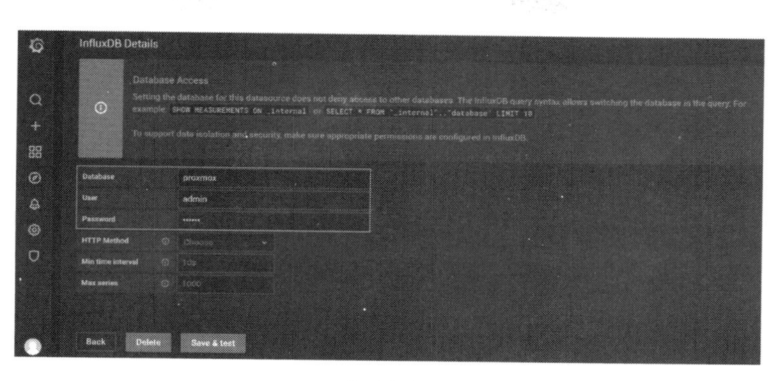

图 10-43

如果连接正确，则有“Data Source is working”的提示（如图 10-44 所示），否则提示“Error Bad Gateway”。

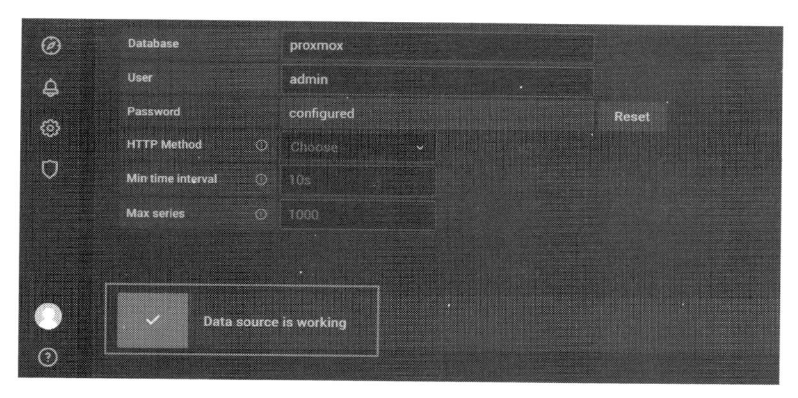

图 10-44

3. 导入仪表盘

访问官方网站，地址为：https://grafana.com/grafana/dashboards?plcmt=footer&search=proxmox，搜索关键字“proxmox”，选一个下载量多的下载即可，如图 10-45 所示。

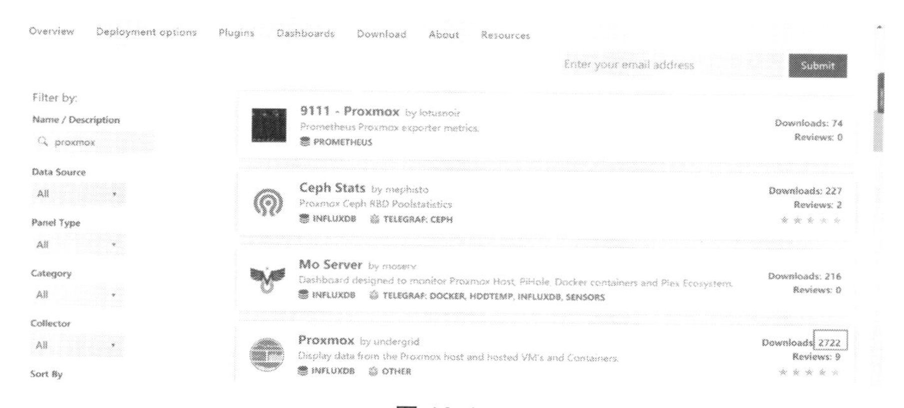

图 10-45

单击“Proxmox”超链接，查看其 ID 值，然后记录下来，如图 10-46 所示。

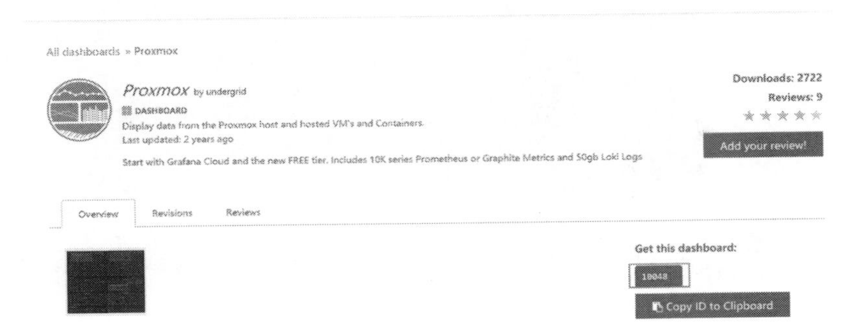

图 10-46

现在切换回 Grafana 的 Web 管理后台，导入所需要的仪表盘，如图 10-47 所示。

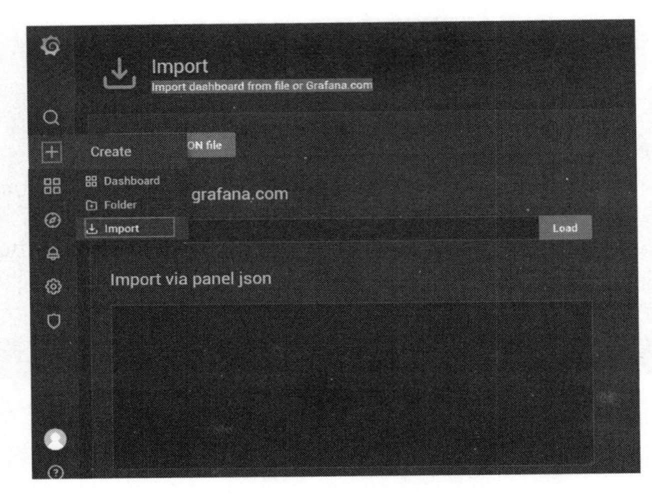

图 10-47

输入在官网搜索的 Proxmox 仪表盘 ID 值 10048，然后单击右侧按钮“Load”，如图 10-48所示。

图 10-48

选择“InfluxDB”，这里用默认值即可，如图 10-49 所示。

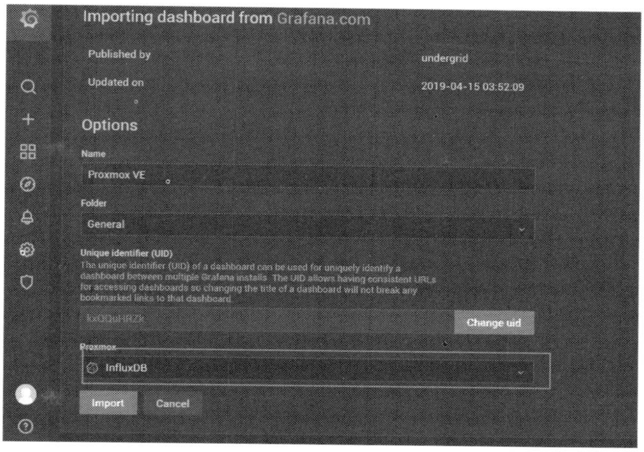

图 10-49

导入完成后，炫酷的仪表盘就展现出来了，如图 10-50 所示。

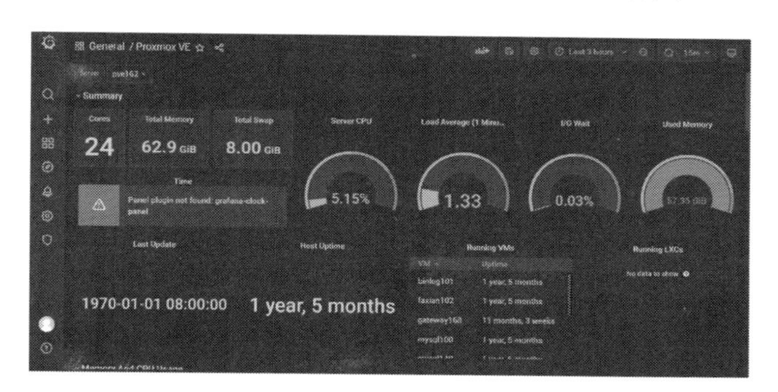

图 10-50

界面上有个警告信息，提示插件 Grafana-clock-panel 没有安装。切换到系统命令行，安装操作如下：

```
grafana-cli plugins install grafana-clock-panel
systemctl restart grafana-server
```

重启后，警告信息就消失了。

此监控可作为 Centreon 的补充，投影到大屏幕上供来客参观。

第11章 Proxmox VE 的备份与恢复

备份的主要目的有两个：做灾难恢复及完整性数据迁移。世上没有绝对安全的信息系统，一定不要相信厂商的宣传，一旦业务上线运行，就要开启数据备份，没有什么比备份更踏实的事情了。

Proxmox VE 超融合集群的数据备份，从形式上可分为两种：应用数据备份和虚拟机备份。

- 应用数据备份：数据库数据、附件、图片等系统运行过程中生成的数据。与应用程序不同（比如 Apache、MySQL），应用数据不可以通过下载、安装得以重现。除非系统、数据损坏无关紧要，否则，心里要时刻牢记备份并付诸行动。
- 虚拟机备份：对虚拟机整体备份，包括运行在其上的应用数据。与单独的应用数据备份有重叠。不过在系统完全崩溃的情况下，用虚拟机备份恢复无疑是最便捷和快速的方式了。回顾一下常规的崩溃恢复过程：安装系统 → 安装应用 → 初始化 → 复制数据 → 导入数据，比虚拟机整系统恢复要耗时和复杂得多。

也可以应用数据备份与虚拟机备份相结合。虽然占用了一些系统资源，但与崩溃后业务长时间停止或者无法恢复相比，这点投入是很值得的。数据备份的成本投入，无非是准备一定数量的大容量硬盘，尽可能多地放进服务器里。因为不做备份之外的其他用途，仅用来做应用数据及虚拟机备份，所以对内存、CPU 的配置要求并不高。

令人兴奋的是，Proxmox 发布了专属的备份系统 Proxmox

Backup Server，简称 PBS，既能备份 Proxmox VE 的虚拟机或者容器，又能备份其他非 Proxmox VE 系统的普通文件。

11.1 虚拟机应用数据备份与恢复

应用数据分结构化和非结构化两种，其备份方式各不相同，结构化数据有其专用的工具，而非结构化数据，则需借助文件系统的指令或工具来完成备份。

11.1.1 非结构化数据备份与恢复

把数据备份到异机 / 异地，“Scp”与“Rsync”是两个最常用的工具。尽可能地把备份服务器独立，提高数据的安全性。“Scp”与“Rsync”两个远程工具都需要交互输入密码，在撰写计划任务时，还比较麻烦（如“Scp”需要“Expect”支持，“Rsync”需要配置守护进程）。一个便捷的方式是把备份服务器当成共享存储（如 NFS），挂载到本地目录。这样就可以免密码输入，简化脚本。

数据恢复过程，就是把上述备份的数据复制或同步到目标系统。

11.1.2 结构化数据备份与恢复

宽泛一点而言，数据库就是结构化数据的代表。各种类型的数据库产品，不管是开源数据库还是商业数据库，都有与之匹配的备份及恢复工具，下面列举几例，以供参考：

（1）MySQL：mysqldump、xtrabackup等。

（2）Oracle：expdp/impdp、rman等。

（3）Redis：自带指令 save。

强调一点，不管是结构化数据还是非结构化数据，最好都做异机 / 异地备份。那种把数据备份到本机其他硬盘的方式并不保险。如果在备份投入上有成本压力，可考虑降低备份服务器的资源配置，比如，单颗 CPU、16GB 内存、大容量低速 SATA 硬盘。

把 NFS 备份服务器设置的共享目录挂载到虚拟机系统，作为“本地磁盘”，用备份工具处理数据，不需要任何额外的处理。

11.2 Proxmox VE 虚拟机备份形式

Proxmox VE 虚拟机备份有两种形式，一种是计划任务式备份，另一种是随机手动备份。备份与恢复的目标服务器至少有两种选择：NFS 共享存储及 PBS（Proxmox Backup Server）。本章先讨论传统的 NFS 备份，然后再讨论 Proxmox 专属的 PBS。

11.3 将 Proxmox VE 上的虚拟机备份到 NFS

将 Proxmox VE 上的虚拟机备份到 NFS 大体上分两个步骤：准备好 NFS 共享目录并将其挂载到 Proxmox VE 集群。注意，应用数据备份挂载 NFS 共享目录的目标是虚拟机，而虚拟机备份挂载 NFS 共享目录的目标是 Proxmox VE 集群（挂载到 Proxmox VE 集群节点宿主系统 Debian）。

11.3.1 准备共享存储 NFS

NFS 服务器配备上，建议用两块固态硬盘 SSD 做成 RAID 1，用于安装操作系统；剩余的硬盘做成 RAID 5，用于存储备份文件。如果存在性能上的问题，可考虑用额外的固态硬盘 SSD 缓存加速。

1. NFS 服务器共享目录设定

虽然有 Openfiler、FreeNAS 等共享存储工具套件，相比之下，在 CentOS 操作系统上设置 NFS 共享确实是最直接、最简单的。

服务器安装好操作系统 CentOS 7，并且与 Proxmox VE 集群处于同一网段，至少千兆网络连接。数据盘创建好文件系统，并在其中创建目录“/data/pve_dump/pve_cluster”。创建系统账号“www”（也可以是其他名字），将目录“/data/pve_dump/pve_cluster”属主 / 属组设置为“www”。

用 vi 编辑器或其他工具修改文件“/etc/exports”，新增以下文本行：

```
/data/pve_dump/pve_cluster   172.16.228.0/24(rw,all_squash,anonuid=500,anongid=500)
```

括号中的参数，指定远端用户以本地 ID 号为 500 的账号读写目录“/data/pve_dump/pve_cluster”。为什么用户 UID 及组 GID 指定为 500 呢？因为前面创建的账户“www”的 UID 及 GID 为 500，要做好对应关系，如图 11-1 所示。

图 11-1

确认配置无误后，执行如下命令启动 NFS 服务：

```
service rpcbind start
service nfs-server start
```

2. Proxmox VE 集群挂载 NFS

登录 Proxmox VE 集群任意节点 Web 管理后台，选“数据中心”→“存储”→“添加”，如图 11-2 所示。

图 11-2

在下拉菜单中选择“NFS”，在弹出的“添加：NFS”对话框中填写 NFS 服务器的 IP 地址，输出共享目录（export）会自动展现，无须手动输入，如图 11-3 所示。

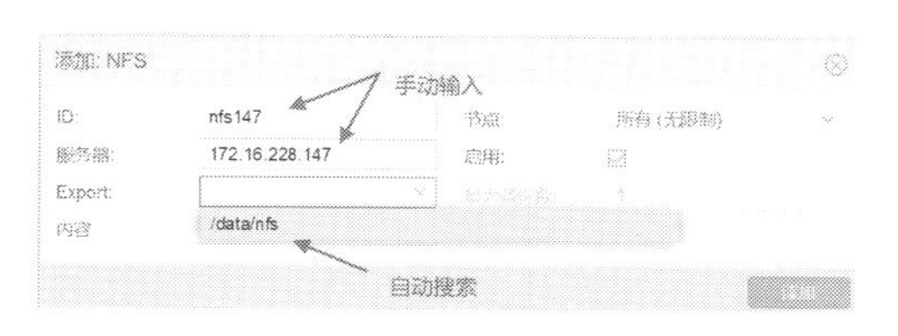

图 11-3

选定自动搜索出来的共享目录后，还需要对“内容”项进行选定。默认情况下，其值为“磁盘映像”，因为要用于备份，必须选“VZDump 备份文件”项（如图 11-4 所示）。选中这个项后，会立即在共享目录建立目录“dump”，确认无误后单击“添加”按钮，就把 NFS 共享添加进来了。

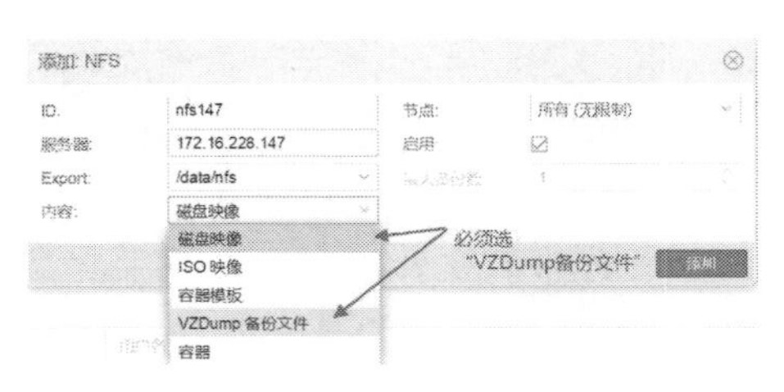

图 11-4

在 SSH 客户端登录 Proxmox VE 集群任意节点宿主系统 Debian（Proxmox VE 的 Web 管理后台添加 NFS 存储后，集群的所有节点宿主系统都挂载到共享目录），进入 NFS 挂载点目录，然后创建文件或目录，以验证 NFS 权限的正确性。

11.3.2　备份 Proxmox VE 集群上的虚拟机

虚拟机备份有两种情况：手动备份与自动备份。手动备份为随机性行为，而自动备份为常规性行为，不需要人为干预。

1. 随机性手动备份

当需要把集群上的某个虚拟机迁移到其他无关联的 Proxmox VE 平台时，以手动方式备份该虚拟机，然后把此备份文件复制到目标节点的对应目录，再进入目标 Proxmox VE 的 Web 管理后台，选中此备份文件，即可从 Proxmox VE 的 Web 管理后台对虚拟机进行一键恢复，此为手动备份虚拟机常用场景。

下面是一个虚拟机迁移的实例，完整地展示虚拟机的备份及恢复全过程。

（1）源虚拟机备份操作：在 Proxmox VE 的 Web 管理后台，选择“虚拟机”→“备份”→“立即备份”，如图 11-5 所示。

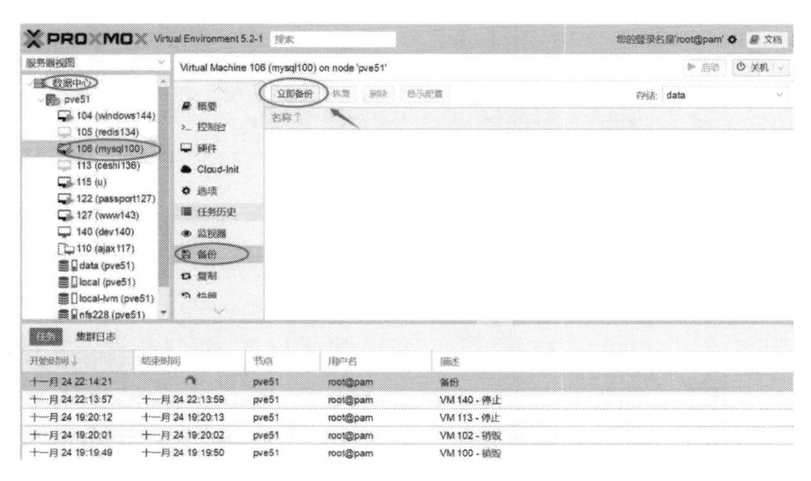

图 11-5

（2）调出备份对话框以后，选择刚添加进来的 NFS 作为备份存储路径，如图 11-6 所示。

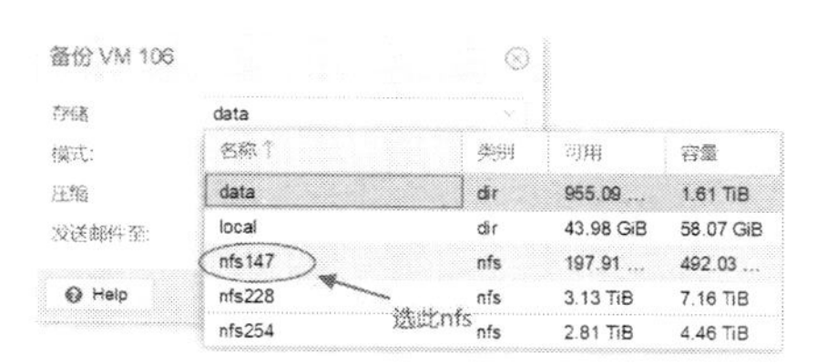

图 11-6

（3）单击图 11-5 所示界面“备份”按钮，可看到整个备份过程（如图 11-7 所示）。备份时间与服务器的性能、网络的速度、虚拟机镜像大小等密切相关。备份过程中，为了不妨碍其他管理操作，可以随时关闭备份任务查看窗口，这不会导致备份停止。

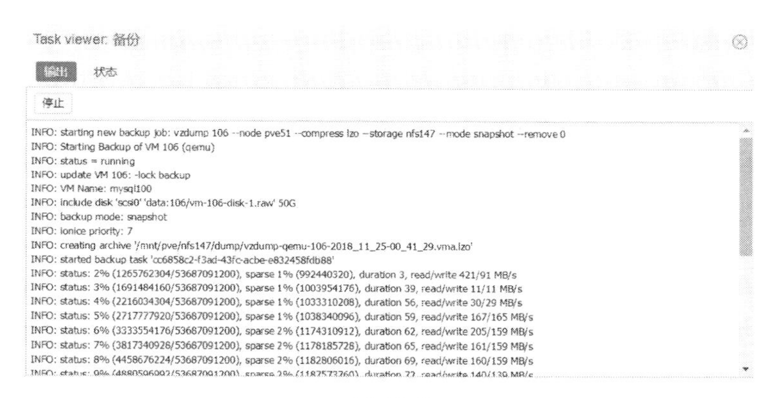

图 11-7

当需要查看备份进度时，可双击 Proxmox VE 的 Web 管理后台下部任务栏相关项目（就是正在转圈的那些），即可调出详细的进度，如图 11-8 所示。

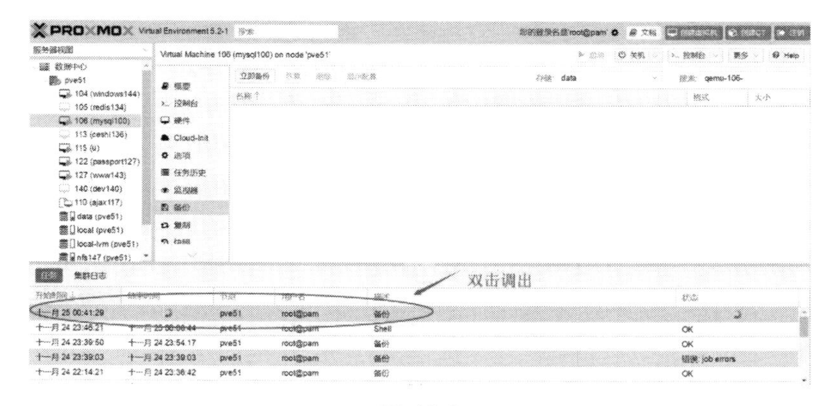

图 11-8

2. 常规性自动备份

自动备份属于计划任务式备份，可对一个或者多个虚拟机同时进行备份作业。实践证明，性能不够高的环境可能会引起大量的 I/O 竞争（主要是磁盘性能及网络传输速度），因此为了不引起业务波动，建议尽量在访问量小的夜间进行自动备份。在 Proxmox VE 超融合集群场景，I/O 的波动会影响整个集群的性能，如果发现备份操作影响到整个系统的性能，应立即强制停止备份操作，如图 11-9 所示。

图 11-9

Proxmox VE 虚拟机自动备份的设置操作如下：

（1）在 Proxmox VE 的 Web 管理后台添加备份。单击“数据中心”→“备份”→“添加”，如图 11-10 所示。

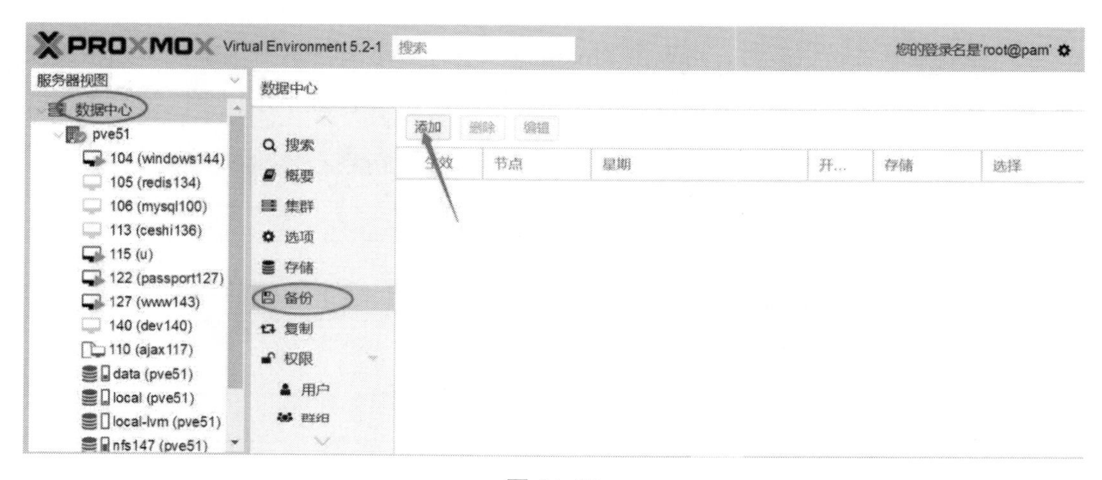

图 11-10

（2）创建任务界面，有很多选项需要根据实际情况进行选择，如图 11-11 所示。

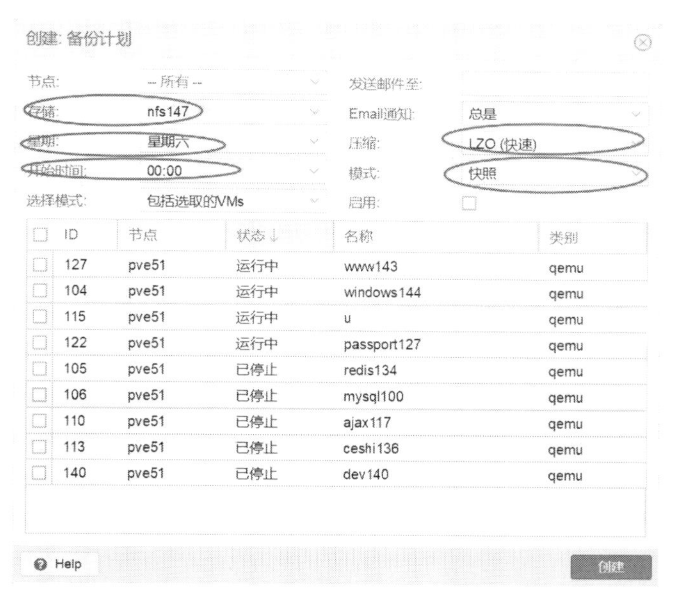

图 11-11

确保“存储”选定 NFS 共享，否则在目的地做恢复操作的时候，还得把备份复制一遍，浪费很多时间。另外有个可选项“启用”，假定不对其进行勾选，需要在集群节点的宿主系统 Debian 增加一条被注释掉的计划任务，如下所示：

```
root@pve51:/etc/cron.d# more /etc/cron.d/vzdump
# cluster wide vzdump cron schedule
# Automatically generated file - do not edit
PATH="/usr/sbin:/usr/bin:/sbin:/bin"
0 0 * * 6            root #vzdump 105 106 110 113 --mode snapshot
--compress lzo --storage data --quiet 1 --mailnotification always
```

勾选“启用”选项，则删除掉 vzdump 文件中“vzdump”前面的注释符号“#”。由于笔者实施的所有项目都在内部网络（可以访问公网），没有对主机做域名解析及创建 MX 邮件域，因此就算设置了邮件地址，也会被接收方邮件服务器拒绝。所以，不勾选“启用”项也没什么影响。

验证配置的正确性，可先试着备份一个容量小的虚拟机，开始时间设置到操作后的数分钟范围，然后等着备份到时间后自动执行。

（3）检查备份文件是否生成。有两种方式，一种是在 Proxmox VE 的 Web 管理后台查验，另一种是直接登录 NFS 服务器检查备份目录。

①在 Proxmox VE 的 Web 管理后台查看备份文件，如图 11-12 所示。

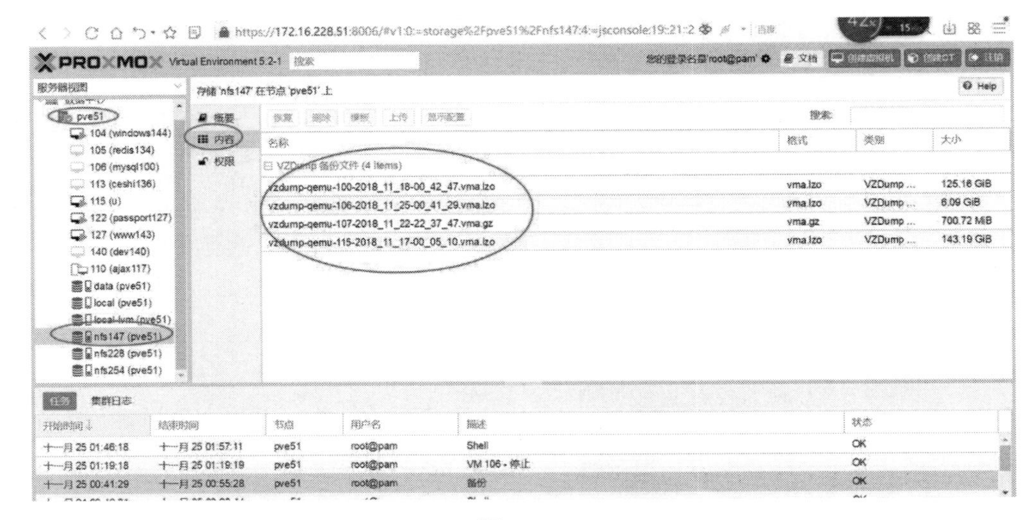

图 11-12

在有多个备份文件的情况下，只能通过虚拟机的 ID 及后带的时间戳来分辨，如果分辨不清，会给恢复带来很大的障碍。Proxmox VE 6.X 及以后的版本，可对备份文件设置备注，便利性提高了不少，如图 11-13 所示。

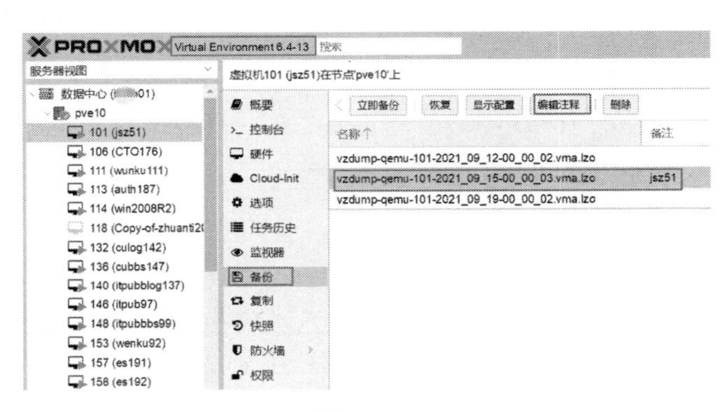

图 11-13

②登录共享存储服务器 NFS 所在的系统，共享目录，查看子目录 dump。

```
[root@nfs228 dump]# pwd
/data/Proxmox VE_cluster/dump
[root@nfs228 dump]# ls -al
total 769915832
drwxr-xr-x 4 www www        4096 Nov 25 00:06 .
drwxr-xr-x 5 www www        4096 Nov 14 11:10 ..
drwxr-xr-x 2 www www            4096 Nov 22 00:59 vzdump-qemu-100-2018_11_22-01_00_02.tmp
-rw-r--r-- 1 www www  97281965033 Nov 22 10:30 vzdump-qemu-100-2018_11_22-01_00_02.vma.dat
```

```
-rw-r--r-- 1 www www          13877 Nov 24 01:09 vzdump-
qemu-101-2018_11_24-01_00_03.log
-rw-r--r-- 1 www www      828623480 Nov 24 01:09 vzdump-
qemu-101-2018_11_24-01_00_03.vma.lzo
-rw-r--r-- 1 www www           9501 Nov 24 01:33 vzdump-
qemu-102-2018_11_24-01_10_27.log
-rw-r--r-- 1 www www     3710333088 Nov 24 01:32 vzdump-
qemu-102-2018_11_24-01_10_27.vma.lzo
……………………省略……………………………
```

（4）改变同一虚拟机备份文件数量（可选）。默认情况下，同一虚拟机自动备份后只会有一个备份文件，即新生成的备份文件会覆盖旧的文件。这样的设置以节省存储空间，不足之处是没有历史数据，要做恢复，也只能恢复到最近的。如果同一个虚拟机想多保留几个备份文件，则需直接登录 Proxmox VE 节点宿主系统 Debian，修改配置文件“/etc/vzdump.conf”。

```
root@pve53:/etc# more /etc/vzdump.conf
# vzdump default settings
#tmpdir: DIR
#dumpdir: DIR
#storage: STORAGE_ID
#mode: snapshot|suspend|stop
#bwlimit: KBPS
#ionice: PRI
#lockwait: MINUTES
#stopwait: MINUTES
#size: MB
#stdexcludes: BOOLEAN
#mailto: ADDRESSLIST
#maxfiles: N
maxfiles: 3
#script: FILENAME
#exclude-path: PATHLIST
#pigz: N:
```

这样就可以使同一个虚拟机在每次备份文件时保存 3 份。

11.4 Proxmox VE 虚拟机恢复

不论是手动备份还是自动备份的虚拟机，其恢复操作都是相同的。

11.4.1 Proxmox VE 目标节点添加 NFS 共享存储

这个过程与源站基本相同，只要NFS本身目录授权正确即可。正确挂载NFS以后，在Proxmox VE的Web管理后台可以看到所需要的备份文件（当然要挂载在用于备份的同一个NFS）。

11.4.2 从备份中还原 Proxmox VE 虚拟机

登录目标Proxmox VE的Web管理后台（可以是单机，也可以是集群），仔细选择需要恢复的虚拟机备份，特别是在有很多虚拟机同时备份的场合，如图11-14所示。在进行恢复前，还可以查看一下源虚拟机的配置。

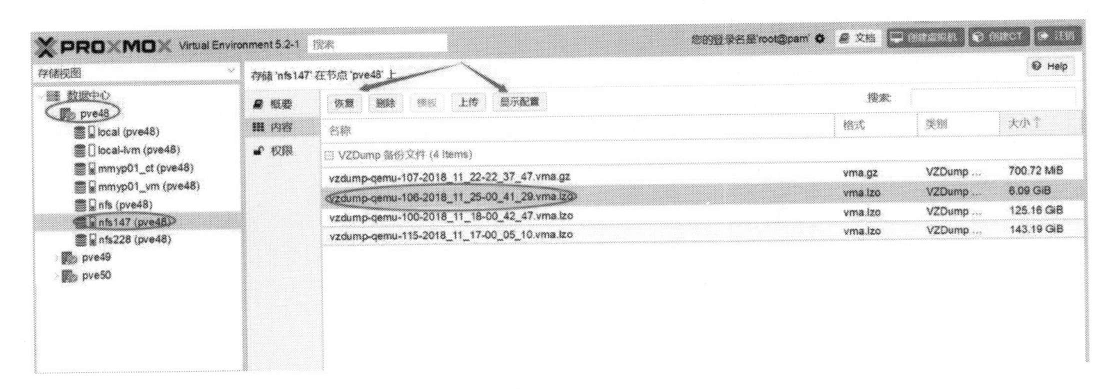

图 11-14

选定存储路径及手动输入ID，在一个Proxmox VE集群内ID必须唯一，如图11-15所示。

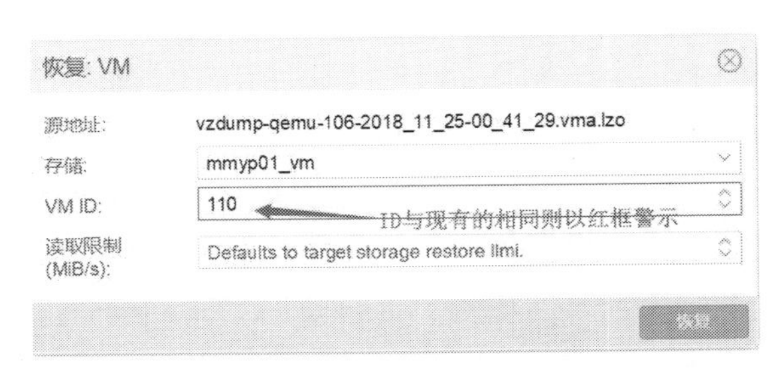

图 11-15

单击“恢复”按钮，弹出界面显示整个恢复过程，等任务完成即可。注意，Proxmox VE 6及之后的版本，对此进行了改进，不需要手动输入就可以自动生成集群（或者单机）中独一无二的VID，如图11-16所示。

图 11-16

11.4.3 后续工作

Proxmox VE 虚拟机恢复完成后，看是否还需要对其计算资源进行变更（Proxmox VE 的 Web 管理后台虚拟机的“硬件”）。如果把虚拟机备份恢复到原 Proxmox VE 集群，在决定启动恢复后的虚拟机之前，最好把源虚拟机系统关闭，以免 IP 地址产生冲突。

目标 Proxmox VE 的 Web 管理后台启动备份过来并恢复的虚拟机，从控制台进去（这样无须考虑虚拟机网络是否正常），检查网络状态是否正常，是否需要对其网络配置进行修改。如果有需要，除了修改地址之外，把网络接口文件的“uuid”项删除或者注释。Proxmox VE 6 及以后的版本，虚拟机恢复设置有个选项“唯一”可避免 MAC 地址冲突问题，如图 11-17 所示。

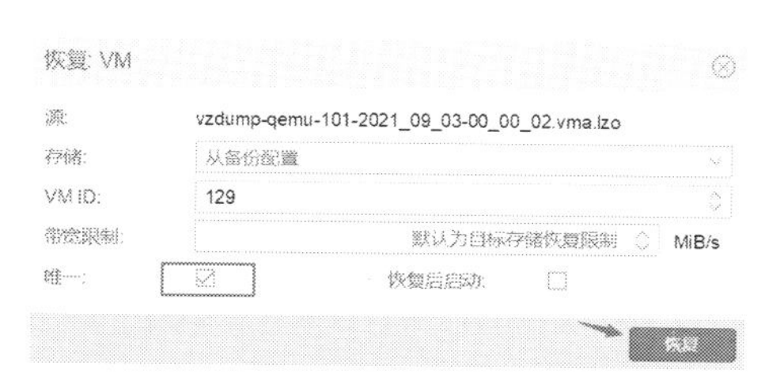

图 11-17

11.5 Proxmox Backup Server 专用备份

Proxmox Backup Server 是一个企业备份解决方案，用于备份和恢复虚拟机、容器和物理主机。通过支持增量、完全消除重复数据的备份，Proxmox Backup Server 显著降低了网络负载并节省了宝贵的存储空间。使用强大的加密和确保数据完整性的方法，即使在不受信任的网络环境中进行数据备份，也不必为数据的安全性有任何的担忧。

Proxmox Backup Server 在 2020 年 7 月发布第一个 Beta 版本，到 2021 年 7 月，一年时间内迭代更新了 4 个版本。当前最新的稳定发布版本为 Proxmox Backup Server 2.0，作为客户端的 Proxmox VE 集群，必须升级到 Proxmox VE 6.2 及以上版本才能被支持。

Proxmox Backup Server 既支持 Proxmox VE 备份，也支持其他 Linux 系统的数据备份；既支持单机 / 集群备份，也支持多机多集群备份，更支持备份多副本同步，数据安全性大大提高。为方便理解，基于典型的应用场景，列出了如图 11-18 所示的一个基本架构，供大家参考（Proxmox VE 的缩写）。

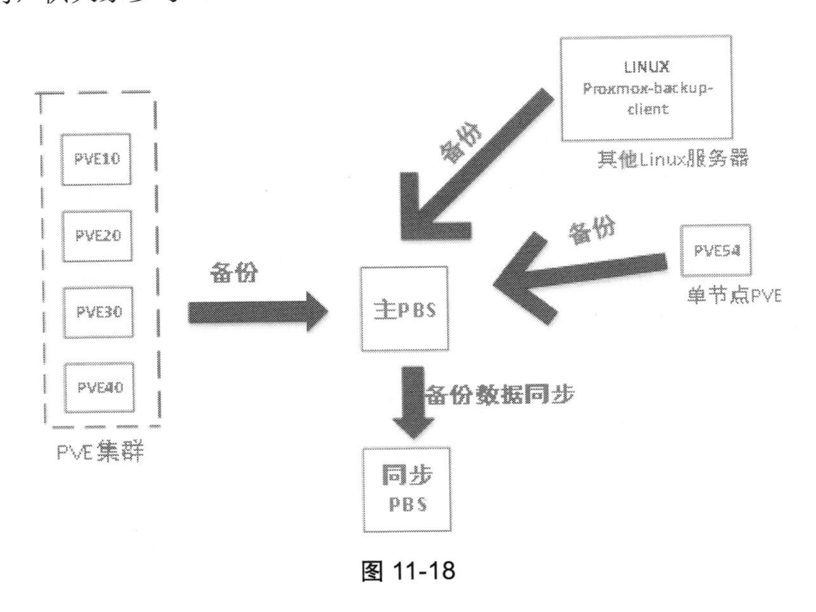

图 11-18

11.5.1 部署 Proxmox Backup Server 2.0

至少准备两台大容量存储服务器，建议每台服务器配备 32GB 内存、单颗 CPU、两块固态硬盘 SSD（安装 PBS 系统）、四块以上大容量 SATA 硬盘（数据备份存储目的地）。因为是多副本备份，因此数据存储磁盘做成 RAID 5 级别就可以了。为了获取更好的网络性能，Proxmox Backup Server 最好与备份源（Proxmox VE 集群、其他 Linux 服务等）处于同一网络。

从官方网站下载 Proxmox Backup Server 2.0 ISO 镜像文件，刻录成可引导光盘或 U 盘，开机引导，按以下步骤进行安装。

第一步：在引导界面选定第一项“Install Proxmox Backup Server”，按 Enter 键进入下一步，如图 11-19 所示。

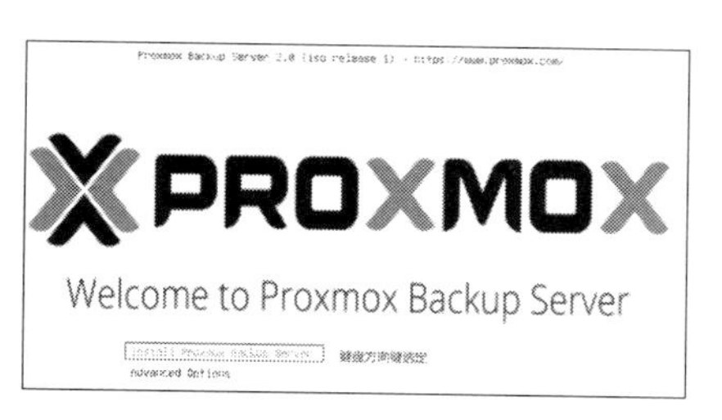

图 11-19

第二步：在“最终用户许可协议”界面，单击“I agree”按钮，如图 11-20 所示。

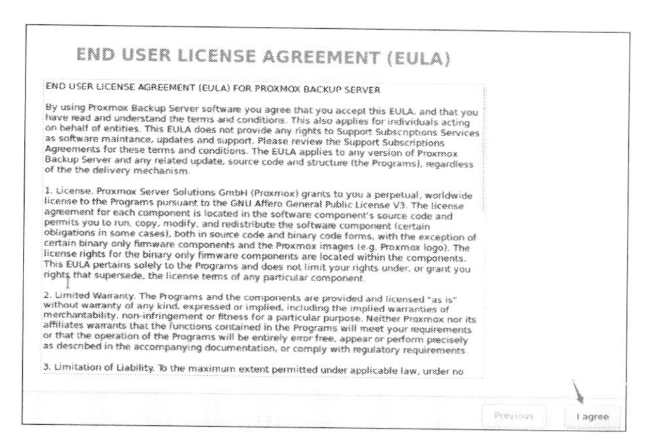

图 11-20

第三步：选择 PBS 安装位置。从前面的规划可知，存储区域至少有两个，一个小的区域用于安装系统，另一个用于 Proxmox VE 虚拟机或者容器的备份。因此要核实一下，确保 PBS 被安装到较小区域的磁盘空间（安装到固态硬盘 SSD）。

单击目标硬盘“Target Harddisk”右侧的按钮“Options”，可对磁盘做更精细的设置（如图 11-21 所示），比如指定目标安装盘的文件系统类型、更改默认交换分区（Swap）的大小，Proxmox Backup Server 交换分区 Swap 默认值为 8GB。

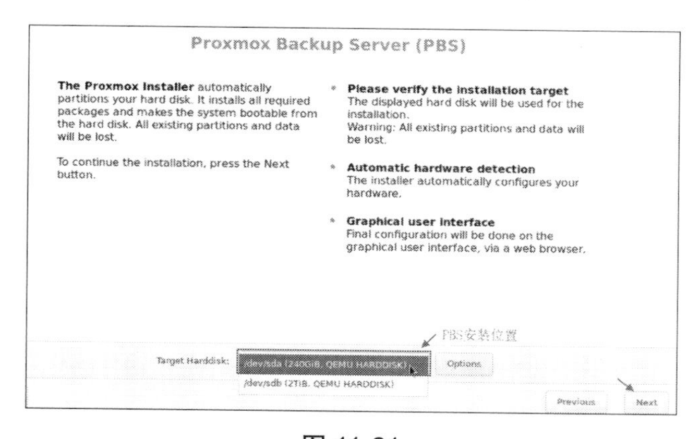

图 11-21

第四步：设置时区。可以手动输入China，能自动补齐匹配其他项，如图11-22所示。

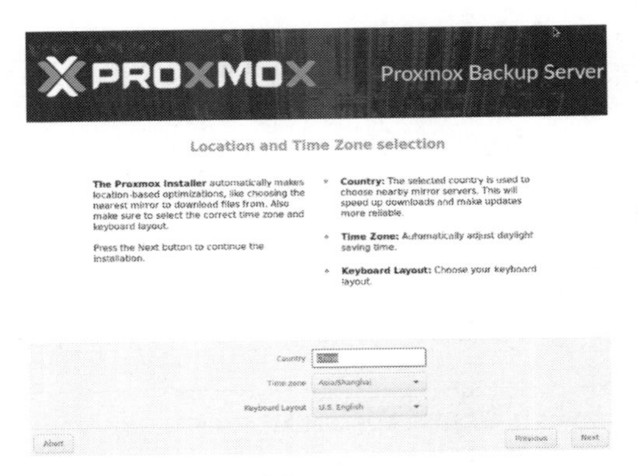

图 11-22

第五步：设置管理员账号“root”密码，越复杂越好。默认的邮件地址的值，无法通过验证，把后缀随便改一下，比如改成com或者net，就可以往下进行，如图11-23所示。

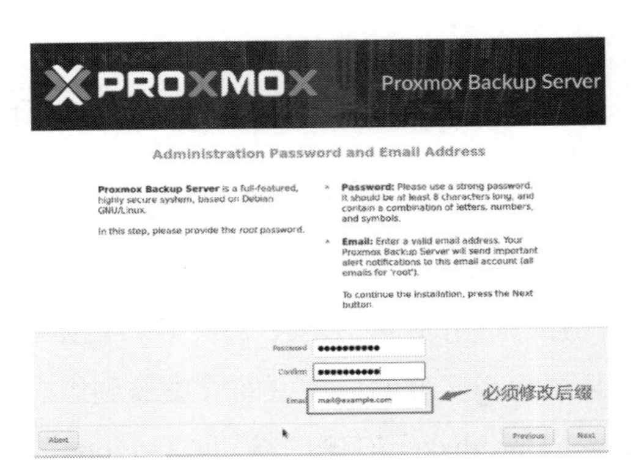

图 11-23

第六步：设置网络参数。主机名必须修改，IP地址会根据资源规划进行填写，一定不要跟网络内的其他系统地址相冲突，如图11-24所示。

Management Network Configuration

Please verify the displayed network configuration. You will need a valid network configuration to access the management interface after installing.

After you have finished, press the Next button. You will be shown a list of the options that you chose during the previous steps.

- IP address (CIDR): Set the main IP address and netmask for your server in CIDR notation.
- Gateway: IP address of your gateway or firewall.
- DNS Server: IP address of your DNS server.

Management Interface: ens18 - 1a:62:11:a8:58:0b (virtio_net)
Hostname (FQDN): pbs.example.com 必须修改
IP Address (CIDR): 172.16.98.240 / 24
Gateway: 172.16.98.170
DNS Server: 158.226.240.68
Previous Next

图 11-24

第七步：设置信息汇总。确认无误后，单击“Install”按钮进行正式安装与文件拷贝，如图 11-25 所示。

Summary

Please confirm the displayed information. Once you press the **Install** button, the installer will begin to partition your drive(s) and extract the required files.

Option	Value
Filesystem:	ext4
Disk(s):	/dev/sda
Country:	China
Timezone:	Asia/Shanghai
Keymap:	en-us
Email:	mail@example.com
Management Interface:	ens18
Hostname:	pbs
IP CIDR:	172.16.98.240/24
Gateway:	172.16.98.170
DNS:	159.226.240.66

Automatically reboot after successful installation

Previous Install

图 11-25

与 Proxmox Backup Server 1.X 版本相比较，PBS 2.0 多了一个选项“Automatically reboot after successful installation”（如图 11-25 所示）。如果不勾选此项目，系统不会像 PBS 1.X 版本那样，安装完系统后强制重启，而是出现一个安装成功的汇总界面，如图 11-26 所示。单击“Reboot”按钮，重启 Proxmox Backup Server，才会真正使安装生效。

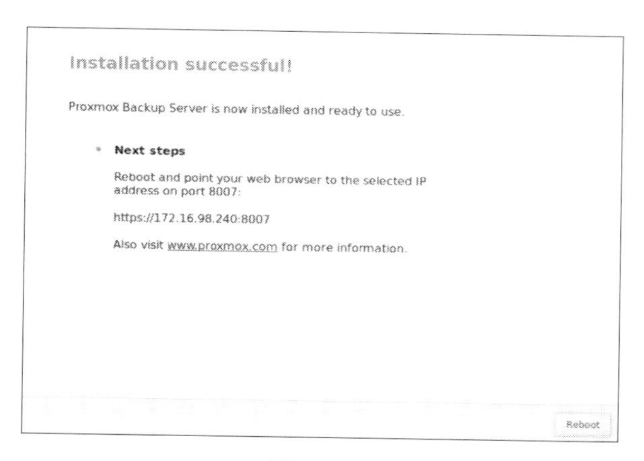

图 11-26

第八步：验证 Proxmox Backup Server 安装的正确性。用 SSH 客户端登录 Proxmox Backup Server 系统或者用浏览器访问 Proxmox Backup Server 服务的 URL 地址：https://172.16.98.240:8007，弹出管理后台登录界面，输入用户名“root”及安装过程设定的密码，进入管理后台，即可判断 PBS 的安装完全合格。

另外一台服务器（辅助 Proxmox Backup Server）的部署跟上述步骤完全相同（主机名、IP 地址除外），这里不再赘述。

11.5.2 配置主 Proxmox Backup Server

PBS 配置大致分为登录 Web 后台、创建存储账号、初始化存储空间、存储空间授权几个个步骤，可按以下步骤进行。

第一步：登录 PBS 的 Web 管理后台。在安装完 Proxmox Backup Server 系统最后一个界面，或者系统引导完毕以后，都可以直观地了解到后台管理的登录方式，如图 11-27 所示。

图 11-27

在远端浏览器地址栏输入上述 URL，弹出登录界面，账号就是 root，其密码在安装过程中已经设定，如图 11-28 所示。

图 11-28

第二步：创建存储账号，用于 Proxmox VE 中客户端或其他 Linux Proxmox-backup-client 登录进行认证。登录 PBS 的 Web 管理后台，从左侧主菜单“配置”→“Access 控制”进入，单击“添加”按钮，弹出“添加：用户”对话框，然后手动输入用户名及密码，勾选“已启用”，如图 11-29 所示。注意，用户名不需要加“@pbs”，只有在客户端连接的时候，需要把它作为后缀加上。

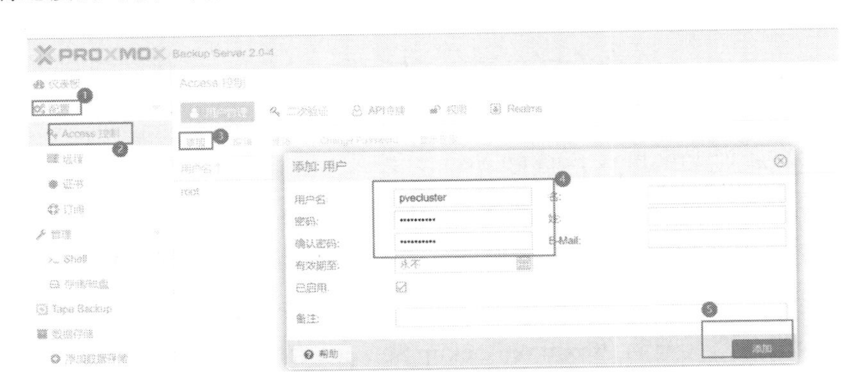

图 11-29

重复上述操作，创建好两个账号，用于不同的集群或主机共用此 Proxmox Backup Server 进行数据备份，如图 11-30 所示。

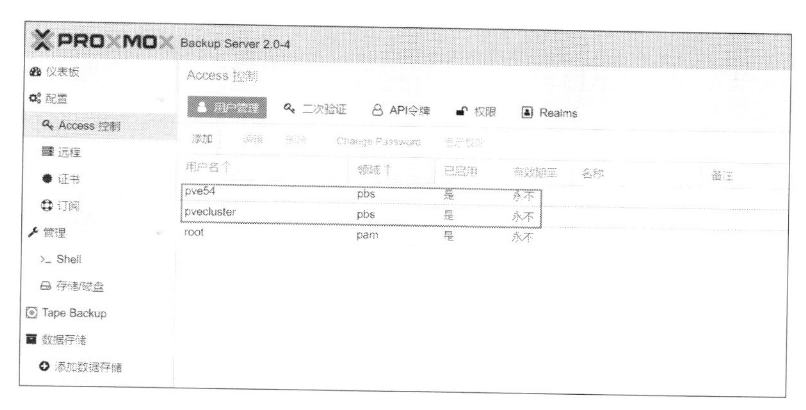

图 11-30

第三步：初始化存储空间。确保用于备份的存储空间能被系统识别，并且其上没有数据。如果有数据则先备份到其他位置，执行指令“wipefs –a /dev/sdb”清理干净。

（1）选择需要初始化的数据磁盘，如图 11-31 所示。

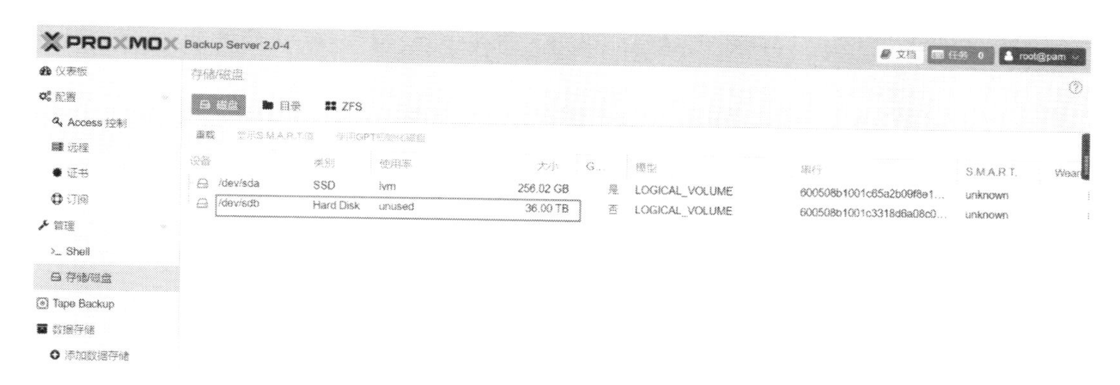

图 11-31

（2）创建目录，作为磁盘设备的挂载点，如图 11-32 所示。

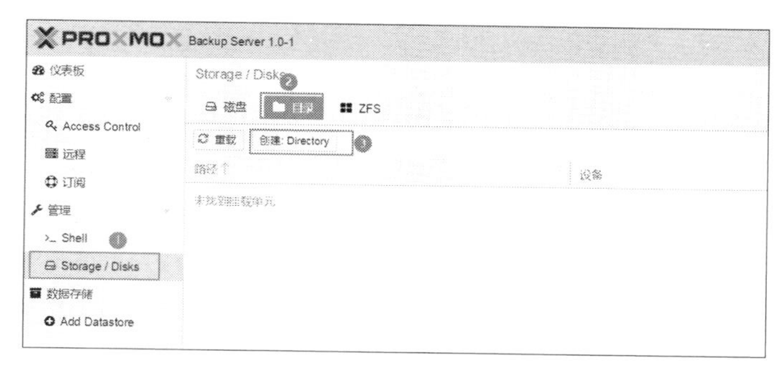

图 11-32

（3）填写或选择创建目录所需的参数，如图 11-33 所示。如果创建目录的磁盘没有被自动识别，说明该预留磁盘有数据存在，需要按前述方法清理，然后再刷新页面，看是否被识别。

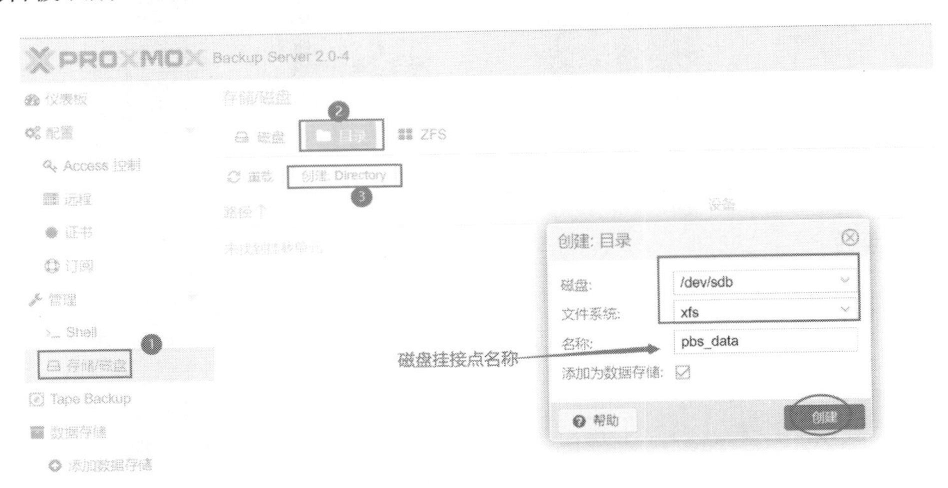

图 11-33

（4）创建好目录，返回菜单界面，单击“磁盘”按钮查看，观察磁盘“/dev/sdb”前后变化，如图 11-34 所示。

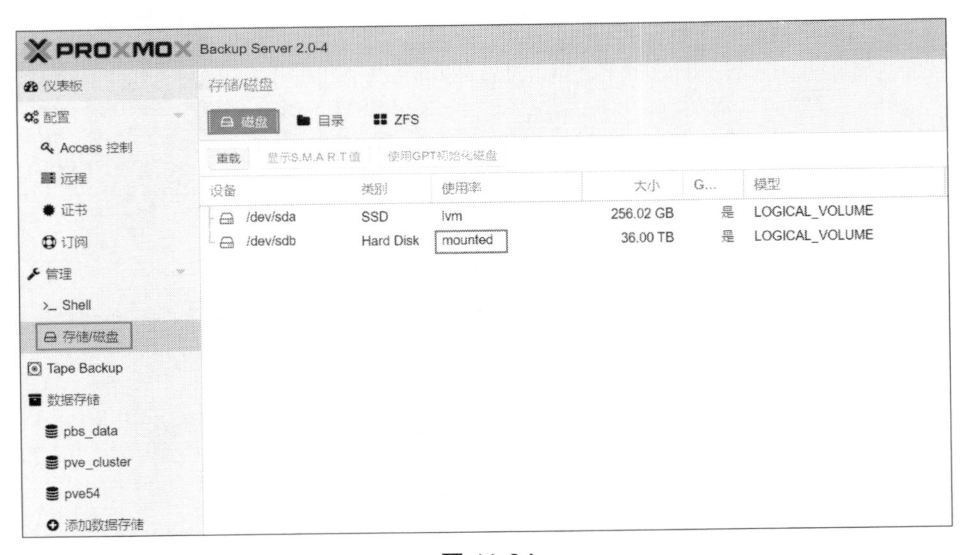

图 11-34

总结起来，上述 PBS 的 Web 管理后台进行的存储初始化就是磁盘分区、创建文件系统、创建挂载点“/mnt/datastore/data”，并进行挂载。登录 Proxmox Backup Server 宿主系统 Debian，查看挂载的实质，如图 11-35 所示。

```
root@pbs250:~# more /etc/proxmox-backup/datastore.cfg
datastore: pbs_data
        path /mnt/datastore/pbs_data        ←── 映射关系不在/etc/fstab

datastore: pve_cluster
        comment
        gc-schedule sat 18:15
        keep-daily 7
        path /mnt/datastore/pbs_data/pve_cluster
        prune-schedule sat 20:15

datastore: pve54
        comment
        gc-schedule daily
        keep-daily 10
        path /mnt/datastore/pbs_data/pve54
        prune-schedule daily
root@pbs250:~# df -h
Filesystem             Size  Used Avail Use% Mounted on
udev                    16G     0   16G   0% /dev
tmpfs                  3.2G  1.2M  3.2G   1% /run
/dev/mapper/pbs-root   210G  2.5G  197G   2% /
tmpfs                   16G     0   16G   0% /dev/shm             挂载点
tmpfs                  5.0M     0  5.0M   0% /run/lock
/dev/sdb1               33T  1.7T   32T   6% /mnt/datastore/pbs_data
tmpfs                  3.2G     0  3.2G   0% /run/user/0
root@pbs250:~#
```

图 11-35

第四步：设定备份路径。初始化存储完毕后，在 Proxmox Backup Server 的 Web 管理后台的左侧菜单“数据存储”之下多了一个“pbs_data”的子菜单。把此菜单当成存储的父目录（实际是磁盘设备“/dev/sdb1”的挂载点），无须理会。单击“数据存储”选项下的“添加数据存储”，弹出“添加：数据存储”对话框，在“名称”“Backing Path”（备份路径）等输入框输入内容，如图 11-36 所示。

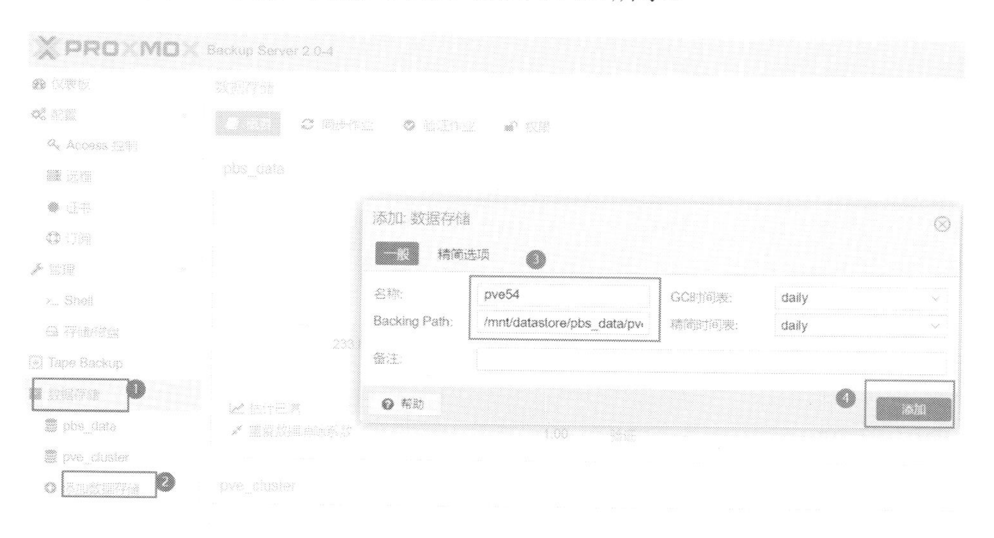

图 11-36

备份路径必须填写绝对路径，即存储挂载点加子目录名，比如“/mnt/datastore/pbs_data/pve54”。接着再执行“添加数据存储”，创建子目录“/mnt/datastore/pbs_data/pve_cluster”。不同的路径对应不同的 Proxmox VE 集群或主机备份，pve54 主机，备份的路径是“/mnt/datastore/pbs_data/pve54”;Proxmox VE 集群，所对应的备份路径是“/mnt/datastore/pbs_data/pve_cluster”。

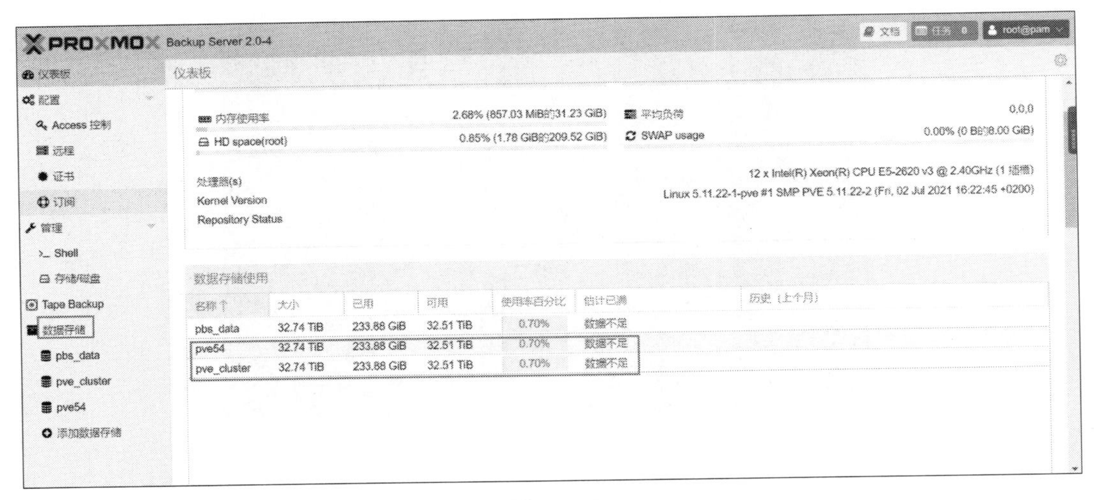

图 11-37

第五步：存储授权。第四步创建了两个子目录“pve_cluster”与“pve54”，分别用于不同的 Proxmox VE 虚拟机备份，如图 11-37 所示。现在需要进行授权操作，把目录“pve_cluster”指定给用户“pve_cluster”，目录“pve54”指定给用户“pve54”。选择“数据存储”选项下的“pve_cluster”选项，单击“权限”→“添加”，弹出“添加：用户权限”对话框，在对话框“用户”“角色”输入框选相关选项，如图 11-38 所示。

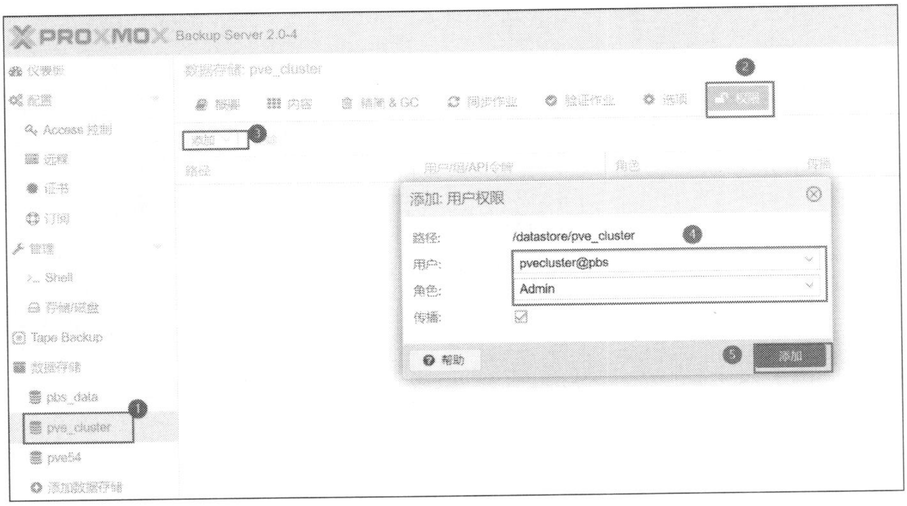

图 11-38

重复这个步骤，把 pve54 目录也做好授权，如图 11-39 所示。

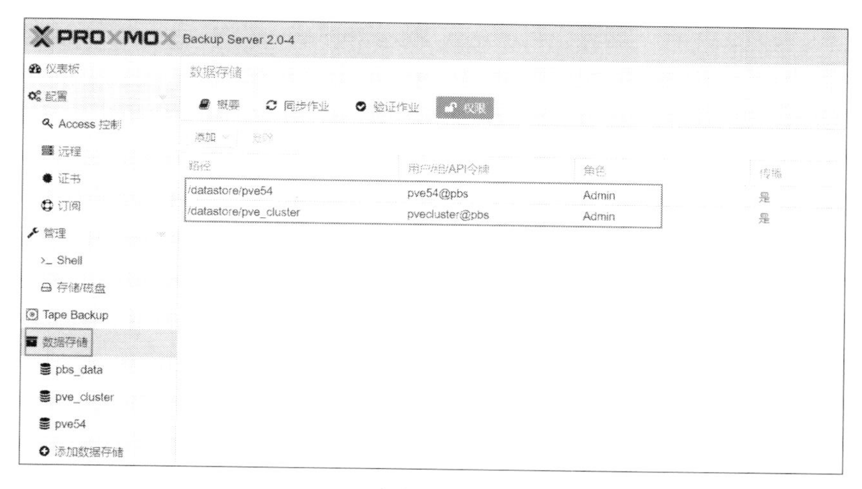

图 11-39

如果对安全级别有要求，可以对权限做更精细的控制，因为这里所有系统处于受保护的内部网络，因此数据存储的授权角色选“Admin”。

11.5.3 将 Proxmox VE 连接到 Proxmox Backup Server

在 Proxmox VE 备份体系结构中，Proxmox VE 是作为备份的客户端，以推送方式把数据传输到 Proxmox Backup Server。

将 Proxmox VE 连接到 Proxmox Backup Server 的操作步骤如下。

第一步：通过浏览器登录 Proxmox VE 的 Web 管理后台，单击左侧菜单“数据中心”→“存储”→“添加”，选择“Proxmox Backup Server”，如图 11-40 所示。

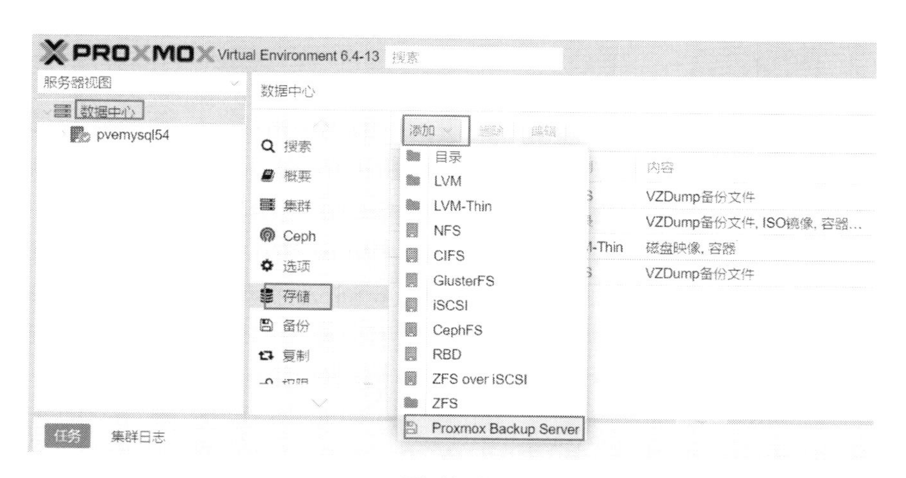

图 11-40

第二步：在弹出的“添加：Proxmox Backup Server”对话框填写远程 Proxmox Backup Server 相关信息。按 PBS 设定的内容，输入到对应的输入框，如图 11-41 所示。注意，用户名加了后缀 @pbs！

图 11-41

第三步：获取指纹信息。切换到 Proxmox Backup Server 的 Web 管理后台，可从 PBS 的“仪表盘”面板单击“显示指纹”按钮获取并复制，如图 11-42 所示。

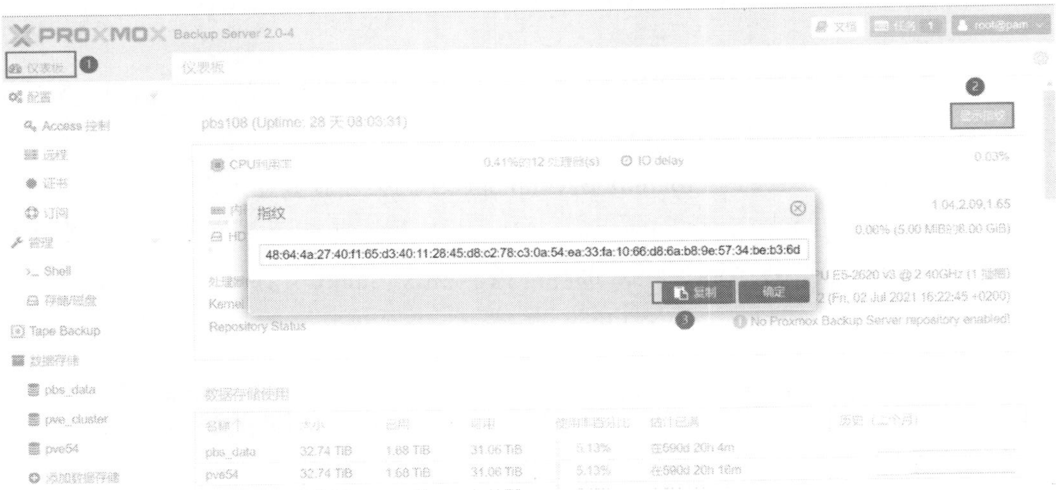

图 11-42

第四步：切换回 Proxmox VE 的 Web 管理后台，把从 Proxmox Backup Server 拷贝来的指纹信息复制到“添加：Proxmox Backup Server”对话框的“指纹”输入框，然后单击“添加”按钮，如图 11-41 所示。

第五步：客户端连接 Proxmox Backup Server 正确性验证。客户端与服务器端连接正常的话，从客户端 Proxmox VE 的 Web 管理后台可以很直观地查看，如图 11-43 所示。

图 11-43

第六步：重复前面的步骤，把另一个客户端（Proxmox VE 集群）也连接到 Proxmox Backup Server，在“添加：Proxmox Backup Server”对话框填写的内容如图 11-44 所示。

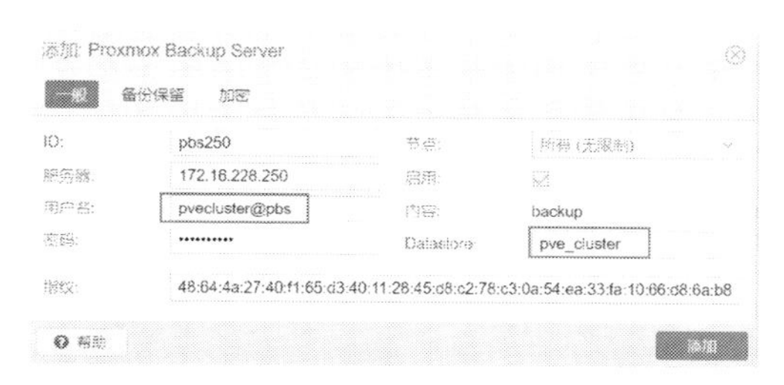

图 11-44

第七步：设置备份数据的保留天数。在 Proxmox Backup Server 的 Web 管理后台选择“数据存储”之下创建的子目录“Pue_cluster”，再单击页面中上部菜单“精简 &&GC”，继续单击下一级菜单“编辑”，“保留天数”输入框填写数字“7”，单击“确定”按钮，如图 11-45 所示。另一个存储子目录“pve54”也做相应的保留天数设置，这里不再赘述。

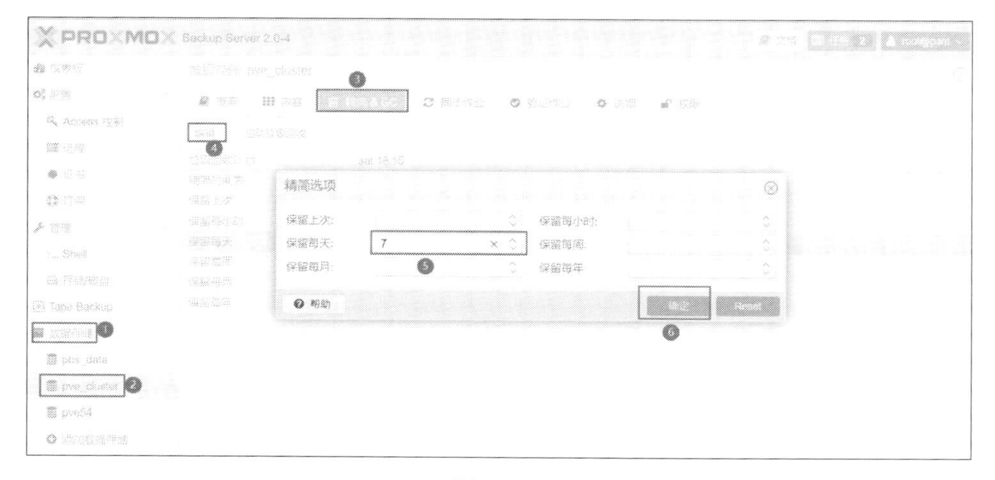

图 11-45

11.5.4 将 Proxmox VE 备份到 Proxmox Backup Server 功能测试

分别从 Proxmox VE 集群和 Proxmox VE 单节点进行手动备份，备份完毕，检查备份文件的生成情况，看是否符合预期。

1. 从 Proxmox VE 单节点手动备份

在 Proxmox VE 的 Web 管理后台随机选择一个虚拟机，单击“备份”选择刚设定成功的 pbs250，确认无误后，单击页面“立即备份”选项，如图 11-46 所示。

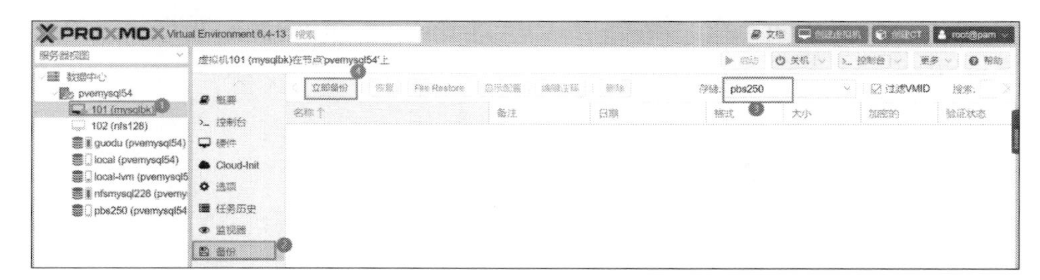

图 11-46

备份过程和进度可在 Proxmox Backup Server 的 Web 管理后台查看，如图 11-47 所示。

图 11-47

2. 从 Proxmox VE 集群手动备份

从 Proxmox VE 集群手动备份与 Proxmox VE 单节点备份过程完全相同，不再赘述。

手动备份功能测试如果没有问题，接下来可以在 Proxmox VE 设定自动备份任务，作为正式生产环节的一部分。

11.5.5 设置 Proxmox VE 集群自动备份

Proxmox VE 集群与 Proxmox VE 单节点自动备份设置方法是完全相同的，因此后面的操作不必再做区分。

第一步：登录 Proxmox VE 的 Web 管理后台，依次选择“数据中心”→“备份”，单击页面中上部“添加”菜单按钮，如图 11-48 所示。

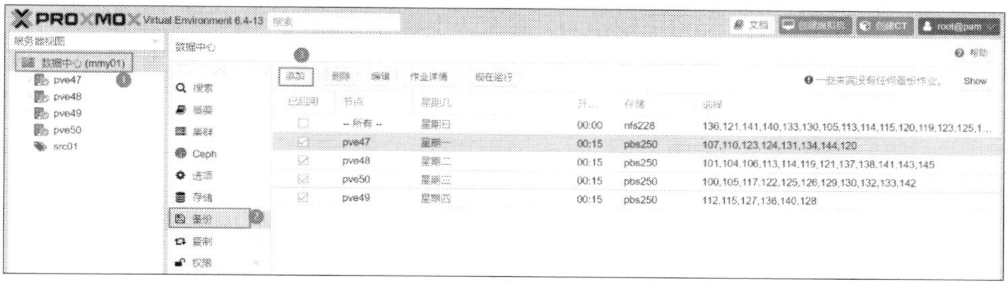

图 11-48

第二步：创建备份，勾选需要备份的虚拟机（测试机、多虚拟机负载均衡可只选取一个进行备份），从下拉列表选取设定好的远端 Proxmox Backup Server “pbs250”，再根据实际情况设定自动备份开始时间（一般建议在凌晨开始备份，避开应用访问高峰期）、一周备份几次（属于复选，可选星期一到星期日任意天数）。确认无误后，单击“创建”按钮使设置生效，如图 11-49 所示。

图 11-49

在 Proxmox VE 宿主系统 Debian 下，备份任务定义在文件“/etc/pve/vzdump.cron”中，如图 11-50 所示。

```
root@pve48:~# more /etc/pve/vzdump.cron
# cluster wide vzdump cron schedule
# Automatically generated file - do not edit

PATH="/usr/sbin:/usr/bin:/sbin:/bin"

15 0 * * 1           root vzdump 107 110 123 124 131 134 144 120 --storage pbs250 --mailnotification always --mailto sery@163.
com --node pve47 --quiet 1 --mode snapshot
15 0 * * 2           root vzdump 101 104 106 113 114 119 121 137 138 141 143 145 --mailnotification always --storage pbs250 --
node pve48 --quiet 1 --mode snapshot
15 0 * * 3           root vzdump 100 105 117 122 125 126 129 130 132 133 142 --storage pbs250 --mode snapshot --quiet 1 --node
 pve50 --mailto sery@163.com --mailnotification always
15 0 * * 4           root vzdump 112 115 127 136 140 128 --storage pbs250 --compress zstd --mailto sery@163.com --mailnotifica
tion always --mode snapshot --quiet 1 --node pve49
root@pve48:~# pwd
/root
root@pve48:~# /etc/pve/vzdump.cron
```

远端Proxmox Backup Server

图 11-50

问题来了，如果有虚拟机或者容器一天内需要频繁备份多次怎么办？解决办法是对同一个虚拟机多创建几个备份任务，在同一天设定多个不同的开始时间。各位读者可以试着更改文件“/etc/pve/vzdump.cron”，看效果如何。

第三步：自动备份验证。登录 Proxmox Backup Server 的 Web 管理后台，在左侧菜单“数据存储”选择设定好的备份子目录“pve54”，接着单击页面中上部“内容”菜单按钮，即可看到已经成功备份的虚拟机的状况，如果同一个虚拟机有多个备份，单击虚拟机 ID 前面的加号“+”可打开折叠内容，进一步查看其他信息，如图 11-51 所示。

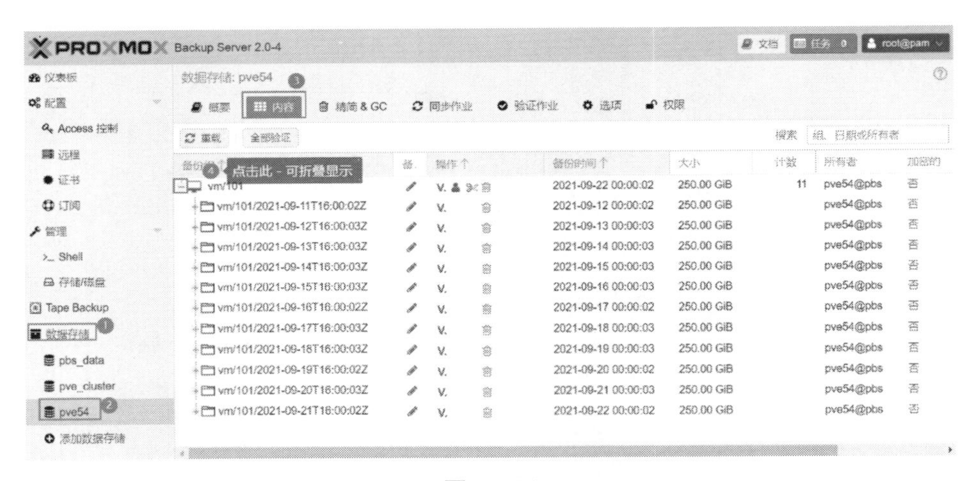

图 11-51

在 Proxmox VE 上恢复备份到 Proxmox Backup Server 虚拟机的方法，与 11.4.2 节完全相同，这里不再赘述。

11.6 把 PBS 的数据同步到另一个 PBS

与 NFS 备份 Proxmox VE 上的虚拟机或容器相比较，PBS（Proxmox Backup

Server）的效率要高很多，特别是备份速度。虽然如此，但万一 PBS 数据丢失，后果不堪设想。而用 NFS 做备份，则可用 Rsync 把备份数据同步到另外一个系统上，从而使 PVE 至少有两个异地副本。

把 PBS 从 1.X 升级到 2.X，在 Proxmox Backup Server 的 Web 管理后台会发现，除了多一个磁带机支持，还增加了一个菜单项“远程”（如图 11-52 所示），它有什么用途呢？

图 11-52

“远程”功能是用于 PBS 远程同步的。官方文档对于“远程”功能的描述是“远程服务指一个独立安装的 PBS 服务器，它的作用是从远端同步数据到本地存储”。具体是怎样的同步结构，没有进一步明确说明。笔者根据理解与实践画出了大致的结构，如图 11-53 所示，供大家参考。

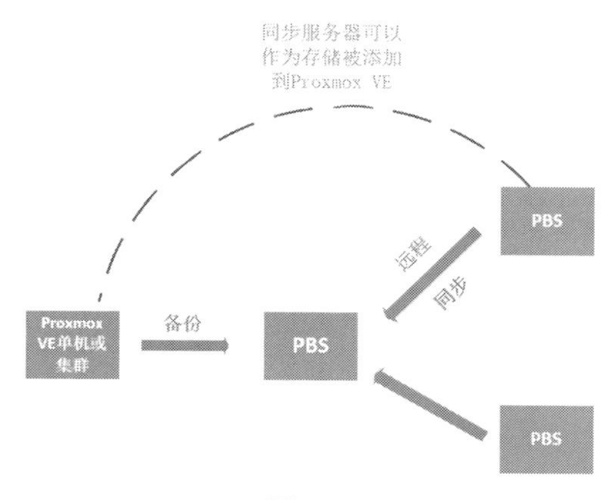

图 11-53

同步的工作机制是，Proxmox VE 将数据备份到主 PBS（Proxmox Backup Server），备用 PBS 从主 PBS 抓取数据并进行同步操作。可以把主 PBS 的数据同步到单个备用 PBS，也可以是多个，这样能进一步增加数据的可靠性。

现在，大家应该知道 11.5.1 节为什么使用两台服务器了吧？

11.6.1 为辅助 PBS 进行同步配置

因辅助 PBS 与主 PBS 资源配置完全相同，因此在 Web管理后台进行的操作也完全相同，具体步骤请参照 11.5.2 节相关内容，这里不再赘述。

辅助 PBS 也需要添加授权账号，但它仅在数据恢复时供客户端远程连接使用，而与主 PBS 进行同步时，是不需要这些账号的。

11.6.2 将主 PBS 的数据添加到辅助 PBS

备份数据同步，是从辅助 PBS 向主 PBS 发起的动作，主要的操作在辅助 PBS 进行。

浏览器登录到辅助 PBS 的 Web 管理后台，选择左侧菜单“远程”后，继续单击页面上部“添加”按钮，如图 11-54 所示。

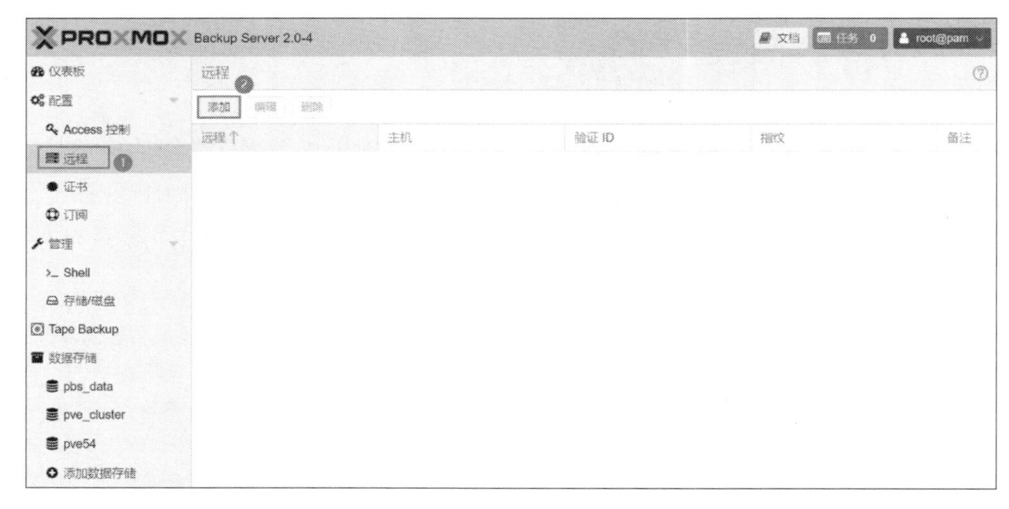

图 11-54

在弹出的“添加：远程”对话框中填写远程主 PBS 主机 IP 地址、用户名、密码，并复制其指纹，如图 11-55 所示。

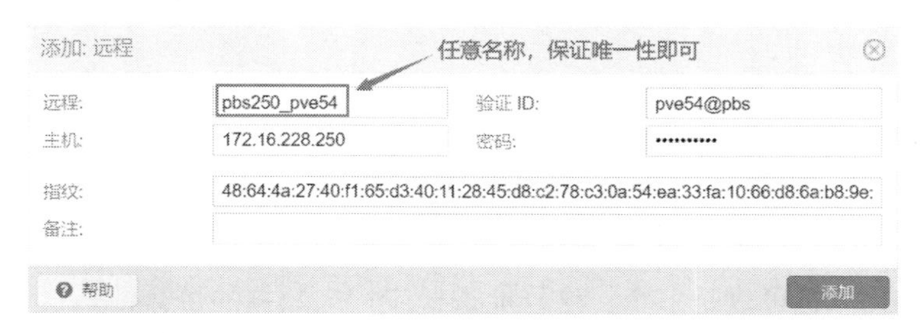

图 11-55

因主 PBS 上有两个备份目录，因此需要重复上述步骤将其添加到“远程”列表中，添加完远程主 PBS 后的状态如图 11-56 所示。

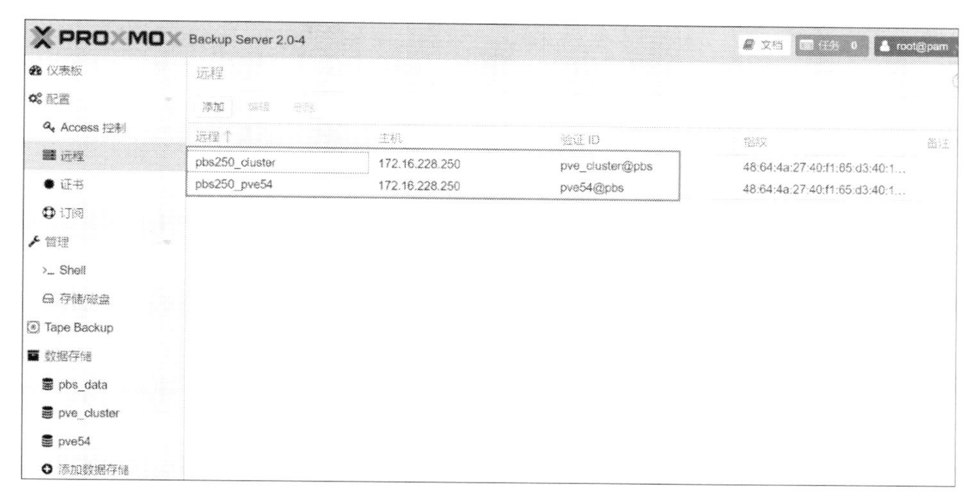

图 11-56

11.6.3 为辅助 PBS 添加同步作业

在完成添加远端主 PBS 以后，辅助 PBS 的 Web 管理后台选择菜单“数据存储”，然后单击页面顶部“同步作业”按钮，之后单击“添加”菜单，如图 11-57 所示。

图 11-57

在弹出的“添加：同步作业”对话框中添加所需的内容，根据前面步骤的设定，全部从下拉列表中选取，不需要手动输入，如图 11-58 所示。

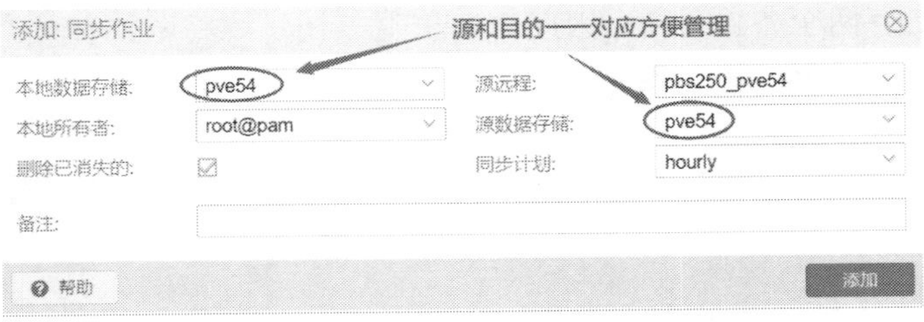

图 11-58

重复这个过程，把主 PBS 余下的子目录也添加到同步作业，添加完成后的状态如图 11-59所示。

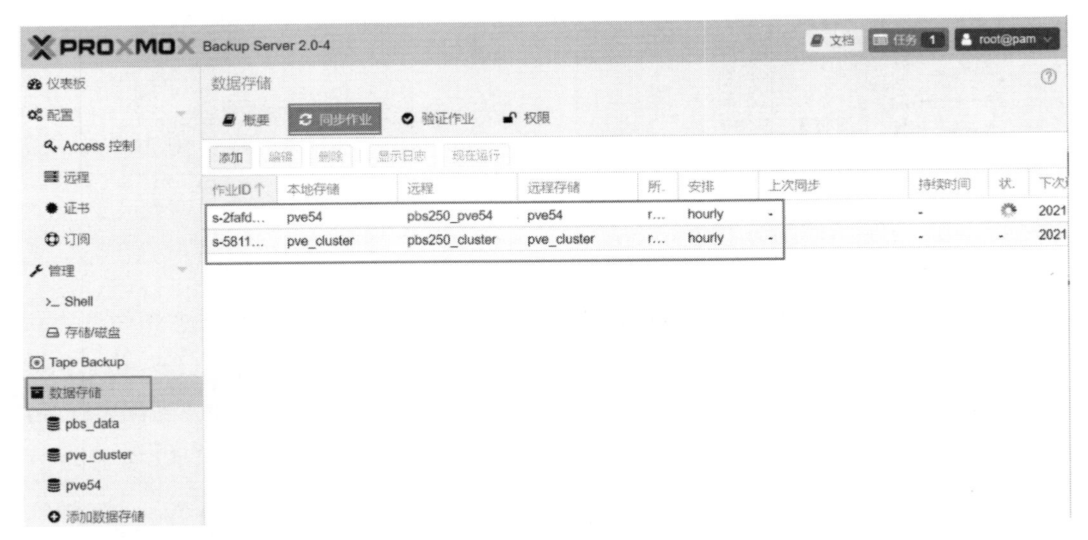

图 11-59

为验证与主PBS数据同步的正确性，可在PBS的Web管理后台选取任一同步作业，接着单击上部“现在运行”按钮，切换到主PBS的Web管理后台，将看到页面右上部“任务”按钮多了一个数字“1”，单击此按钮，可看到任务的详情，如图 11-60 所示。

图 11-60

等到同步操作完成以后，切换到辅助 PBS 的“数据存储”子菜单，选择已经同步数据的子目录“pve54”，单击“内容”按钮查看其内容，与主 PBS 做一个大致的比较，如图 11-61 所示。

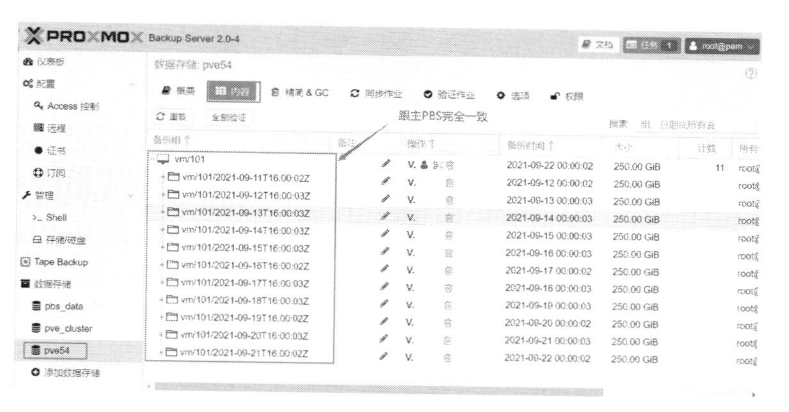

图 11-61

为了验证同步数据的可靠性，可以用备份 PBS 的数据在 Proxmox VE 做一次恢复操作。

11.7 备份非 Proxmox VE 系统数据到 Proxmox Backup Server

Proxmox 提供了“proxmox-backup-client”针对 CentOS 7 和 CentOS 8 的 rpm 封装包，其下载地址为：https://github.com/sg4r/proxmox-backup-client/releases/download/v1.0.11/proxmox-backup-1.0.11-2.x86_64.el7.rpm 。在 CentOS 7.8 版本安装 PBS 客户端，就能把系统中需要备份的目录或者文件，备份到设定好的远程 PBS 对应的目录。

11.7.1 安装客户端软件 Proxmox-backup-client

SSH 客户端登录到源系统 CentOS，在命令行下用以下步骤安装 Proxmox-backup-client。

第一步：安装软件“sg3_utils”。CentOS 客户端软件 Proxmox-backup-client 依赖动态链接库文件“/usr/lib64/libsgutils2.so.2.0.0”，因此系统必须安装包“sg3_utils”，具体的指令如下：

```
yum install sg3_utils
```

假如不安装这个软件包，在执行 proxmox-backup-client 指令的时候，会因为报错而不能进行备份操作，如图 11-62 所示。

```
[root@mon135 ~]# proxmox-backup-client -h
proxmox-backup-client: error while loading shared libraries: libsgutils2.so.2: cannot open shared object file: No such file or
 directory
[root@mon135 ~]#
```

图 11-62

第二步：下载软件 Proxmox-backup-client 到本地目录，指令如下：

```
wget https://github.com/sg4r/proxmox-backup-client/releases/download/
v1.0.11/proxmox-backup-1.0.11-2.x86_64.el7.rpm
```

第三步：安装软件 proxmox-backup-server，指令如下：

```
yum localinstall proxmox-backup-1.0.11-2.x86_64.el7.rpm
```

安装过程会有两个依赖一起安装，如图 11-63 所示。

```
Dependencies Resolved
================================================================================
 Package          Arch        Version         Repository                          Size
================================================================================
Installing:
 proxmox-backup   x86_64      1.0.11-2        /proxmox-backup-1.0.11-2.x86_64.el7  26 M
Installing for dependencies:
 fuse3-libs       x86_64      3.6.1-4.el7     extras                               82 k
 libzstd          x86_64      1.5.0-1.el7     epel                                370 k

Transaction Summary
================================================================================
Install  1 Package (+2 Dependent packages)
```

图 11-63

第四步：验证安装的正确性。命令行任意路径执行“proxmox-backp-client version”，输出版本号并且没有任何报错信息，即为合格。

11.7.2 远端 Proxmox Backup Server 设置备份路径并授权

浏览器登录 Proxmox Backup Server 的 Web 管理后台，添加单独的账号、存储目录及授权，如图 11-64 所示。

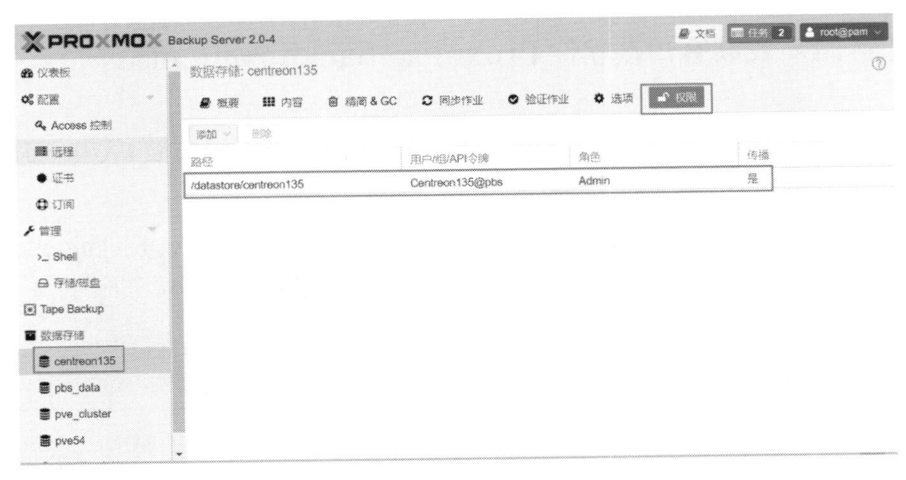

图 11-64

创建了用户“centreon135”，目录“/mnt/datastore/pbs_data/centreon135”，远程客户端将以账号“centreon135@pbs”连接到 PBS，并把数据备份到子目录“centreon135”，不与其他备份目录相混淆。

11.7.3 从 CentOS 备份数据到 PBS

数据备份是一个长期行为，为了验证备份的可靠性，先手动对源数据进行备份，正确无误后，再用 crond 工具“crontab”编辑自动备份任务。

1. 手动备份数据目录“/var/lib/mysql”到 PBS

分两步进行，先做 PBS 登录，将 PBS 指纹、登录密码等保存到 CentOS 本地，再进行数据同步。

第一步：PBS 客户端登录。用户名、密码等信息来自 PBS 的 Web 管理后台的设定，登录的具体指令如下：

```
proxmox-backup-client login --repository centreon135@pbs@172.16.228.25
0:8007:centreon135
```

第一次登录需要输入登录账号“centreon135”的密码，并进行两次 PBS 指纹确认，如图 11-65 所示。登录操作为可选项，如果直接执行备份，命令会以交互方式，进行密码输入及指纹信息确定。

图 11-65

第二步：备份数据库数据目录“/var/lib/mysql”到 PBS 的设定的子目录“centreon135”，指令如下：

```
proxmox-backup-client backup mysql.pxar:/var/lib/mysql --repository
centreon135@pbs@172.16.228.250:8007:centreon135
```

此操作不需要输入密码，执行过程会由屏幕输出，如图 11-66 所示。

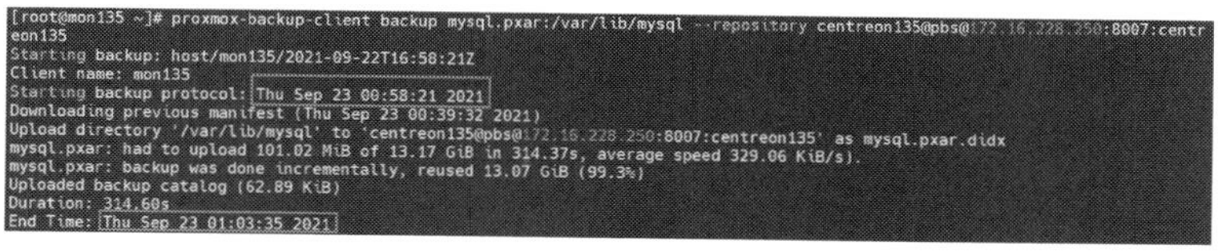

图 11-66

执行这个 14GB 大小的数据库数据目录，仅仅用了 5 分钟，速度比 Rsync 或 Scp

快很多。

第三步：验证备份。浏览器登录 Proxmox Backup Server 的 Web 管理后台，通过查看存储子目录的内容，确定备份是否成功，如图 11-67 所示。

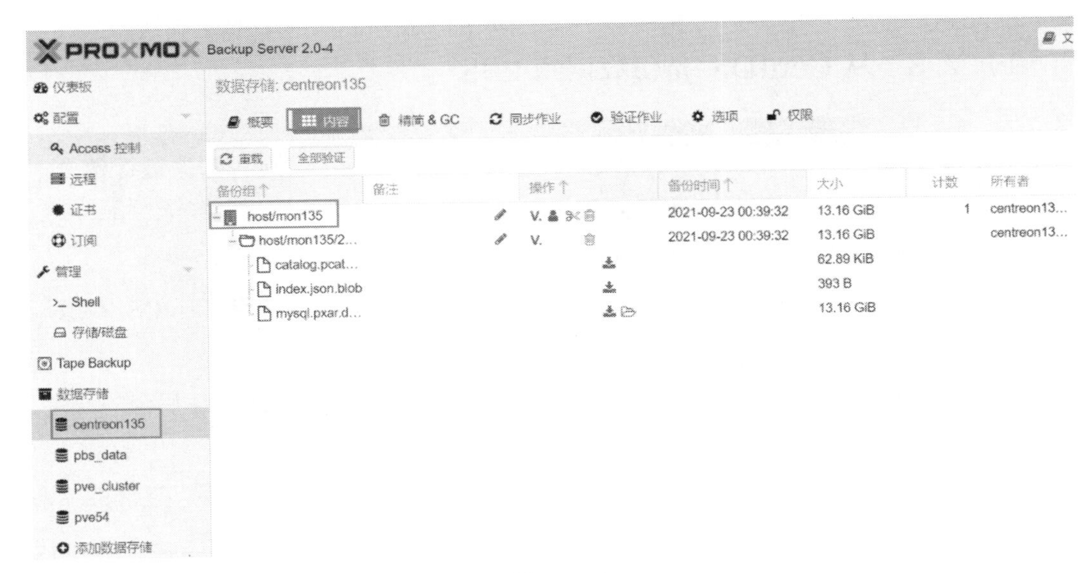

图 11-67

另外，从 CentOS 命令行，也可以查看数据在 PBS 的存储情况，具体的指令如下：

```
proxmox-backup-client snapshot list --repository centreon135@pbs@172.16.228.250:8007:centreon135
```

执行后，将以表格的形式进行屏幕输出，如图 11-68 所示。

```
[root@mon135 ~]#  proxmox-backup-client snapshot list --repository centreon135@pbs@172.16.228.250:8007:centreon135
```

snapshot	size	files
host/haproxy196/2021-09-22T17:04:16Z	169.12 KiB	catalog.pcat1 haprxoy.pxar index.json
host/mon135/2021-09-22T16:39:32Z	13.16 GiB	catalog.pcat1 index.json mysql.pxar

图 11-68

2. 自动备份数据目录“/var/lib/mysql”到 PBS

因为需要输入密码，因此难以在一条 crontab 语句中实现自动备份作业，需要先编写一个 Shell 脚本，然后再将此编辑在 Crontab 之中，就可以达到目的。

第一步：编写脚本文件“/usr/bin/mysql_pbs.sh”，其完整内容如下：

```
#!/bin/bash
source /etc/profile
export PBS_PASSWORD="dweu72U%de"
proxmox-backup-client backup mysql.pxar:/var/lib/mysql  --repository
centreon135@pbs@172.16.228.250:8007:centreon135
```

用指令“chmod +x /usr/bin/mysql_pbs.sh”授予此 Shell 脚本可执行权限，然后执行此脚本，验证其正确性。

第二步：用指令“crontab -e”编制计划任务，插入行“05 02 * * * /usr/bin/mysql_pbs.sh”，保存生效，等到凌晨 2:05，观察日志“/var/log/cron”确认计划任务是否执行，如图 11-69 所示。

```
[root@mon135 ~]# tail -f /var/log/cron
Sep 23 02:03:56 mon135 crontab[6900]: (root) BEGIN EDIT (root)
Sep 23 02:04:01 mon135 CROND[6939]: (apache) CMD (/opt/rh/rh-php72/root/usr/bin/php -q /usr/share/centreon/cron/centAcl.php >>
 /var/log/centreon/centAcl.log 2>&1)
Sep 23 02:04:47 mon135 crontab[6900]: (root) REPLACE (root)
Sep 23 02:04:47 mon135 crontab[6900]: (root) END EDIT (root)
Sep 23 02:04:56 mon135 crontab[7181]: (root) LIST (root)
Sep 23 02:05:01 mon135 CROND[7203]: (root) CMD (/usr/bin/mysql_pbs.sh)
Sep 23 02:05:01 mon135 CROND[7205]: (centreon) CMD (/opt/rh/rh-php72/root/usr/bin/php -q /usr/share/centreon/cron/centKnowledg
eSynchronizer.php >> /var/log/centreon/knowledgebase.log 2>&1)
Sep 23 02:05:01 mon135 CROND[7204]: (apache) CMD (/opt/rh/rh-php72/root/usr/bin/php -q /usr/share/centreon/cron/downtimeManage
r.php >> /var/log/centreon/downtimeManager.log 2>&1)
Sep 23 02:05:01 mon135 CROND[7206]: (apache) CMD (/opt/rh/rh-php72/root/usr/bin/php -q /usr/share/centreon/cron/centAcl.php >>
 /var/log/centreon/centAcl.log 2>&1)
Sep 23 02:06:01 mon135 CROND[7559]: (apache) CMD (/opt/rh/rh-php72/root/usr/bin/php -q /usr/share/centreon/cron/centAcl.php >>
 /var/log/centreon/centAcl.log 2>&1)
Sep 23 02:07:01 mon135 CROND[7855]: (apache) CMD (/opt/rh/rh-php72/root/usr/bin/php -q /usr/share/centreon/cron/centAcl.php >>
 /var/log/centreon/centAcl.log 2>&1)
```

图 11-69

从上述日志输出可知，自动备份作业调用正常。切换到 PBS 的 Web 管理后台，查看“数据存储”相关子目录的内容，根据备份文件的时间戳，确认备份确实如所期待的那样。

11.7.4 CentOS 从 Proxmox Backup Server 备份中恢复数据

登录 CentOS 系统，命令行下执行指令“proxmox-backup-client snapshot list --repository centreon135@pbs@172.16.228.250:8007:centreon135”，从备份中列举与之相关的备份信息，根据输出进行恢复。

“proxmox-backup-client”恢复数据的指令参数及选项格式为“proxmox-backup-client restore --repository <strings><snapshot><archive-name><target> [OPTIONS]”，参数“snapshot”与“archive-name”的值，在前面的列举备份信息中获取。参数“target”为备份数据恢复到 CentOS 本地所指定的目录。

刚才把 CentOS 上的数据库数据目录“/var/lib/mysql” 成功备份到 PBS 的子目录“centreon135”，为了验证备份数据的正确性，再将此备份恢复到本地 CentOS 的“/tmp”目录，恢复后对比源目录，大致可以判断数据的有效性。

命令行执行如下指令进行恢复操作，来完成上述目标。

```
proxmox-backup-client restore  --repository centreon135@pbs@172.16.2
28.250:8007:centreon135 host/mon135/2021-09-22T16:39:32Z mysql.pxar /
tmp/mysql
```

指令执行过程没有报错即为正常恢复。如果想知道恢复进度，可登录 Proxmox

Backup Server 的 Web 管理后台，单击界面中“任务”按钮即可掌握恢复情况，如图 11-70 所示。

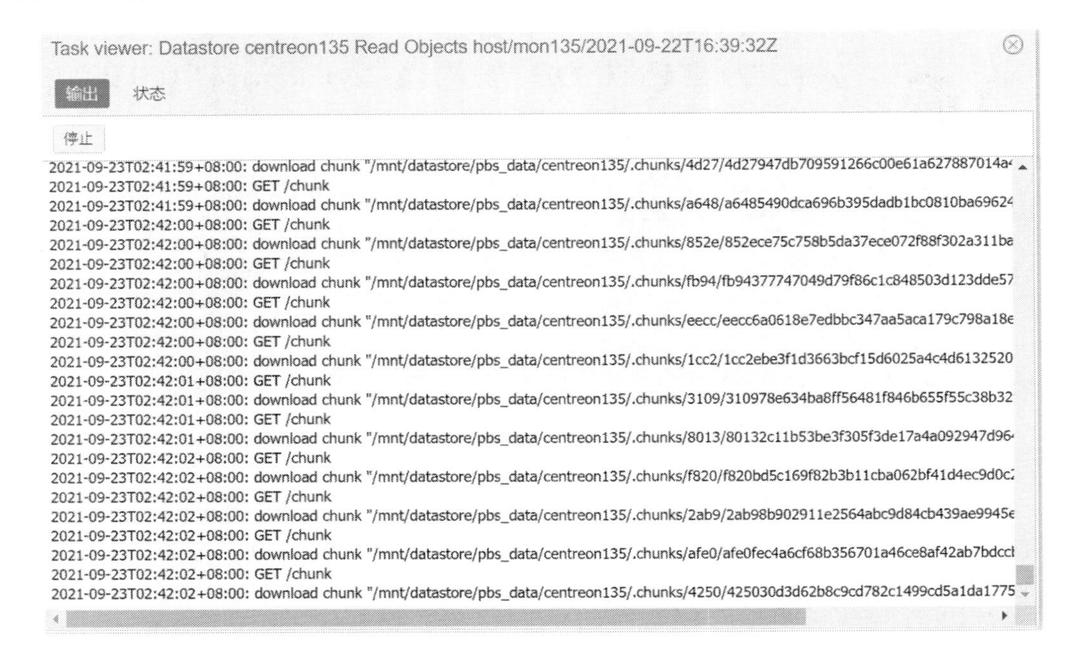

图 11-70

第12章 Proxmox VE 常见故障分析

本章内容仅为笔者在实际工作遇到的、具有一定普遍意义的故障的分析，不代表 Proxmox VE 的全部问题分析，望读者理解。

12.1 Proxmox VE 集群节点崩溃处理

Proxmox VE 集群节点崩溃的情况比较普遍，笔者有数次这样的遭遇，而在与 Proxmox VE 相关的 QQ 群、微信群中，也经常有 IT 技术人员咨询 Proxmox VE 集群节点崩溃相关的问题。

12.1.1 问题描述

在现有 Proxmox VE 集群加入一个物理节点，接着在此节点创建 Ceph 监视器、OSD。从集群节点任意宿主机系统 Debian 执行“ceph osd tree”查看状态，创建起来的几个 OSD 状态都正常（up），Proxmox VE 的 Web 管理后台状态展示也是健康的。

不知道什么原因，刚加入的节点突然离群，Web 管理界面节点前出现警告，如图 12-1 所示（从集群其他节点访问管理后台）。

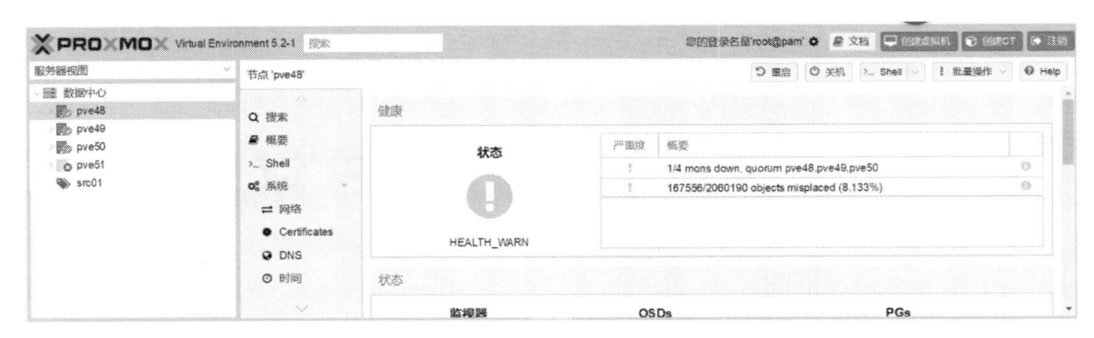

图 12-1

再进宿主机系统Debian查看OSD状态，一些OSD磁盘设备从“up”变成“down”，失联了。鉴于新增节点并未在其上创建虚拟机产生配置数据，于是就试试重启故障节点宿主系统Debian，看能不能自动恢复正常。重启以后，网络能通，SSH远程不能连接，用浏览器访问此节点的Proxmox VE的Web管理后台，也未能取得成功。因此，比较妥当的解决办法是把故障节点从Proxmox VE集群中驱逐，故障恢复以后，再将此节点加入集群。

12.1.2 从集群中删除故障节点

按操作顺序分两个步骤：从Proxmox VE集群中删除故障“ceph”和从Proxmox VE集群中删除物理节点。

1. 从集群中删除故障“ceph”

第一步：登录Proxmox VE集群任意物理节点宿主系统Debian（有故障的那个节点登录不上），执行如下命令查看CephOSD状态：

```
root@pve48:~# ceph osd tree
ID CLASS WEIGHT   TYPE NAME       STATUS REWEIGHT PRI-AFF
-1       18.00357 root default
-3        4.91006     host pve48
 0   hdd  1.63669         osd.0       up  1.00000 1.00000
 1   hdd  1.63669         osd.1       up  1.00000 1.00000
 2   hdd  1.63669         osd.2       up  1.00000 1.00000
-5        4.91006     host pve49
 3   hdd  1.63669         osd.3       up  1.00000 1.00000
 4   hdd  1.63669         osd.4       up  1.00000 1.00000
 5   hdd  1.63669         osd.5       up  1.00000 1.00000
-7        4.91006     host pve50
 6   hdd  1.63669         osd.6       up  1.00000 1.00000
 7   hdd  1.63669         osd.7       up  1.00000 1.00000
```

```
 8    hdd   1.63669          osd.8       up   1.00000 1.00000
-9          3.27338      host pve51
 9    hdd   1.63669          osd.9     down         0 1.00000
10    hdd   1.63669          osd.10    down         0 1.00000
```

从输出可知物理节点 pve51 的两个 OSD 存在问题，需要删除。

第二步：任意节点宿主系统 Debian 执行如下操作，把有问题的 CephOSD 离线：

```
root@pve48:~# ceph osd out osd.9
osd.9 is already out.
root@pve48:~# ceph osd out osd.10
osd.10 is already out.
```

操作时要仔细，防止把正常的“OSD”离线了。

第三步：删除已经离线 OSD 认证信息，执行的操作如下：

```
root@pve48:~# ceph auth del osd.9
updated
root@pve48:~# ceph auth del osd.10
updated
```

第四步：彻底删除存在故障的 OSD，操作如下：

```
root@pve48:~# ceph osd rm 9
removed osd.9
root@pve48:~# ceph osd rm 10
removed osd.10
```

注意，此操作 Ceph 最后一列参数与前面的不同，是纯数字格式！

操作完成后，再次查看 Proxmox VE Ceph 集群，故障节点的 OSD 状态从 down 变成了 DNE，如图 12-2 所示。

```
root@pve48:~# ceph osd tree
ID CLASS WEIGHT   TYPE NAME       STATUS REWEIGHT PRI-AFF
-1       18.00357 root default
-3        4.91006     host pve48
 0   hdd  1.63669         osd.0       up  1.00000 1.00000
 1   hdd  1.63669         osd.1       up  1.00000 1.00000
 2   hdd  1.63669         osd.2       up  1.00000 1.00000
-5        4.91006     host pve49
 3   hdd  1.63669         osd.3       up  1.00000 1.00000
 4   hdd  1.63669         osd.4       up  1.00000 1.00000
 5   hdd  1.63669         osd.5       up  1.00000 1.00000
-7        4.91006     host pve50
 6   hdd  1.63669         osd.6       up  1.00000 1.00000
 7   hdd  1.63669         osd.7       up  1.00000 1.00000
 8   hdd  1.63669         osd.8       up  1.00000 1.00000
-9        3.27338     host pve51
9    hdd  1.63669         osd.9      DNE        0
10   hdd  1.63669         osd.10     DNE        0
```

图 12-2

第五步：从 CrushMap 删除故障节点的 CephOSD 磁盘设备，操作如下：

```
root@pve48:~# ceph osd crush rm osd.9
removed item id 9 name 'osd.9' from crush map
root@pve48:~# ceph osd crush rm osd.10
removed item id 10 name 'osd.10' from crush map
```

执行过程没有报错，并且把故障节点“pve51”所有 OSD 删除，再执行指令“ceph osd tree”，查看被删除的 OSD 是否还有输出。正常情况下，应该只剩故障节点的主机名，如图 12-3 所示。

```
root@pve48:~# ceph osd tree
ID CLASS WEIGHT   TYPE NAME       STATUS REWEIGHT PRI-AFF
-1       18.00357 root default
-3        4.91006     host pve48
 0   hdd  1.63669         osd.0       up  1.00000 1.00000
 1   hdd  1.63669         osd.1       up  1.00000 1.00000
 2   hdd  1.63669         osd.2       up  1.00000 1.00000
-5        4.91006     host pve49
 3   hdd  1.63669         osd.3       up  1.00000 1.00000
 4   hdd  1.63669         osd.4       up  1.00000 1.00000
 5   hdd  1.63669         osd.5       up  1.00000 1.00000
-7        4.91006     host pve50
 6   hdd  1.63669         osd.6       up  1.00000 1.00000
 7   hdd  1.63669         osd.7       up  1.00000 1.00000
 8   hdd  1.63669         osd.8       up  1.00000 1.00000
-9        3.27338     host pve51
```


图 12-3

第六步：从 Ceph 集群中删除物理节点“pve51”，操作如下：

```
root@pve48:~# ceph osd crush rm pve51
removed item id -9 name 'pve51' from crush map
```

再次执行指令“cephosdtree”查看 Ceph 集群状态，看是否把故障节点“pve51”从 Ceph 集群彻底清理出去了。

2. 从集群中删除故障物理节点

第一步：登录 Proxmox VE 集群上任意节点宿主系统 Debian，命令行执行如下操作，将失效的物理节点彻底驱逐出集群（失效节点不能登录，因此此处的描述不会引起歧义）：

```
root@pve48:~# pvecm delnode pve51
Killing node 4
```

第二步：故障机进行完全恢复，并重新加入 Proxmox VE 集群和 Ceph 集群。建议重新安装系统，并用新的 IP 地址加入 Proxmox VE 集群和 Ceph 集群。

12.2 Proxmox VE 升级导致 Ceph 健康检测告警

Proxmox VE 5.4 升级到 Proxmox VE 6.4 以后，Ceph 的版本也跟着进行了升级，从 Luminous 替换成 Nautilus。为什么要进行 Ceph 升级？不升级可不可以？当然可以，只是如果不升级，Proxmox VE 的 Web 管理后台 Ceph 配置那里会报错，但不影响集群的正常使用，如图 12-4 所示。

图 12-4

12.2.1 Ceph 故障描述

集群节点 Ceph 版本升级完以后，需要在 Proxmox VE 集群节点宿主系统 Debian 执行如下命令重启 Ceph：

```
# 重启 Ceph 监视器
systemctlrestart ceph-mon.target
# 重启 Ceph 管理器
systemctl restart ceph-mgr.target
# 重启 CephOSD
systemctl restart ceph-osd.target
```

有两点需要注意：第一，服务名称带后缀“.target”，不能省略；第二，启动服务无论成功与否，都不会有提示。

Proxmox VE 集群节点都执行 Ceph 相关服务的重启，命令行随时执行“ceph -s”，输出健康检查告警“HEALTH_WARN”，如图 12-5 所示。幸运的是，所有运行在 Proxmox VE 上的虚拟机及其应用都未受影响。

```
root@pve169:~# ceph -s
  cluster:
    id:     ed6d5e3f-82db-4378-9872-0e22e8fc4efe
    health: HEALTH_WARN
            no active mgr

  services:
    mon: 3 daemons, quorum pve162,pve164,pve169 (age 7d)
    mgr: no daemons active (since 78s)
    osd: 14 osds: 10 up, 10 in

  data:
    pools:   1 pools, 512 pgs
    objects: 336.78k objects, 1.3 TiB
    usage:   3.8 TiB used, 14 TiB / 18 TiB avail
    pgs:     512 active+clean

  io:
    client:   16 KiB/s rd, 863 KiB/s wr, 0 op/s rd, 47 op/s wr
```

图 12-5

切换到 Proxmox VE 的 Web 管理后台，查看节点的 OSD 状态，只见 OSD 全部消失了，如图 12-6 所示。

图 12-6

12.2.2 Ceph 故障分析

从“ceph-s”的输出可以大致判断，应该是 ceph-mgr 启动失败所致。顺着这个思路，查看 ceph-mgr 的日志，看是否有收获。Ceph 的日志位于目录“/var/log/ceph”，包括 ceph.log、ceph-mon.log、ceph-mgr.log、ceph-osd[X].log 等众多日志文件，除当前日志外，还保留 7 个日志归档，方便查看历史记录。以“.gz”结尾的日志归档，不用解压，直接用 zcat 打开就可以。

既然初步判断是 ceph-mgr 有问题，那么就在 ceph-mgr 日志查找蛛丝马迹，看能不能有收获。文件太多，用关键字过滤一下，命令行执行“zcat *mgr*.gz | grep -i error”，输出结果如图 12-7 所示。

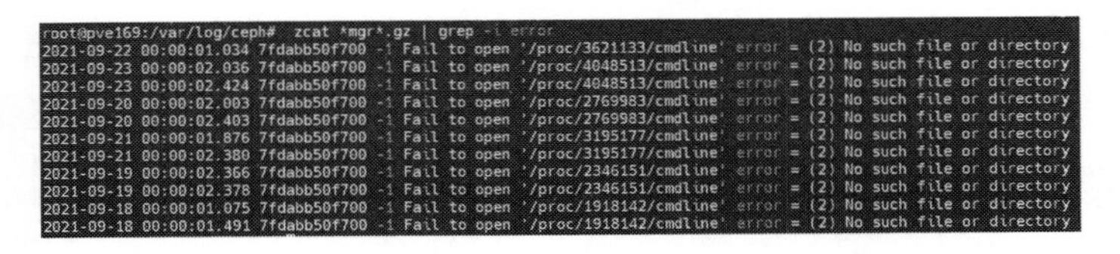

图 12-7

根据日志输出，果然有问题。查“ceph-mgr”服务启动脚本“/etc/systemd/system/ceph-mgr.target.wants/ceph-mgr@pve169.service”，有下面几行定义：

```
EnvironmentFile=-/etc/default/ceph
Environment=CLUSTER=ceph
ExecStart=/usr/bin/ceph-mgr -f --cluster ${CLUSTER} --id %i --setuser
ceph --setgroup ceph
```

其中启动命令“ceph-mgr” 选项及参数并没有跟随配置文件，无法定位；再根据“EnvironmentFile”定义查看文件“/etc/default/ceph”，依然没有发现与配置相关的信息，如图 12-8 所示。

```
root@pve162:/etc/default# more ceph
# /etc/default/ceph
#
# Environment file for ceph daemon systemd unit files.
#

# Increase tcmalloc cache size
TCMALLOC_MAX_TOTAL_THREAD_CACHE_BYTES=134217728
```
仅这么一行

图 12-8

就笔者所知，系统中与 Ceph 相关的配置只有“/etc/pve/ceph.conf”，还是花点时间看看官网文档，是不是升级过程遗漏了什么？浏览器访问地址 https://pve.proxmox.com/wiki/Ceph_Luminous_to_Nautilus#Upgrade_on_each_Ceph_cluster_node，有以下一段文字：

```
Adapt/etc/pve/ceph.conf
Since Nautilus, all daemons use the 'keyring' option for its keyring,
so you have to adapt this. The easiest way is to move the global
'keyring' option into the 'client' section, and remove it everywhere
else. Create the 'client' section if you don't have one
```

译文：Ceph 从 Nautilus 版本开始，守护进程（ceph-mon、ceph-mgr、ceph-osd 等）使用选项“keyring”作为认证密钥，需要将全局部分定义的密钥环“keyring”移动到文本块“client”的下面，如果没有文本块“client”，手工创建它。

文档中还举了一个实例，如图 12-9 所示。

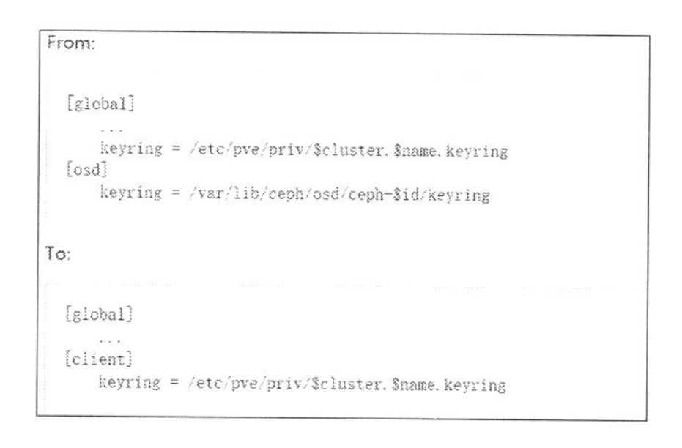

```
From:

 [global]
     ...
     keyring = /etc/pve/priv/$cluster.$name.keyring
 [osd]
     keyring = /var/lib/ceph/osd/ceph-$id/keyring

To:

 [global]
     ...
 [client]
     keyring = /etc/pve/priv/$cluster.$name.keyring
```

图 12-9

能看明白吗？笔者一开始也没看明白。经过几次实践对比以后，弄明白是更换了路径和标识命名（[osd] 换成 [client]），下面是一个生产环境完整的配置，供读者参考。

```
[global]
        auth client required = cephx
        auth cluster required = cephx
        auth service required = cephx
        cluster network = 172.16.81.0/24
        fsid = ed6d5e3f-82db-4378-9872-0e22e8fc4efe
        mon allow pool delete = true
```

```
        osd journal size = 5120
        osd pool default min size = 2
        osd pool default size = 3
        public network = 172.16.81.0/24
     mon_host = 172.16.81.162 172.16.81.164 172.16.81.169
[client]
          keyring = /etc/pve/priv/$cluster.$name.keyring
```

12.2.3　Ceph-mgr 故障处理

知道问题所在，那么这里就来修改文件“/etc/pve/ceph.conf”，仅需在 Proxmox VE 集群的任意一个节点修改即可，因为 Corosync 服务会把修改自动同步到集群中的所有节点。

先列一下未做修改的配置文件“ceph.conf”，某个具体集群的完整内容如下：

```
[global]
          auth client required = cephx
          auth cluster required = cephx
          auth service required = cephx
          cluster network = 172.16.81.0/24
          keyring = /etc/pve/priv/$cluster.$name.keyring
          fsid = 09b75d31-f0b0-4208-be68-0c7b77632655
          mon allow pool delete = true
          osd journal size = 5120
          osd pool default min size = 2
          osd pool default size = 3
          public network = 172.17.98.0/24
[osd]
          Keyring = /var/lib/ceph/osd/ceph-$id/keyring
[mon.pve162]
         host = pve162
         mon addr = 172.16.81.162:6789
[mon.pve164]
         host = pve164
         mon addr = 172.16.81.164:6789
[mon.pve169]
         host = pve169
         mon addr = 172.16.81.169:6789
```

修改后的“/etc/pve/ceph.conf”完整内容如下，与未修改“ceph.conf”文件做对比，就容易理解 Proxmox VE 官方 Wiki 的例子。

```
[global]
         auth client required = cephx
         auth cluster required = cephx
         auth service required = cephx
         cluster network = 172.16.81.0/24
         fsid = ed6d5e3f-82db-4378-9872-0e22e8fc4efe
         mon allow pool delete = true
         osd journal size = 5120
         osd pool default min size = 2
         osd pool default size = 3
         public network = 172.16.81.0/24
         mon_host = 172.16.81.162 172.16.81.164 172.16.81.169
[client]
         keyring = /etc/pve/priv/$cluster.$name.keyring
```

修改前记得先备份“ceph.conf”文件，确认修改无误后，执行指令“systemctlstart ceph-mgr.target”，查看运行状态，一切正常，如图 12-10 所示。集群剩余的节点也把服务“ceph-mgr”启动起来。

```
root@pve169:~# systemctl  status ceph-mgr.target
● ceph-mgr.target - ceph target allowing to start/stop all ceph-mgr@.service instances at once
   Loaded: loaded (/lib/systemd/system/ceph-mgr.target; enabled; vendor preset: enabled)
   Active: active since Thu 2021-09-16 22:53:12 CST; 1 weeks 1 days ago

Warning: Journal has been rotated since unit was started. Log output is incomplete or unavailable.
root@pve169:~#
```

图 12-10

虽然 Ceph 的服务都正常运行，但健康检测还可能会有告警（HEALTH_WARN），如未启用“msgrv2”，客户端使用不安全的全局身份认领（client is using insecure global_id reclaim），监视器被允许使用不安全的身份认领（mons are allowing insecure global_id reclaim），等等。

在任一集群节点宿主系统 Debian 执行下列指令，解决所有健康检测告警问题：

```
ceph mon enable-msgr2
ceph config set mon auth_allow_insecure_global_id_reclaim false
ceph config set mon auth_expose_insecure_global_id_reclaim false
```

执行完毕，可在 Proxmox VE 的 Web 管理后台查看结果，如图 12-11 所示。

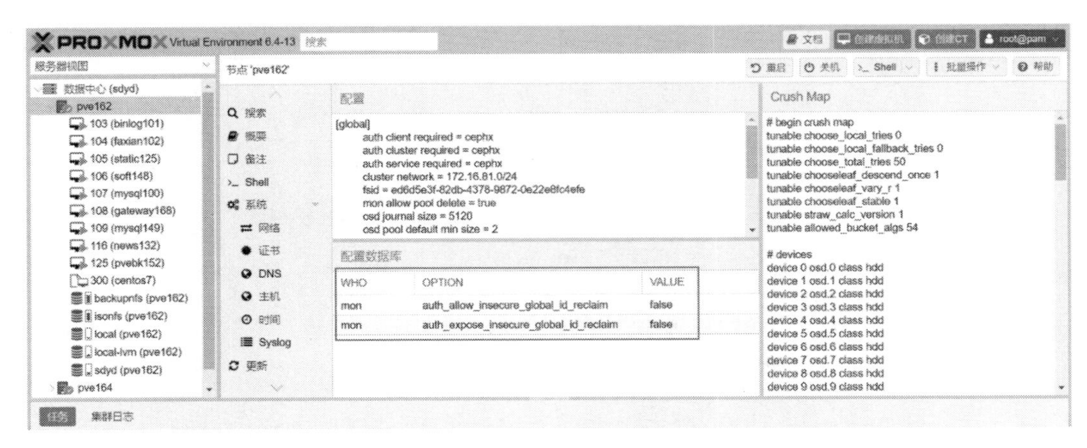

图 12-11

官方网站的文档没有“ceph config set mon auth_expose_insecure_global_id_reclaim false”这个指令操作。如果不执行，节点的 OSD 在 Proxmox VE 超融合集群 Web 管理后台无任何显示！

12.3 Proxmox VE 集群升级过程导致节点离群

将 Proxmox VE 5.4 升级到 Proxmox VE 6.4 的一个前提条件是，把 Corosync 2.x 升级到 Corosync 3.x。设置好 Corosync 软件更新源后，执行指令“apt-get dist-upgrade”进行 Corosync 版本的升级，在操作快要结束的时候，Proxmox VE 的 Web 管理后台突然发现正在升级 Corosync 的集群节点离群了，如图 12-12 所示。

名称	ID	在线	支持	服务器地址	CPU利用率	内存使用率	运行时间
pve10	1	✔	-	172.17.98.10	7%	56%	1005 天 15...
pve20	2	✖	-	172.17.98.20	0%	0%	-
pve30	3	✔	-	172.17.98.30	7%	79%	1007 天 16...
pve40	4	✖	-	172.17.98.40	0%	0%	-

图 12-12

虽然在升级前做好了所有虚拟机的备份，但因为虚拟机数量过多，担心集群全线崩溃，所有服务都不可用，恢复操作不是一时半会能完成。第一次遇到这种情况，只得等待 Corosync 更新完毕，再做进一步打算。等到滚屏结束，系统 Shell 提示符

“#”出现，离群的节点居然又入群了。赶紧执行指令“systemctl start pve-ha-lrm && systemctl start pve-ha-crm”启动服务。

原来这个节点离群，属于正常情况，虚惊一场！

12.4 Proxmox VE 性能故障

在某个访问量大的 Proxmox VE 集群，遇到两起性能方面的问题，一个是磁盘 I/O 引起的性能故障，另一个是网络 I/O 引起的性能故障。

12.4.1 磁盘 I/O 引起的性能故障

Proxmox VE 超融合集群分布式存储 Ceph 使用的是 10000 转的 SAS 硬盘，当初估计应该不会有磁盘 I/O 性能上的瓶颈，因此直接把所有代码、文件都放在集群之中。因为一些应用访问量巨大（如图 12-13 所示），于是在 Proxmox VE 集群中使用多个虚拟机作为负载均衡的 RealServer。为简化管理，避免数据冗余、数据同步不完整，就在集群中创建一个虚拟机，把此虚拟机配置成 NFS 服务。多个做负载均衡的虚拟机皆通过 mount 指令挂载至此 NFS 共享目录。

今日: 375 | 昨日: 8964 | 帖子: 54738126 | 会员: 7806442 | 欢迎新会员: q64117381

图 12-13

项目上线运行没多久，监控全线报警，运营部门抱怨频频。经仔细排查，确认是磁盘 I/O 引起的。后来专门找了一台配置一般的旧服务器，插数块 15000 转的 SAS 盘，单机部署 Proxmox VE，创建出多个虚拟机，做不同虚拟机的共享 NFS 服务，彻底解决磁盘 I/O 问题。由此可知，15000 转的磁盘性能，与 10000 转的磁盘性能，差距还是很大的，这也是笔者在社交媒体强调尽量不要用 7200 转的 SATA 磁盘来构建超融合集群的原因。

12.4.2 网络 I/O 引起的性能故障

同一个项目，前面解决了磁盘 I/O 引起的性能故障，以为可以松一口气，哪知还没睡踏实，早上监控系统 Centreon 频繁告警，负载又飙升了，如图 12-14 所示。

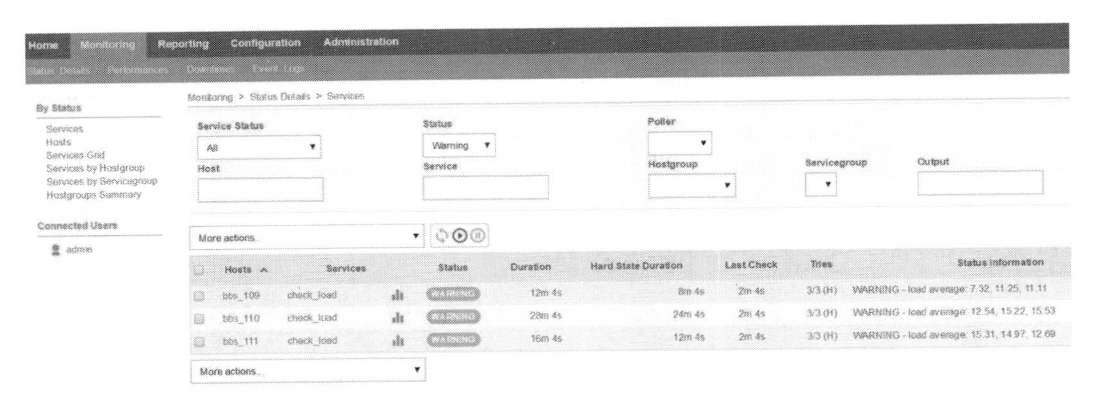

图 12-14

告警就是命令，赶紧排查。原来是 Proxmox VE 集群的虚拟机自动备份一直没有完成（如图 12-15 所示）。备份的磁盘 I/O 叠加用户访问的 I/O，引起整个集群的负载过大。为了不影响业务，强制停止备份任务。

任务　集群日志

开始时间 ↓	结束时间	节点	用户名	描述	状态
十二月 03 01:00:02		pve50	root@pam	备份	
十二月 03 01:00:02		pve48	root@pam	备份	
十二月 03 01:00:02		pve47	root@pam	备份	
十二月 03 01:00:02		pve49	root@pam	备份	
十二月 02 22:11:52	十二月 02 22:11:55	pve50	root@pam	VM 109 - 启动	OK
十二月 02 22:11:50	十二月 02 22:19:14	pve47	root@pam	VM 109 - 迁移	OK

转圈表示正在执行，可双击查看详情

图 12-15

虚拟机备份是基于一个独立的大容量的 NFS 服务器，为排查问题所在，等到第二天夜间访问量低的时候，找了一个容量小的虚拟机，手动执行备份操作，发现速度还是很慢，因此有理由怀疑是网络的问题。于是试着从 Proxmox VE 集群节点宿主系统 Debian 之间互传文件，速度仅为 11MB/s，这是百兆交换机的表现！派人亲自去机房查验，果然是一台某品牌旧的百兆交换机，有一个上联千兆接口，被发货人以为是全千兆交换机快递到机房。

采购了一台全新的全千兆 24 口交换机，在午休时火速替换上去（Proxmox VE 集群用的是独立的网络，交换机是千兆的，不用更换），服务闪断几分钟而集群本身不会受到影响，更不会崩溃。换完以后，用 SCP 测试网络性能，速度大大提升，夜间备份再也未发生问题。

12.5 Proxmox VE 备份性能优化

这仍然是一个由磁盘 I/O 引起的性能问题，在磁盘性能与磁盘容量之间做平衡，还真需要仔细做一番取舍。在 Proxmox Backup Server 未发布之前，NFS 备份是唯一选择。现在，有了 Proxmox Backup Server（PBS）可以取代 NFS 备份。即便如此，这个磁盘性能优化，对于预算紧张又对容量及性能有要求的 Proxmox VE 集群，有一定的借鉴意义。

12.5.1 问题描述

某项目由两套 Proxmox VE 组成，一套运行所有的应用程序，一套运行 MySQL 数据库。为了数据安全起见，Proxmox VE 挂载 NFS 共享存储，夜间对所有的虚拟机进行自动备份，如图 12-16 所示。

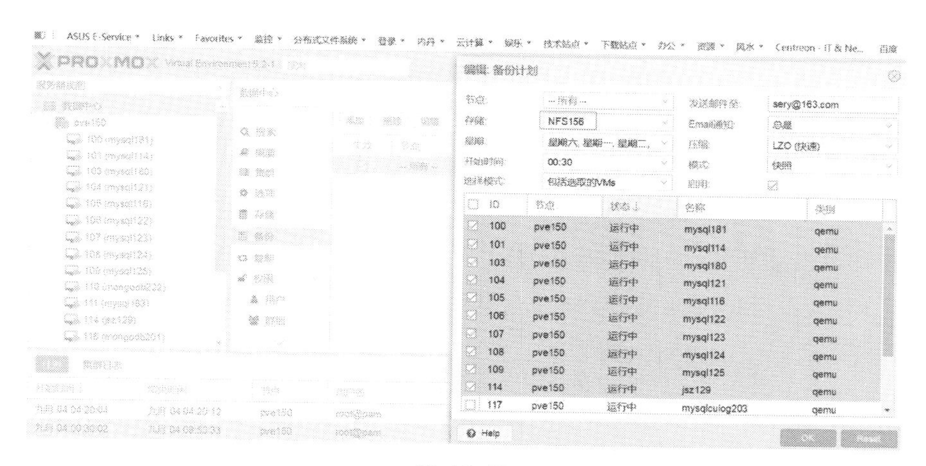

图 12-16

备份时采用的是一台某品牌 4U 服务器，考虑到容量与成本，用的一台旧设备，插了好多慢速的 SATA 盘，有效容量达超过 35TB。项目上线后，前半年运行都还正常，随着业务的增加，数据量跟着增长，特别是数据库的数量及大小。随之而来的是监控系统 Centreon 告警频繁，用户体验变差，而且这个影响面很大。通过排查，发现是承载数据库虚拟机备份所致。

设定的备份是从凌晨 0:30 开始的，基本不能在白天上班前完成，更糟糕的是，会延迟到傍晚。数据库备份引起磁盘 I/O，导致用户访问堵塞，造成一系列的连锁反应，运维工作的压力极大。

12.5.2 临时措施

为了保证业务的正常，同时也考虑数据安全，征用一台容量小一点的闲置服务器

（本来是用于其他目的），其硬盘全部为600G的15000转的SAS机械硬盘。将其配置成NFS服务以后，挂载到Proxmox VE集群，如图12-17所示。

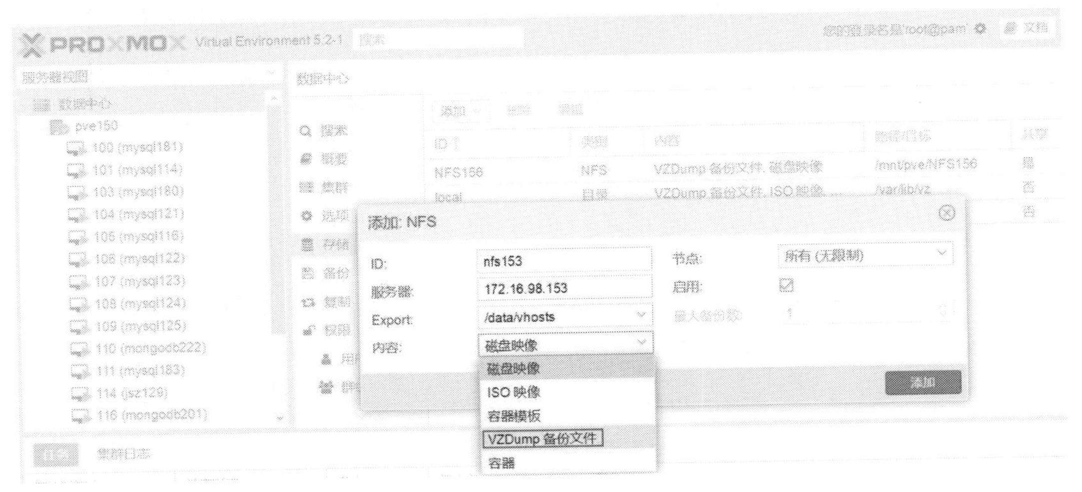

图 12-17

设定好NFS作为Proxmox VE备份存储后，夜里安排人员轮流跟踪，有Centreon监控告警立即相互通知，几天时间过去，未出现备份堵塞现象。这说明确实是SATA性能太差，导致备份速度太慢。观察一个星期，如果问题不复现，就出正式的解决方案。这样拿数据说话，也能得到决策人的支持。

12.5.3 方案设计

因为资金紧张，因此不可能单独买一套高转速SAS盘做备份存储，而弃用现有的低性能SATA磁盘。所以，只能在现有的存储上做优化，提高其性能。在另外一个与之无关的项目中，曾经采购过数台公有云的“高效云盘”来存储计算密集型的应用（Java、PHP、数据库等），在用户访问量大时（用户在线人数上万），也是老出问题，因而对这个事情印象深刻。所谓的高效云盘，就是用SSD缓存后端的SATA盘数据，性能比裸的SATA好很多。数据备份没有应用对应磁盘性能那么高的要求，那么借鉴这个方式，是不是对备份的整体写入性能有帮助呢？

原系统有一块SSD固态硬盘，用于安装操作系统，其他SATA用于NFS共享，在底层做成了RAID5。再采购一块512GB的SSD固态硬盘，作为高速缓存，因服务器硬盘插槽有限，需拔掉一块SATA盘，以腾出空间。

咨询硬件供应商，并告知当前使用RAID卡的类型及型号，得到的答复是方案可行，并且现有的RAID卡可支持SSD缓存，仅需要采购一个硬件缓存加速模块并支付少许授权费。以前没有这方面的实践，把握不大，但就算达不到要求，造成的资金损失也不大（SSD 可另作他用）。

简而言之，就是在现有基础上，采购一块 512GB 的 SSD 固态硬盘及一块 RAID 卡缓存加速模块（如图 12-18 所示），做上配置，即可投入使用。

图 12-18

12.5.4 方案实施

等到半夜进到机房，关机，下架，插入 SSD 固态硬盘，为了方便插入 RAID 缓存加速模块，把 RAID 卡抠下来，插好缓存加速模块后再插回主板，如图 12-19 所示。

硬件准备就绪以后，上架，通电。

进 RAID 卡设置界面（在系统引导之前），所有 SATA 盘做成 RAID5 容错级别，然后使用菜单，把 512GB 的 SSD 盘设置成 RAID 组的缓存设备，如图 12-20 所示。具体的操作，请参照各厂商的操作手册。

图 12-19

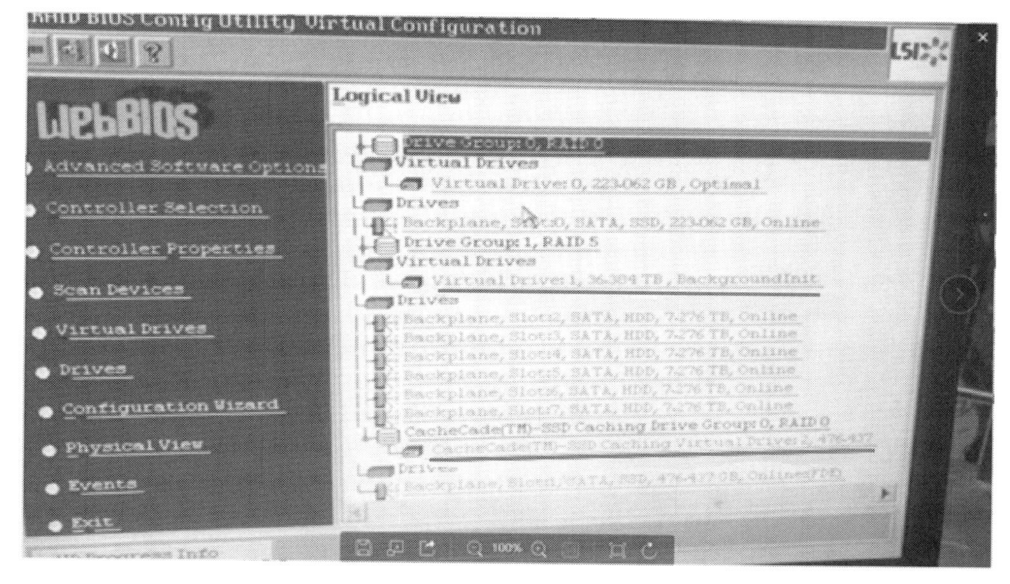

图 12-20

设置完成以后，继续引导，进入系统，应该看不到做缓存的 512GB 固态硬盘，如图 12-21 所示。

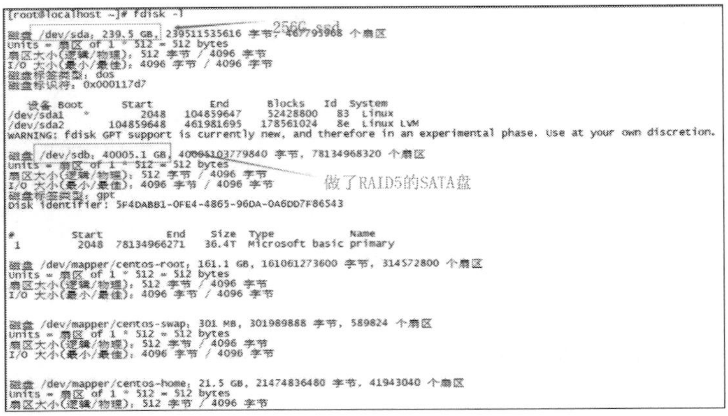
[root@localhost ~]# fdisk -l
256G ssd
磁盘 /dev/sda：239.5 GB, 239511535616 字节，467795968 个扇区
Units = 扇区 of 1 * 512 = 512 bytes
扇区大小(逻辑/物理)：512 字节 / 4096 字节
I/O 大小(最小/最佳)：4096 字节 / 4096 字节
磁盘标签类型：dos
磁盘标识符：0x000117d7
设备 Boot Start End Blocks Id System
/dev/sda1 * 2048 104859647 52428800 83 Linux
/dev/sda2 104859648 461981695 178561024 8e Linux LVM
WARNING: fdisk GPT support is currently new, and therefore in an experimental phase. Use at your own discretion.
磁盘 /dev/sdb：40005.1 GB, 40005103779840 字节，78134968320 个扇区
Units = 扇区 of 1 * 512 = 512 bytes
扇区大小(逻辑/物理)：512 字节 / 4096 字节
I/O 大小(最小/最佳)：4096 字节 / 4096 字节
做了RAID5的SATA盘
磁盘标签类型：gpt
Disk identifier: 5F4DABB1-0FE4-4865-96DA-0A6DD7F86543
Start End Size Type Name
1 2048 78134966271 36.4T Microsoft basic primary
磁盘 /dev/mapper/centos-root：161.1 GB, 161061273600 字节，314572800 个扇区
Units = 扇区 of 1 * 512 = 512 bytes
扇区大小(逻辑/物理)：512 字节 / 4096 字节
I/O 大小(最小/最佳)：4096 字节 / 4096 字节
磁盘 /dev/mapper/centos-swap：301 MB, 301989888 字节，589824 个扇区
Units = 扇区 of 1 * 512 = 512 bytes
扇区大小(逻辑/物理)：512 字节 / 4096 字节
I/O 大小(最小/最佳)：4096 字节 / 4096 字节
磁盘 /dev/mapper/centos-home：21.5 GB, 21474836480 字节，41943040 个扇区
Units = 扇区 of 1 * 512 = 512 bytes
扇区大小(逻辑/物理)：512 字节 / 4096 字节

图 12-21

配置 NFS 共享目录并启动 NFS 服务，然后在 Proxmox VE 集群挂载此 NFS 共享存储。

12.5.5 实施效果

在此做了优化的备份服务器，系统命令行用磁盘性能工具 Hdparm 及“dd”等工具测试，速度确实比裸 SATA 盘快好几倍，结果令人满意。从 0:00 让系统自动开始备份，相关人员等注意听着手机，一有告警相互通知，以便及时应对。

早上 7:00，起来查看备份情况（Proxmox VE 管理界面可跟踪到具体备份到哪个虚拟机，备份量是多少），完成了将近 90%。松了一口气，等到 9:00 再看，备份完成，如图 12-22 所示。联系其他运行人员，了解用户访问情况，反馈一切正常，未出现以前那种全部卡住的现象。

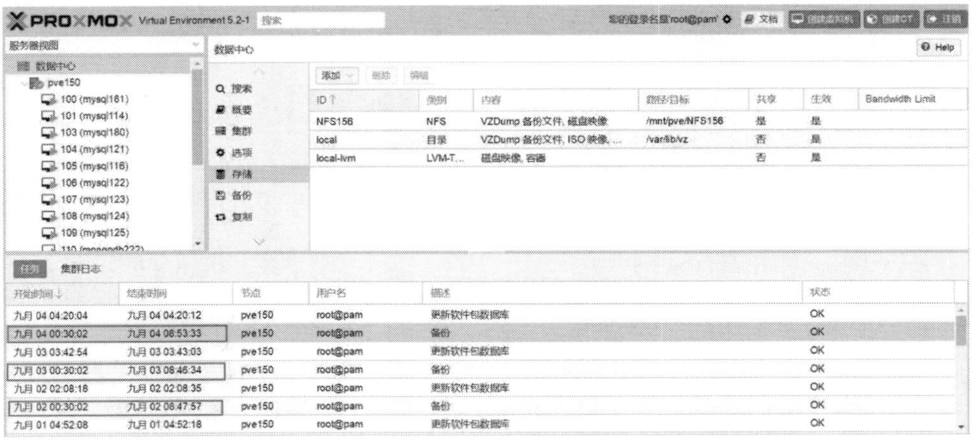
PROXMOX Virtual Environment 5.2-1
服务器视图
数据中心
pve150
NFS156 NFS VZDump 备份文件, 磁盘映像 /mnt/pve/NFS156
local 目录 VZDump 备份文件, ISO 映像, ... /var/lib/vz
local-lvm LVM-T... 磁盘映像, 容器
Bandwidth Limit
集群日志
九月 04 00:30:02 九月 04 08:53:33 pve150 root@pam 备份 OK
九月 03 00:30:02 九月 03 08:46:34 pve150 root@pam 备份 OK
九月 02 00:30:02 九月 02 06:47:57 pve150 root@pam 备份 OK

图 12-22

12.6 Proxmox VE 超融合集群挂载 NFS 出错处理

由四个物理节点组成 Proxmox VE 生产环境集群，由于在做 NFS 共享时，未做前期规划，存在多个 Proxmox VE（集群和单机）备份时，相同虚拟机 ID 同时备份到此 NFS 共享目录的情况，为了区别，需要把共享点进行分离。最初的 NFS 共享配置如下：

```
[root@localhost pve_dump]# more /etc/exports
/data/db_bk  172.16.98.0/24(rw,all_squash,anonuid=500,anongid=500)
/data/pve_dump  172.16.98.0/24(rw,all_squash,anonuid=500,anongid=500)
```

根据实际情况，重新优化 NFS 共享，在同一个分区（文件系统）创建不同的目录，对应不同的 Proxmox VE 备份源，这样就不会发生虚拟机 ID 冲突。修正后的 NFS 共享配置如下：

```
[root@localhost pve_dump]# more /etc/exports
/data/db_bk  172.16.98.0/24(rw,all_squash,anonuid=500,anongid=500)
/data/pve_dump/pve_cluster  172.16.98.0/24(rw,all_
squash,anonuid=500,anongid=500)
/data/pve_dump/pve_150  172.16.98.0/24(rw,all_
squash,anonuid=500,anongid=500)
/data/pve_dump/pve_151  172.16.98.0/24(rw,all_
squash,anonuid=500,anongid=500)
```

不幸的是，挂载 NFS 的时候，在 Proxmox VE 的 Web 管理后台输入了两次同样的挂载 ID，导致挂载失败。重新改一个挂载名称（ID），操作成功。但登录 Proxmox VE 宿主系统 Debian，查看目录“/mnt/pve”，发现有不正常的 NFS 挂载（没 mount 成功，但 ls -al 显示若干问号）。企图用指令 rm 删除，无法执行，再用 mv 指令，仍然失败。重启了 Proxmox VE 集群的某个物理节点，登录宿主系统 Debian 看是否能删除这些异常的挂载目录。还好，那两个曾经异常的目录，用 rm 可以直接删除了。

但不可能把 Proxmox VE 集群的服务器全部重启一遍，毕竟是生产环境。不过从上面的操作可知，这种目录是可以删掉的。怎么处理呢？根据删除操作输出的提示“cannot stat 'backup156': Stale file handle”。这个提示大概意思是：文件句柄还处于打开状态，如图 12-23 所示。

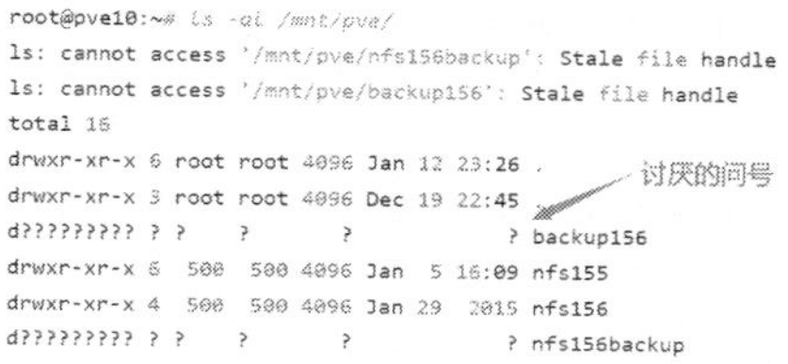

```
root@pve10:~# ls -al /mnt/pve/
ls: cannot access '/mnt/pve/nfs156backup': Stale file handle
ls: cannot access '/mnt/pve/backup156': Stale file handle
total 16
drwxr-xr-x 6 root root 4096 Jan 12 23:26 .
drwxr-xr-x 3 root root 4096 Dec 19 22:45 ..
d????????? ? ?    ?       ?            ? backup156
drwxr-xr-x 6  500  500 4096 Jan  5 16:09 nfs155
drwxr-xr-x 4  500  500 4096 Jan 29  2015 nfs156
d????????? ? ?    ?       ?            ? nfs156backup
```

讨厌的问号

图 12-23

命令行卸载异常的挂载，看能不能成功，命令如下：

```
root@pve20:/mnt/pve#umount backup156
root@pve20:/mnt/pve#umount nfs156backup
```

操作执行得很顺利，接下来，看看目录属性，有没有发生变化，如图 12-24 所示。

```
root@pve20:/mnt/pve# ls -al
total 24
drwxr-xr-x 6 root root 4096 Jan 12 23:26 .
drwxr-xr-x 3 root root 4096 Dec 19 22:45 ..
drwxr-xr-x 2 root root 4096 Dec 28 19:09 backup156
drwxr-xr-x 6  500  500 4096 Jan  5 16:09 nfs155
drwxr-xr-x 4  500  500 4096 Jan 29  2015 nfs156
drwxr-xr-x 2 root root 4096 Jan 12 23:16 nfs156backup
```

图 12-24

与挂载未卸载前相比，目录“backup156”属主与属组的问号消失，似乎是正常的状态了。用指令“rm”试着删除挂载目录“backup156”“nfs156backup”，执行成功，问题得以完美解决。

12.7 Proxmox VE 超融合集群 CephOSD 磁盘塞满

与普通文件系统一样，OSD 也会因数据塞满导致故障，因此，对 Ceph 健康检测实施实时监控是必不可少的手段。当手机收到 Centreon 监控告警，某个 Proxmox VE 集群的 Ceph 发生故障时。登录集群任意节点 Proxmox VE 的 Web 管理后台，“数据中心”子菜单“概述”可看到 Ceph 健康状态由绿色变成带感叹号的黄色。这个图标是一个超链接，可以单击，进入下一个页面，如图 12-25 所示。

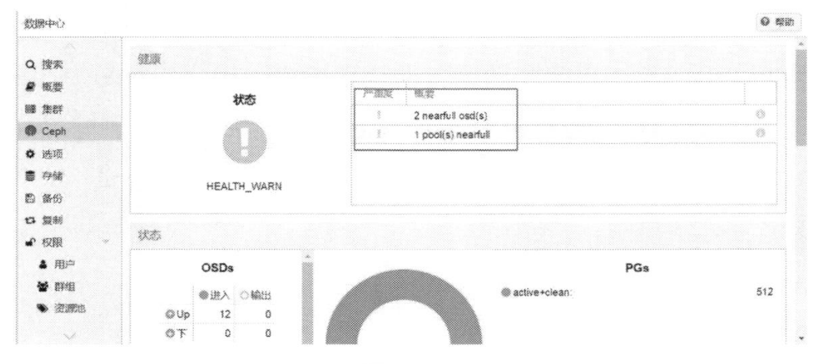

图 12-25

根据页面输出，可以直观得出结论，原来是因为有两个 OSD 设备快被数据塞满，导致整个 Cephpool 没有多少空闲空间。图 12-25 红框里带感叹号“2nearfullosd（s）”

也是超链接，继续单击感叹号，可确认是代号为“5”“7”的OSD磁盘被塞满，如图12-26所示。

图 12-26

接下来，确认“OSD.5”“OSD.7”位于Proxmox VE集群的哪些节点（有可能分布在同一节点，也可能分布在不同的节点），任意节点宿主系统Debian执行指令“ceph osd tree”，根据输出，可快速定位。也可以直接在Proxmox VE的Web管理后台的Ceph菜单之子菜单查找确认，得到的结论都是相同的（异常OSD设备分别位于节点pve50与pve49），如图12-27所示。

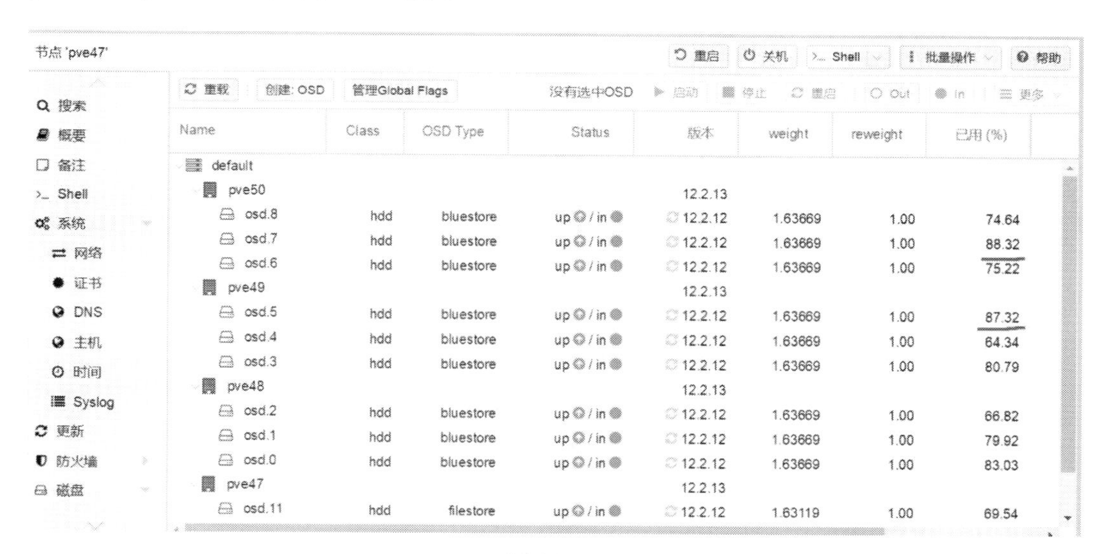

图 12-27

解决问题的办法有几种：

- 删除OSD磁盘异常节点上未运行的虚拟机或者容器，释放空间。
- 迁移部分虚拟机到OSD空闲空间较大的其他物理节点。
- 新增硬盘为整个Proxmox VE集群扩容。

在这个项目集群中，存在一些未运行的虚拟机，经确认要么是测试环境、要么是已经下线的应用。从 Proxmox VE 的 Web 管理后台，销毁这些占据磁盘空间的虚拟机（如图 12-28 所示），片刻以后，Ceph 健康检查告警恢复正常。

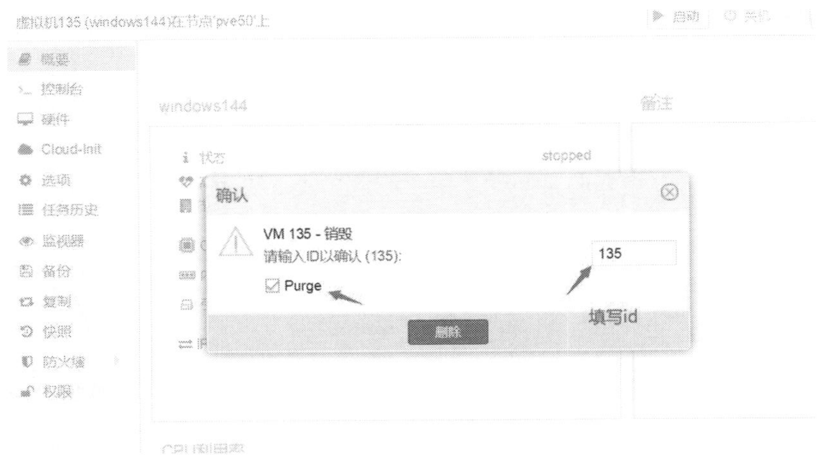

图 12-28

12.8 Proxmox VE 集群 Ceph 报“ceph 1pg inconsistent”错误

“ceph 1pg inconsistent”属于等级较高的错误类型，需要及时处理。登录 Proxmox VE 集群任意节点宿主系统 Debian，执行指令“cephhealth detail”确认问题所在，屏幕输出如图 12-29 所示。

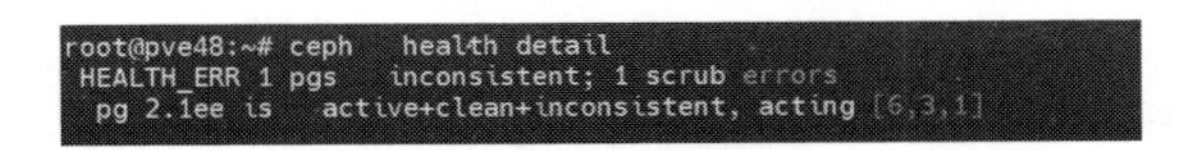

图 12-29

记下“pg 2.1ee”这个字符串，其中“2.1ee”为 Ceph 的 pgid。在命令行执行如下指令进行错误修复：

```
root@pve48:~# ceph  pg  repair  2.1ee
instructing pg 1.277  on osd.6 to repair
```

根据输出，可以定位出故障的 OSD 序号为“6”。任意位置执行命令“systemctl restart ceph-osd@6.service”，问题得到解决。

第13章 不停服务将系统原样迁移到Proxmox VE集群

部署完Proxmox VE系统，不管是单机还是集群，实际工作才完成了一半，准确地说是部署好了底层环境。接下来还要根据需要创建虚拟机、安装虚拟机操作系统、部署应用程序、导入数据、调试程序并上线运行。新开发的应用还比较好操作，如果要把运行的、不能随时停止服务的业务迁移到Proxmox VE平台，就很考验技术人员的经验和技术水平了。对于一些数据量很大的迁移，往往数据还未与目标系统做完同步，源系统又产生了大量的新增数据。导入数据到目标系统以后，还不得不想法补齐新增数据。

还有一种特殊而常见的场景：一些商业软件在原系统运行多年，因担心系统崩溃，打算迁移到新系统上，很可能找不到安装介质或者服务商支持，虽然可以直接将数据导入目标系统，但没有安装介质来安装所需的软件，更不用说提供服务了。

如果将这些运行的系统，在不停服务的情况下，原样迁移到Proxmox VE超融合集群中，不仅能够解决重新部署应用、导入数据的问题，而且可以大大提高系统的可用性。

笔者曾经到内蒙古某市做一个系统迁移的项目，将旧的物理服务器的系统不停服务、原样迁移到新采购的服务器上，主机名、磁盘分区、IP地址等完全不变，启动新服务器同时关闭旧服务器，无缝切换。用当时使用的这套工具把物理机上的系统迁移到Proxmox VE集群，自然是不在话下。当然也可以适用于P2V（Physical to Virtual）、V2V（VirtualtoVirtual）等场景。

13.1 系统迁移基本架构

系统迁移按角色可分为三部分：源系统、控制中心和目标系统。其结构组成如图 13-1 所示。

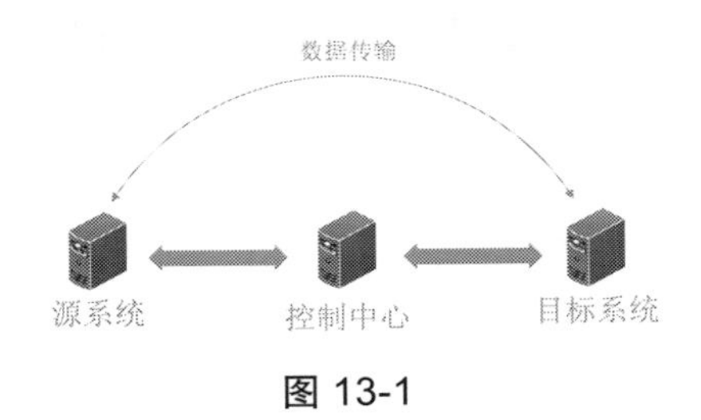

图 13-1

- 源系统：需要迁移的系统可以是 Windows，也可以是 Linux；可以是物理服务器，也可以是虚拟机。
- 控制中心：运行在 Linux 之上，可以是物理机，也可以是虚拟机。
- 目标系统：不管是物理服务器还是虚拟机，配置与容量一定要大于或等于源系统的配置和容量。目标系统在迁移完成之前，实际运行的是内存操作系统 Win PE。

源系统、控制中心与目标系统不要求在同一个网络，但要求相互之间能够互通。如果需要做经常性的迁移，为方便起见，可以把控制中心放在公有云上。源系统、控制中心与目标系统三者之间建立起通信以后，数据的传输只在源系统和目标系统之间进行，因此需要保证二者之间网络的稳定性，网络的性能越好，迁移的速度越快，所花费的时间越短。

13.2 部署系统迁移控制中心

控制中心是整个迁移平台的核心部分，运行在操作系统 CentOS 7.6 上，对控制中心的操作，全部基于 Web 浏览器进行。控制中心的部署包括：安装操作系统 CentOS 7、部署系统迁移控制中心软件、控制中心软件授权、迁移配置等几部分。

13.2.1 安装操作系统 CentOS 7

控制中心可以部署在物理服务器，也可以部署在虚拟机，不管是物理服务器还是虚拟机，操作系统 CentOS 7 进入安装引导界面以后的操作完全相同。

控制中心不使用 CentOS 7 的默认安装方式（最小安装模式 MinimalInstall），需要手动选择一些软件包，如图 13-2 所示。

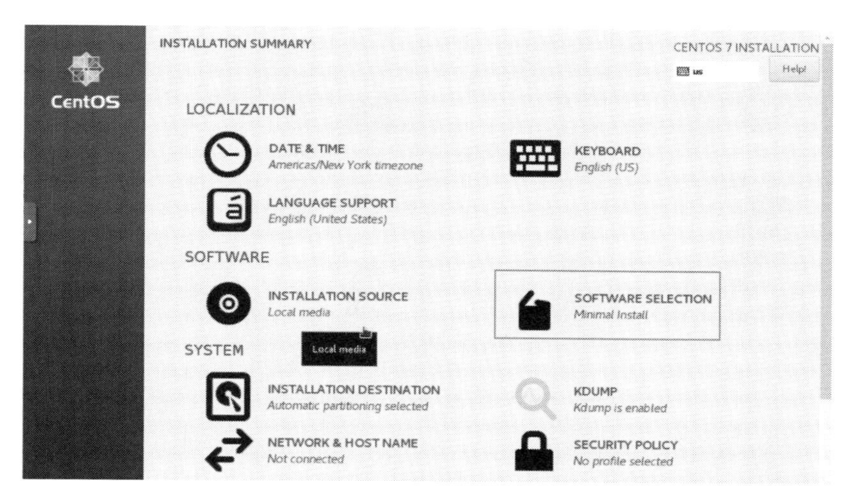

图 13-2

下一个会话界面，单选“Virtualization Host（虚拟化主机）”，再在其右侧子项目勾选“VirtualizationPlatform（虚拟化平台）”“Development Tools（开发工具）”“System Administration Tools（系统管理工具）”等，如图 13-3 所示。

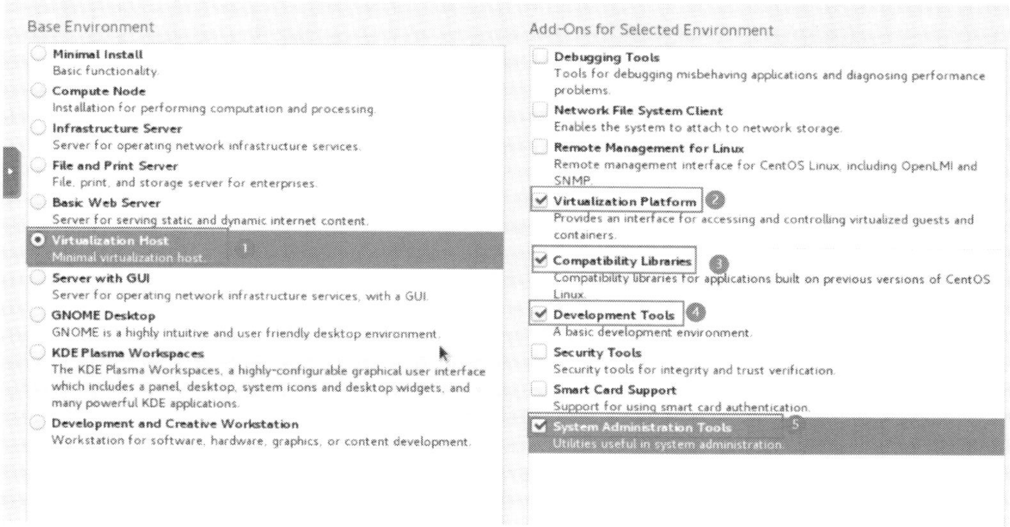

图 13-3

勾选好所需的软件包以后，单击“Done”按钮返回 CentOS 7 安装主界面，继续设置网络参数，如图 13-4 所示。

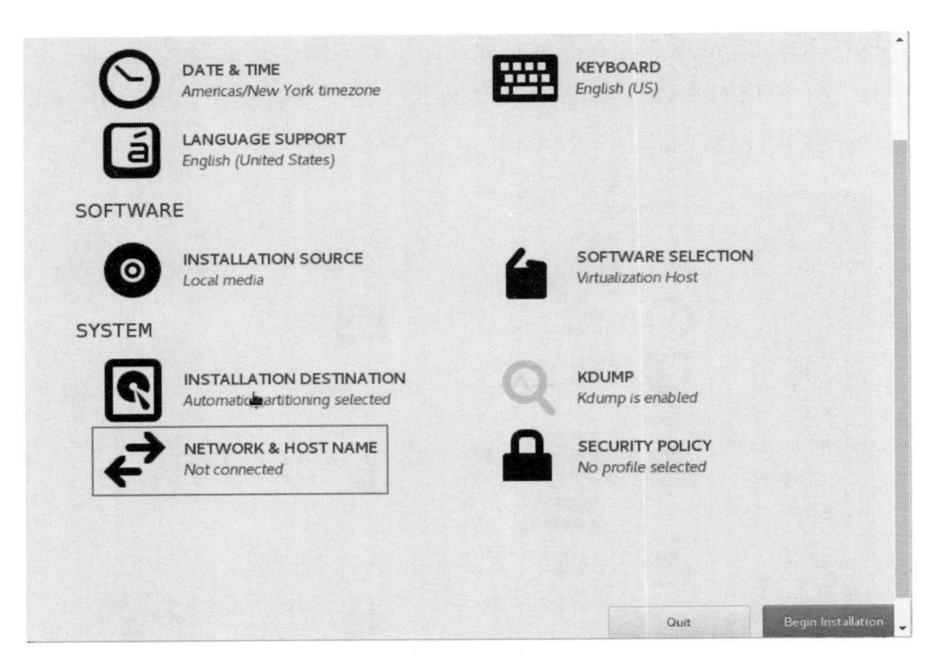

图 13-4

按规划设置好主机名、IP 地址（强烈建议服务器使用静态 IP 地址）、网管等参数，如图 13-5 所示。

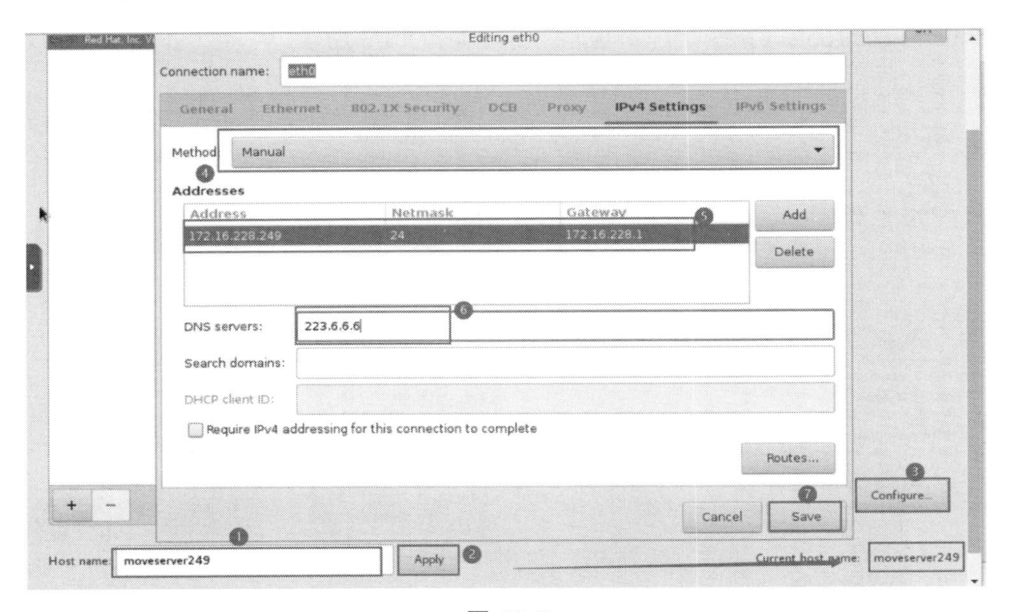

图 13-5

滑动网络设置界面的按钮，使其从“Off”变成“On”，激活网络接口，使其开机即启动网络服务，如图 13-6 所示。

图 13-6

确认设置无误后，单击左上部“Done”按钮返回安装主界面，继续单击右下侧“Begin Installation”按钮正式进行安装。文件复制过程，需要设置系统管理员密码，单击“ROOTPASSWORD”进行密码设定，如图 13-7 所示。

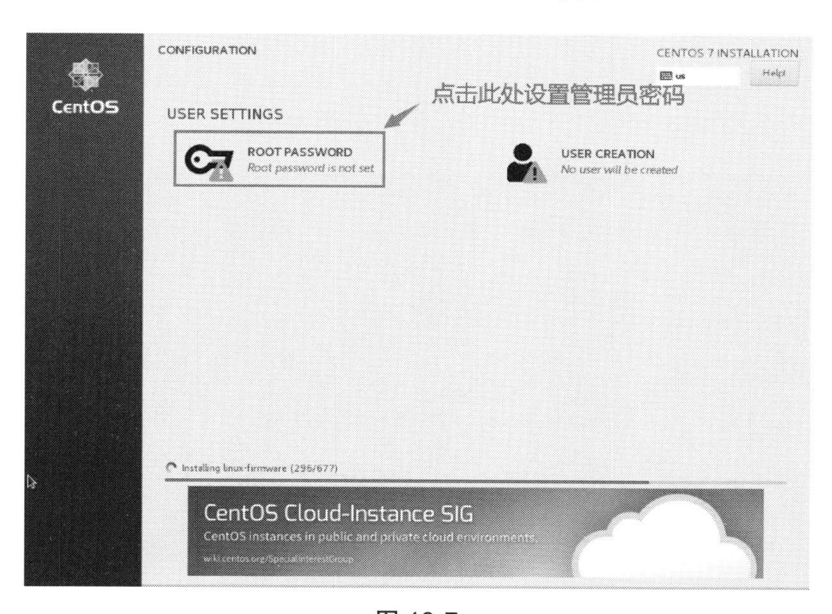

图 13-7

为安全起见，密码设置得越复杂越好，设置完密码，单击左上部“Done”按钮返回主安装界面如图 13-8 所示。安装程序执行文件拷贝，直到完成全部安装。

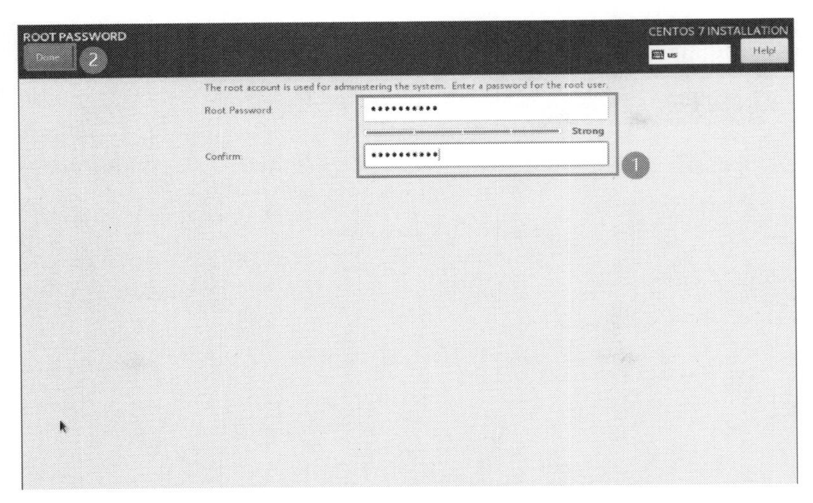

图 13-8

13.2.2 部署系统迁移控制中心软件

安装好操作系统 CentOS 7 之后，上传软件包“ahdr_server_20181029.zip”到控制中心 CentOS 7 任意目录，登录控制中心系统 CentOS 7，命令行执行下列指令压缩文件 ahdr_server_20181029.zip：

```
unzip ahdr_server_20181029.zip
```

解包过程如图 13-9 所示。

```
[root@moveserver249 ~]# unzip ahdr_server_20181029.zip
Archive:  ahdr_server_20181029.zip
   creating: ahdr_server/
  inflating: ahdr_server/novnc.tar.gz
  inflating: ahdr_server/php.tar.gz
  inflating: ahdr_server/ReadMe.txt
 extracting: ahdr_server/ahdr.conf
   creating: ahdr_server/scripts/
  inflating: ahdr_server/scripts/novncd
  inflating: ahdr_server/scripts/mysqld
  inflating: ahdr_server/scripts/visitord
  inflating: ahdr_server/scripts/ahdrd
  inflating: ahdr_server/scripts/mountd
  inflating: ahdr_server/scripts/ahdrctl
  inflating: ahdr_server/scripts/httpd
  inflating: ahdr_server/libvirt.tar.gz
  inflating: ahdr_server/nbd.tar.gz
  inflating: ahdr_server/edk2.git.tar.gz
  inflating: ahdr_server/setup.sh
  inflating: ahdr_server/setup_move.sh
  inflating: ahdr_server/mysql.tar.gz
  inflating: ahdr_server/apache.tar.gz
  inflating: ahdr_server/version.txt
  inflating: ahdr_server/depends.tar.gz
  inflating: ahdr_server/ahdr.tar.gz
[root@moveserver249 ~]#
```

图 13-9

命令行进入解包后的目录“ahdr_server”，查看都有些什么文件或目录，指令及输出如下：

```
[root@moveserver249 ahdr_server]# ls -al
total 811008
drwxr-xr-x. 3 root root      4096 May 25  2018 .
dr-xr-x---. 6 root root       206 Sep 27 03:38 ..
-rw-r--r--. 1 root root        54 Aug 29  2017 ahdr.conf
-rw-r--r--. 1 root root  29953864 May 25  2018 ahdr.tar.gz
-rw-r--r--. 1 root root 237088570 May 21  2018 apache.tar.gz
-rw-r--r--. 1 root root  50703847 Apr 28  2018 depends.tar.gz
-rw-r--r--. 1 root root   6701875 Jan 13  2018 edk2.git.tar.gz
-rw-r--r--. 1 root root  16535145 Sep 18  2017 libvirt.tar.gz
-rw-r--r--. 1 root root 456031858 Aug 31  2018 mysql.tar.gz
-rw-r--r--. 1 root root    145960 Nov 17  2017 nbd.tar.gz
-rw-r--r--. 1 root root   6168233 Jul 18  2017 novnc.tar.gz
-rw-r--r--. 1 root root  27068064 Jul 18  2017 php.tar.gz
-rw-r--r--. 1 root root      3035 Jul 19  2017 ReadMe.txt
drwxr-xr-x. 2 root root       105 Sep 25  2018 scripts
-rwxr-xr-x. 1 root root     21438 Apr 28  2018 setup_move.sh
-rwxr-xr-x. 1 root root     21463 Jul 16  2018 setup.sh
-rw-r--r--. 1 root root      2573 May 25  2018 version.txt
```

1. 基础软件安装

解包目录“ahdr_server”中存在脚本文件“setup_move.sh”，操作系统命令行执行此文件，进行控制中心的安装，并且在安装过程中需要与用户交互：手动输入本机IP 地址、TCP 监听端口等信息。命令及输入输出如下：

```
[root@moveserver249 ahdr_server]# ./setup_move.sh install
…………省略若干…………………………………………
edk2.git/ovmf-x64/
edk2.git/ovmf-x64/bios.bin
edk2.git/ovmf-x64/OVMF-with-csm.fd
edk2.git/ovmf-x64/OVMF_CODE-pure-efi.fd
edk2.git/ovmf-x64/OVMF_CODE-with-csm.fd
edk2.git/ovmf-x64/OVMF_VARS-pure-efi.fd
edk2.git/ovmf-x64/OVMF_VARS-with-csm.fd
edk2.git/ovmf-x64/UefiShell.iso
edk2.git/ovmf-x64/OVMF-pure-efi.fd
nbd.ko
info:all install successfully
eth0: flags=4163<UP,BROADCAST,RUNNING,MULTICAST>  mtu 1500
          inet 172.16.228.249  netmask 255.255.255.0  broadcast
172.16.228.255
```

```
            inet6 fe80::fdf4:3e84:557:9df1   prefixlen 64   scopeid
0x20<link>
        ether 8a:f8:c4:14:da:15  txqueuelen 1000  (Ethernet)
        RX packets 593017  bytes 880345138 (839.5 MiB)
        RX errors 0  dropped 616  overruns 0  frame 0
        TX packets 328221  bytes 23109218 (22.0 MiB)
        TX errors 0  dropped 0 overruns 0  carrier 0  collisions 0
lo: flags=73<UP,LOOPBACK,RUNNING>  mtu 65536
        inet 127.0.0.1  netmask 255.0.0.0
        inet6 ::1  prefixlen 128  scopeid 0x10<host>
        loop  txqueuelen 1000  (Local Loopback)
        RX packets 0  bytes 0 (0.0 B)
        RX errors 0  dropped 0  overruns 0  frame 0
        TX packets 0  bytes 0 (0.0 B)
        TX errors 0  dropped 0 overruns 0  carrier 0  collisions 0
virbr0: flags=4099<UP,BROADCAST,MULTICAST>  mtu 1500
            inet 192.168.122.1   netmask 255.255.255.0   broadcast
192.168.122.255
        ether 52:54:00:c2:d4:b5  txqueuelen 1000  (Ethernet)
        RX packets 0  bytes 0 (0.0 B)
        RX errors 0  dropped 0  overruns 0  frame 0
        TX packets 0  bytes 0 (0.0 B)
        TX errors 0  dropped 0 overruns 0  carrier 0  collisions 0
server lan ip:172.16.228.249  #交互方式，手动输入本机 IP
server lan ip:172.16.228.249
server port(default 5000):
Removed symlink /etc/systemd/system/multi-user.target.wants/firewalld.
service.
Removed symlink /etc/systemd/system/dbus-org.fedoraproject.FirewallD1.
service.
libvirtd start ok
mysqld start ok
httpd start ok
novncd start ok
ahdrd start ok
visitord start ok
mountd start ok
```

从屏幕输出可知，安装完毕后关闭了防火墙，启动了 MySQL、Apache 等多项服务。阅读安装脚本“setup_move.sh”，可了解整个安装细节，为节省篇幅，不在此处对脚本内容进行介绍。

2. Web 管理后台安装控制台

浏览器输入控制中心系统所在的 IP 地址（默认 80 端口），按下列步骤进行管理后台安装。

第一步：同意安装许可，这样才能进行下一步的操作，如图 13-10 所示。

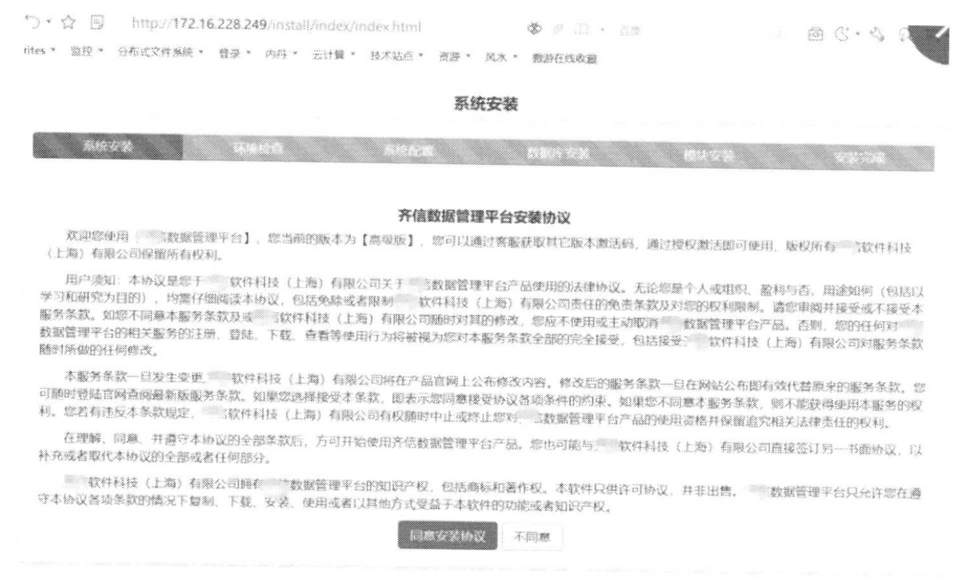

图 13-10

第二步：运行环境检查。只要当前配置满足所需配置、当前状态符合所需状态，即页面字段前全部显示绿色对勾则表示合格，如图 13-11 所示。

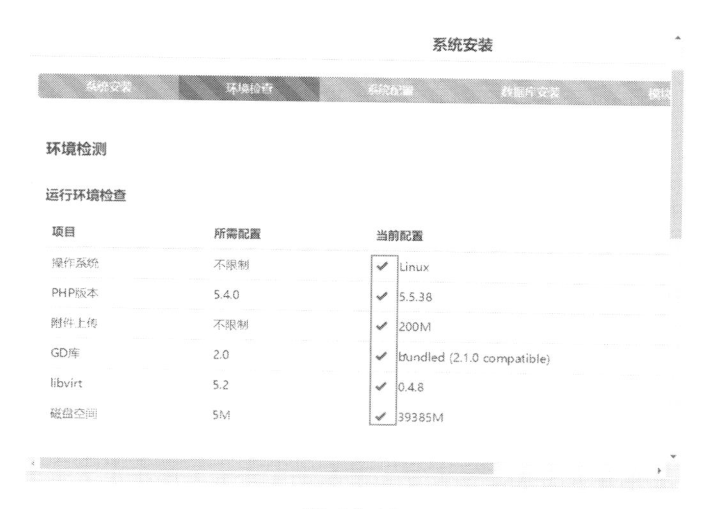

图 13-11

经检查，全部符合要求，单击“下一步”按钮。

第三步：设置管理员密码。为安全起见，建议用 Keepass 工具自动生成复杂的密码，然后把密码复制粘贴到密码框中，单击“下一步”按钮，如图 13-12 所示。

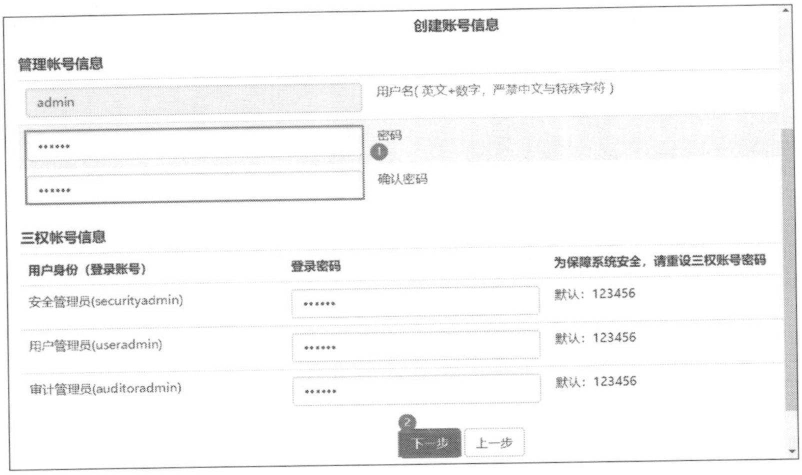

创建账号信息

管理帐号信息

admin 用户名(英文+数字，严禁中文与特殊字符)

•••••• 密码

•••••• 确认密码

三权帐号信息

用户身份（登录账号）	登录密码	为保障系统安全，请重设三权账号密码
安全管理员(securityadmin)	••••••	默认：123456
用户管理员(useradmin)	••••••	默认：123456
审计管理员(auditoradmin)	••••••	默认：123456

下一步　上一步

图 13-12

设置完成，即代表控制中心后台安装完毕。单击“登录后台”按钮进行下一步操作，如图 13-13 所示。

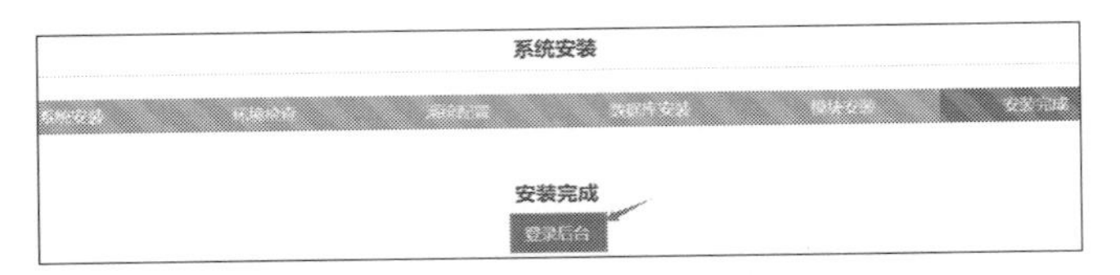

图 13-13

13.2.3　控制中心软件授权

继续在浏览器中对控制中心进行操作，步骤如下。

第一步：浏览器登录控制中心 Web 管理后台，用户名用默认的“admin”，密码输入上一个环节设定的字符串，如图 13-14 所示。

图 13-14

第二步：生成认证码，用此认证码提交给相关人员，从而获得授权验证码。将验证码复制粘贴到授权码输入框，单击“授权激活”按钮，如图 13-15 所示。

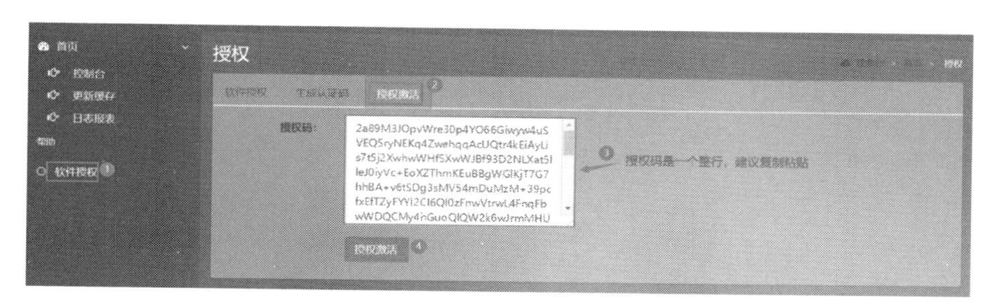

图 13-15

第三步：授权验证。查验授权过期时间、授权状态、可执行操作、计算池等，如图 13-16 所示。

图 13-16

13.2.4 安装本地功能模块“迁移 Move”

数据迁移控制中心 Web 管理后台，从“模块列表”下的菜单“未安装”选取“Move”，单击“安装”按钮，如图 13-17 所示。

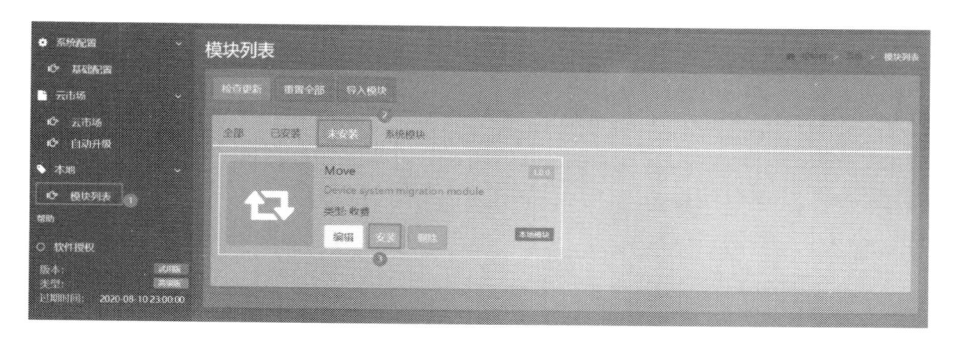

图 13-17

本地模块“Move”被正确安装到数据迁移控制中心后，其状态如图 13-18 所示。

图 13-18

13.3 为源系统安装数据迁移客户端

为 Linux 源系统安装数据迁移客户端分两大步骤：安装客户端软件及验证客户端安装。

1. 在 Linux 源系统安装数据迁移客户端软件

登录源系统 CentOS，用命令行复制数据迁移客户端软件包，具体指令及输出如下：

```
[root@uc-s1~]# scp 172.16.228.249:/usr/local/apache2/htdocs/data/
service_soft/client_linux.zip .
The authenticity of host '172.16.228.249 (172.16.228.249)' can't be
established.
RSA key fingerprint is af:c2:1e:e3:02:89:8c:95:09:41:21:07:f3:22:d3:5f.
Are you sure you want to continue connecting (yes/no)? yes
Warning: Permanently added '172.16.228.249' (RSA) to the list of known
hosts.
root@172.16.228.249's password:
client_linux.zip                          100%  111MB  27.7MB/s   00:04
```

源系统命令行解包压缩文件“client_linux.zip”，进入自动生成的解包目录“client_linux”，执行客户端安装脚本“setup.sh”进行安装，具体的指令及输出如下：

```
[root@uc-s1 ~]# unzip client_linux.zip
[root@uc-s1 ~]# cd  ahdr_client
[root@uc-s1 ahdr_client]# ./setup.sh install
…
start to install ahdr module
kernel_min:348.el5
kernel_min:348
kernel_release:2.6.18-348
kernel_main:2.6.18
main_kernel_release:2.6.18-348.el5
module:
module string length:0
module_main:/usr/local/ahdr/driver/modules/ahdr_2.6.18-8.el5_x64.ko
module length:1
need main version
module22:/usr/local/ahdr/driver/modules/ahdr_2.6.18-8.el5_x64.ko
module_main22:/usr/local/ahdr/driver/modules/ahdr_2.6.18-8.el5_x64.ko
/usr/local/ahdr/driver/modules/ahdr_2.6.18-8.el5_x64.ko
install ahdr module successfully
Archive:  image.zip
   creating: /usr/local/ahdr/image/
   creating: /usr/local/ahdr/image/backup/
  inflating: /usr/local/ahdr/image/control_boot_image.pl
  inflating: /usr/local/ahdr/image/install_boot_image.sh
  inflating: /usr/local/ahdr/image/qinfo.pl
  inflating: /usr/local/ahdr/image/uninstall_boot_image.sh
info:install_boot_image.sh ok
proxy host:172.16.228.249     # 手动输入控制中心服务器 IP 地址
proxy port(default 5000):
agent start ok
```

2. Linux 客户端安装验证

安装完 linux 客户端以后，会自动启动两个进程：agent 和 clone，通过执行指令"service ahdrd status"确认是否正常启动（如图 13-19 所示）。通常情况下，可能"agent"运行正常，而"clone"运行异常，处理后，再执行 "service ahdrd restar" 重启服务。

```
[root@haproxy195 ~]# service ahdrd status
agent is running
clone is running
```

图 13-19

切换到数据迁移 Web 管理后台，可在页面看到正确安装的客户端作为设备被添加到控制中心设备列表中，如图 13-20 所示。

服务设备
设备管理
设备分组
存储池
计算池
云端备份
CDP管理
迁移管理
帮助
软件授权
版本:
试用版
类型:
高级版
过期时间:
2020-08-10 23:00:00
设备管理
系统
其它
分组
172.16.228.195
别名：
类型：保障机
系统类型：Linux

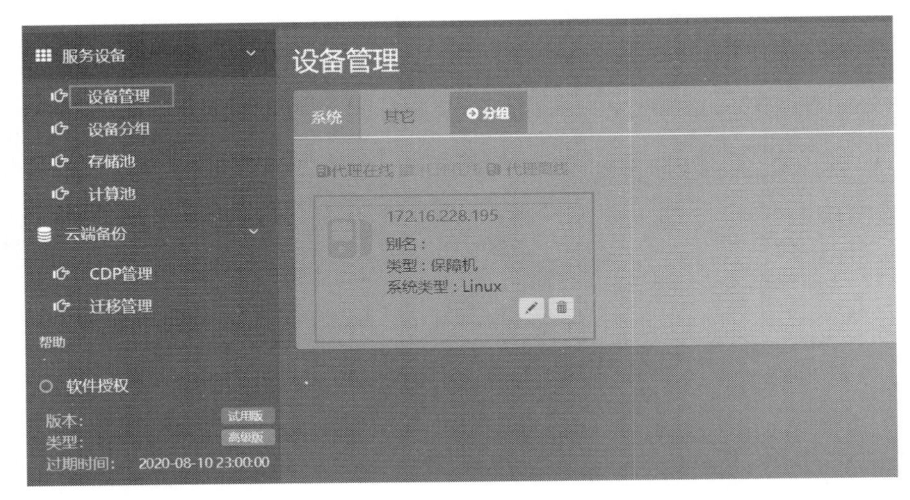

图 13-20

13.4 准备目标系统

源系统的磁盘空间分两部分，一部分是系统，另一部分是数据。数据部分主要是日志，因此可以不对日志所在的分区做克隆，仅克隆系统部分。用指令“df -h”了解具体的分区情况，指令及输出如图 13-21 所示。

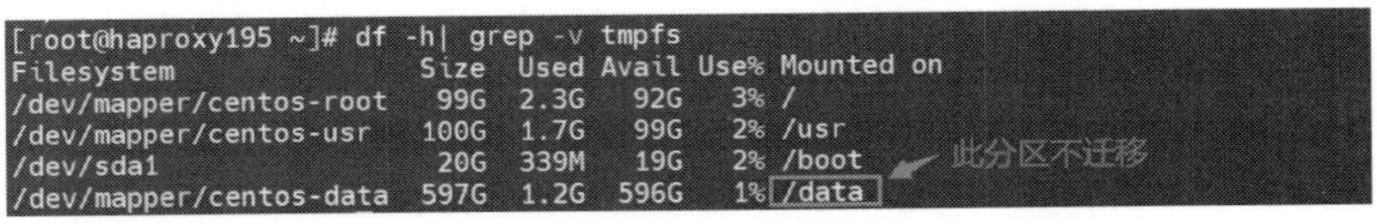

[root@haproxy195 ~]# df -h| grep -v tmpfs
Filesystem   Size Used Avail Use% Mounted on
/dev/mapper/centos-root   99G 2.3G   92G   3% /
/dev/mapper/centos-usr   100G 1.7G   99G   2% /usr
/dev/sda1   20G 339M   19G   2% /boot
/dev/mapper/centos-data   597G 1.2G 596G   1% /data
此分区不迁移

图 13-21

13.4.1 为 Proxmox VE 集群创建虚拟机

登录 Proxmox VE 集群 Web 管理后台，创建一个虚拟机，分配 300GB 的磁盘空间，ISO 镜像选择“AhdrPE_0608_12.iso”，单击“下一步”按钮如图 13-22 所示。

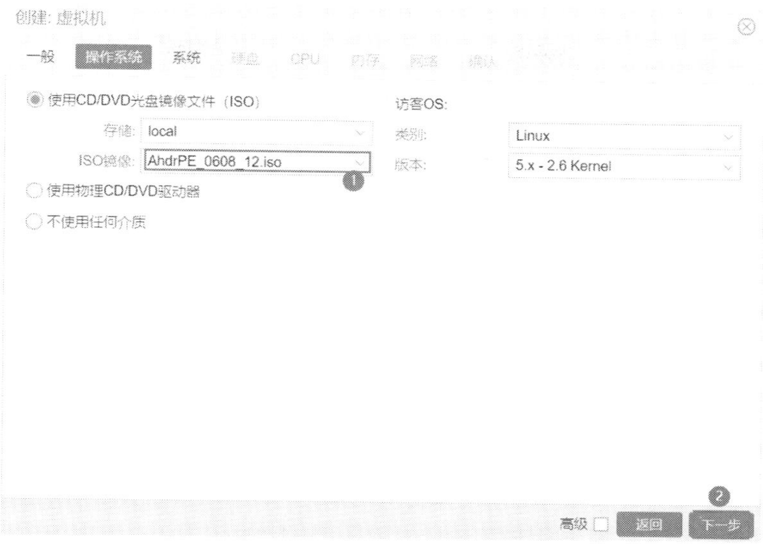

图 13-22

在 Proxmox VE 的 Web 管理后台添加完所有的配置，其汇总信息如图 13-23 所示。

图 13-23

13.4.2 启动虚拟机并连接到控制中心

目标系统是一个运行在内存中的 Windows PE，是一个临时环境，迁移完系统以后，重启虚拟机，此 Windows PE 不会再启动加载。不管是虚拟机还是物理服务器，加载与配置过程完全相同，正确引导的系统界面如图 13-24 所示。

图 13-24

给 Windows PE 系统设置网络参数，包括 IP 地址、子网掩码、默认网关、DNS 服务器地址等，设置完成后，确保能与数据迁移控制中心网络相联通，如图 13-25 所示。

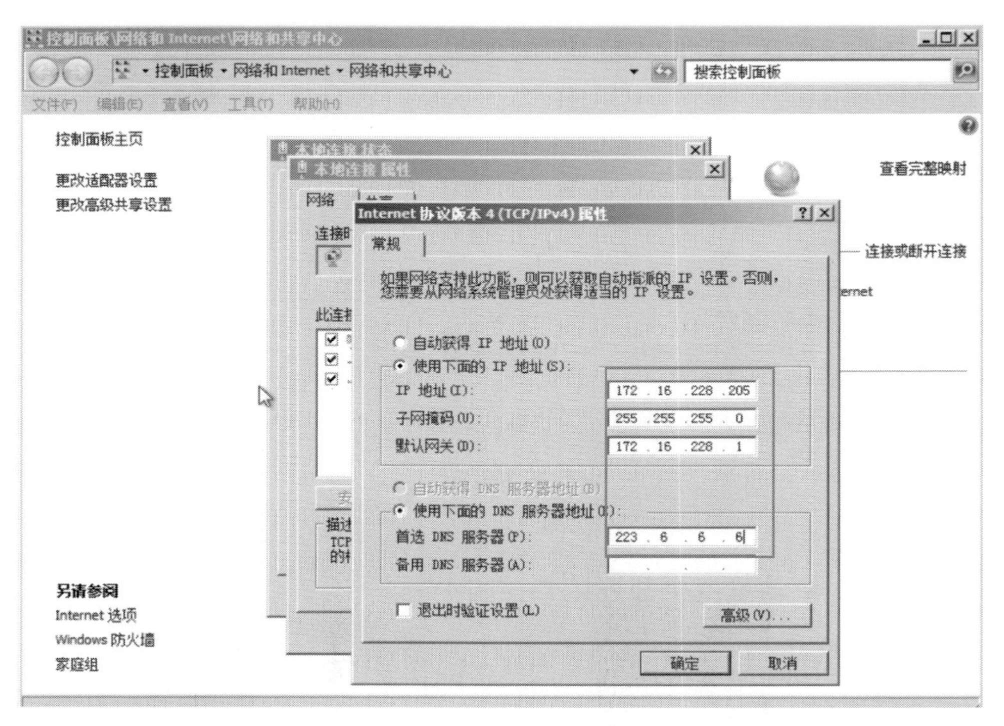

图 13-25

执行 Ping命令，测试此系统到控制中心的联通性，如果“Ping”通，则进行下一步操作，测试效果如图 13-26 所示。

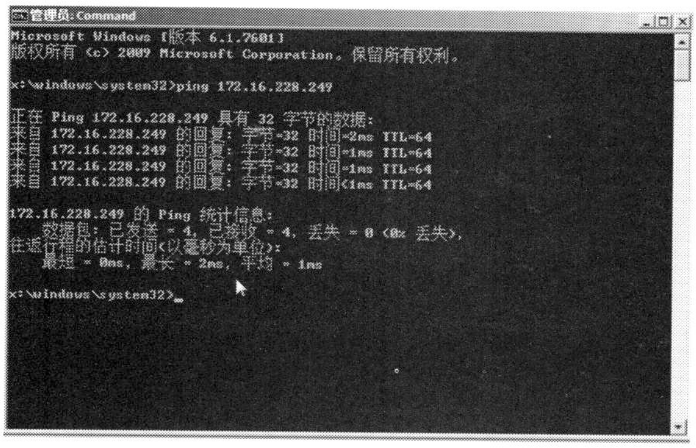

管理员:Command
Microsoft Windows [版本 6.1.7601]
版权所有 (c) 2009 Microsoft Corporation。保留所有权利。
x:\windows\system32>ping 172.16.228.249
正在 Ping 172.16.228.249 具有 32 字节的数据:
来自 172.16.228.249 的回复: 字节=32 时间=2ms TTL=64
来自 172.16.228.249 的回复: 字节=32 时间=1ms TTL=64
来自 172.16.228.249 的回复: 字节=32 时间=1ms TTL=64
来自 172.16.228.249 的回复: 字节=32 时间<1ms TTL=64
172.16.228.249 的 Ping 统计信息:
数据包: 已发送 = 4，已接收 = 4，丢失 = 0 (0% 丢失)，
往返行程的估计时间(以毫秒为单位):
最短 = 0ms，最长 = 2ms，平均 = 1ms
x:\windows\system32>

图 13-26

13.4.3 将目标系统连接到控制中心

在目标系统与控制中心网络通畅的前提下，双击 Windows PE 桌面图标“AhdrSetting”，如图 13-27 所示。

双击此图标进行设置

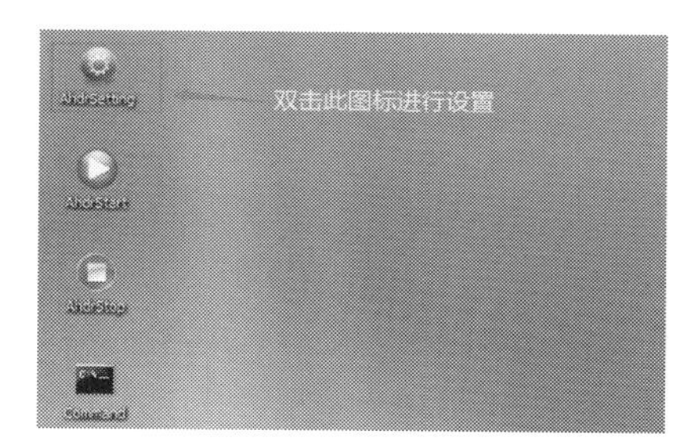

图 13-27

弹出“AhdrSetting”用户交互窗口，填写控制中心 IP 地址、TCP 端口、目标系统本地 IP 地址等（如图 13-28 所示），填写完毕按 Enter 键，交互窗口消失。

AhdrSetting
NOT modify value then press ENTER key
proxy host:172.16.228.249
proxy host:172.16.228.249
proxy port:5000
proxy port:5000
move wan ip:172.16.228.205
控制中心IP地址
Windows PE本地IP地址
optional param
local ip:172.16.228.205

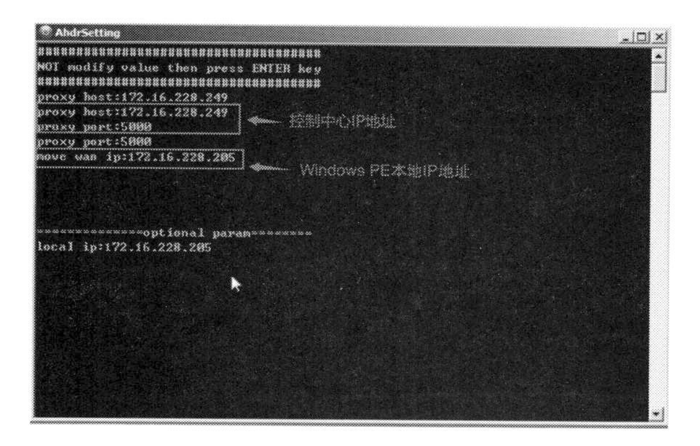

图 13-28

双击桌面图标“AhdrStart”启动目标系统服务“Ahdrd”服务，如图 13-29 所示。

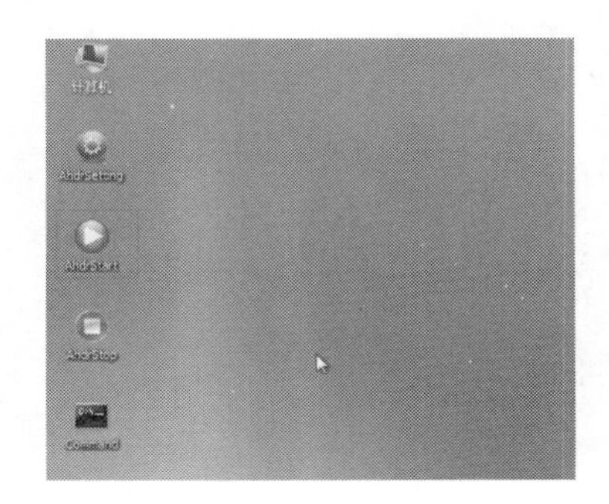

图 13-29

启动“Ahdrd”服务之后，如果一切正常，切换到控制中心 Web 管理后台，会看到目标设备作为“迁移机”已经被添加到设备管理列表之中，如图 13-30 所示。

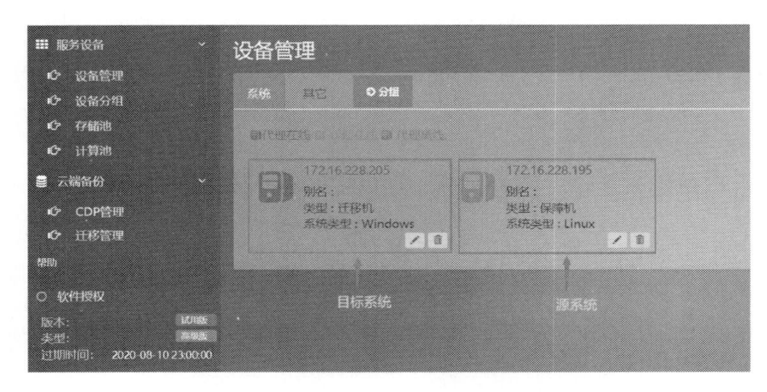

图 13-30

13.5 系统在线迁移

到目前为止，已经让源系统与目标系统都与数据迁移控制中心相连接，并且处于在线状态。在正式迁移之前，再检查一遍源系统和目标系统的状况，确保迁移顺利进行。

只要数据迁移客户端的两个进程“agent”和“clone”处于运行状态，即可断定源系统正常。用如下命令查询：

```
[root@haproxy195 ~]# ps auxww | grep -E "agent|clone"| grep -v grep
root      16844  0.0  0.0  60472  5452 ?        S    12:18   0:08 /usr/
local/ahdr/bin/agent
root      16917 14.3  1.9 266196 158152 ?       S    12:18  29:03 /usr/
local/ahdr/bin/clone 172.16.228.249 5000
```

从输出可知，客户端与控制中心连接一切正常。

在目标系统 Windows PE 桌面上，右击底部“任务栏”，调出任务管理器，查看进程“agent”与“move”是否同时存在，如果同时存在，则表明目标系统与控制中心的连接正常，如图 13-31 所示。

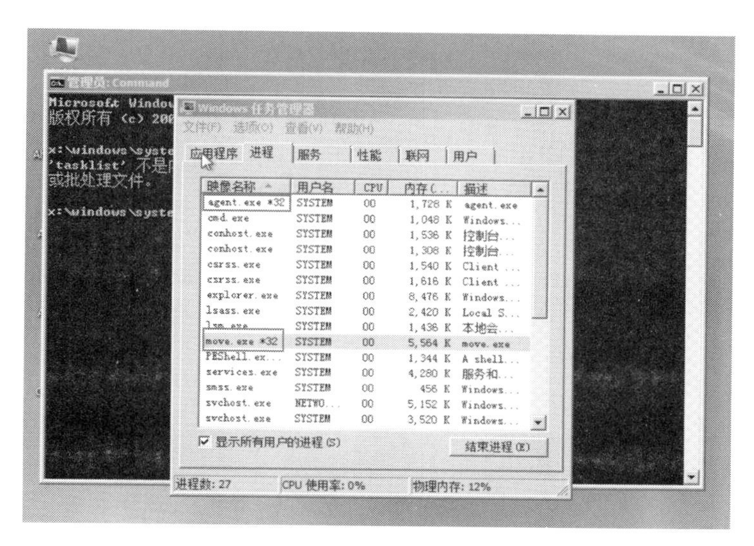

图 13-31

13.5.1 添加迁移任务

登录数据迁移控制中心 Web 管理后台，按如下步骤添加迁移任务。

第一步：新增迁移任务。在 Web 管理后台单击“新增迁移任务”按钮，如图 13-32 所示。

图 13-32

第二步：勾选源系统需要迁移的磁盘分区，单击“下一步”按钮如图 13-33 所示。

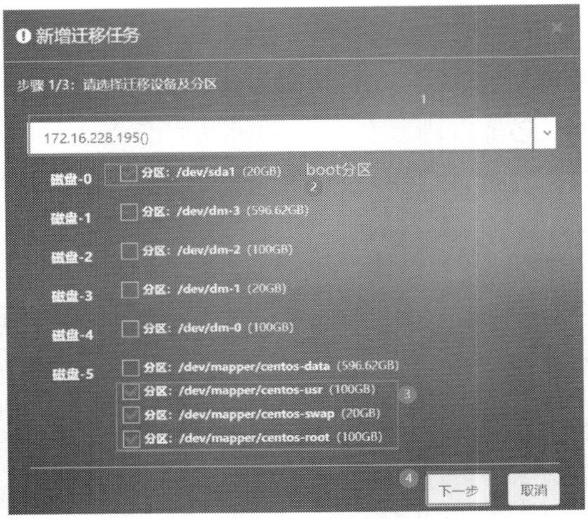

图 13-33

第三步：选择迁移目标机，如图 13-34 所示。

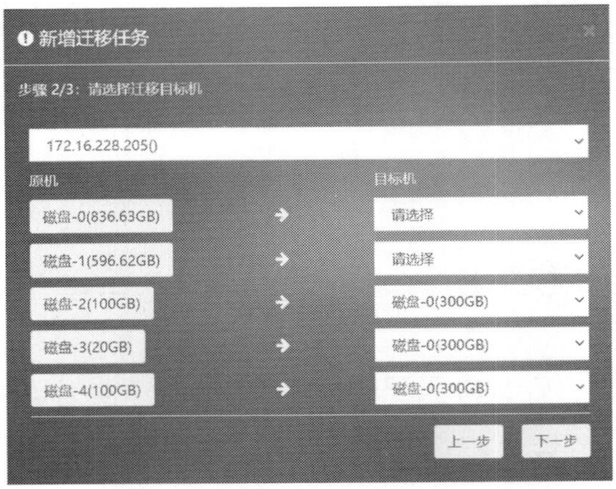

图 13-34

第四步：设定“迁移策略”。目的是限制迁移速度，避免网络阻塞。设置默认值“0”，不限制数据传输速度，如图 13-35 所示。

图 13-35

新增完以后，任务列表增加一行内容，如图 13-36 所示。如果有多个系统需要迁移，则显示多行任务。

图 13-36

13.5.2 源系统向目标系统整体迁移

迁移工作基于已经建立起来的“迁移任务”，在“新增迁移任务列表”，选择需要迁移的任务，单击“启动”按钮，如图 13-37 所示。

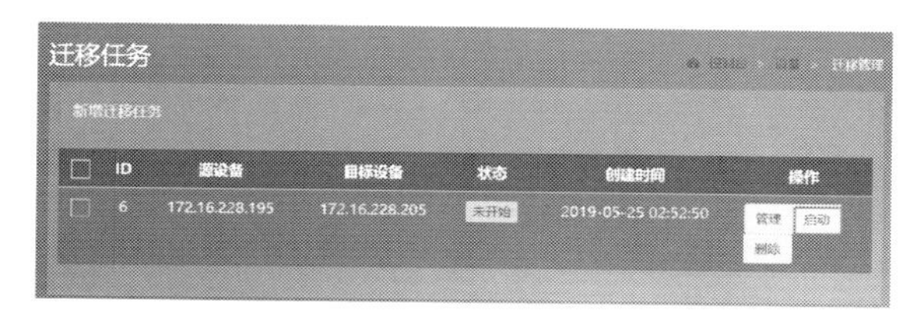

图 13-37

单击“确认”按钮，启动正式迁移处理，如图 13-38 所示。

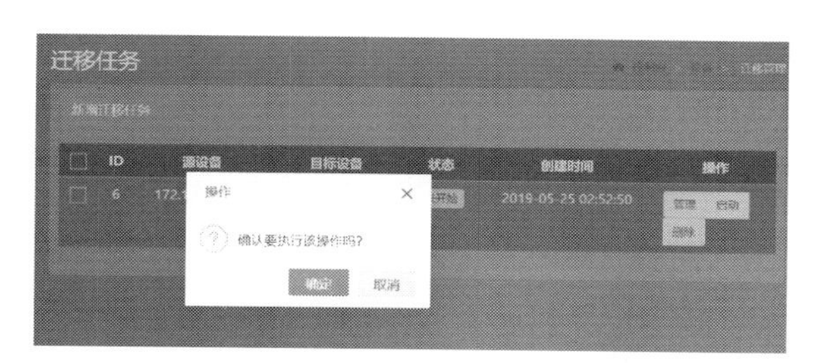

图 13-38

单击页面左侧“管理”按钮，可查看数据迁移实时进度，如图 13-39 所示。

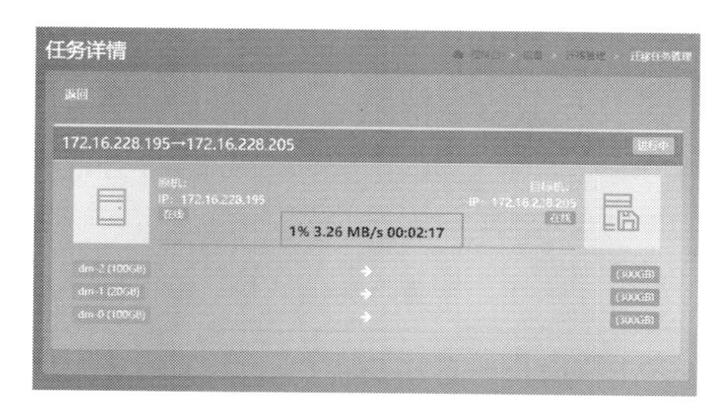

图 13-39

迁移所耗费的时间，与源系统容量的大小、目标系统的磁盘性能、网络带宽等关系紧密。因迁移数据传输不经过控制中心，不对迁移控制中心产生大的负荷，因此，可以进行多系统并行迁移，提高效率。

13.6 目标系统切换

迁移任务完成数据复制以后，源站很可能还有新的数据进行写入。与相关人员协商好计划维护时间，停止相关应用程序，确保源系统不再写入新的数据。登录到控制中心 Web 管理后台，单击迁移列表中正在进行迁移的“增量同步”选项，把源系统增量数据与目标系统的数据同步补齐，使其完全一致，如图 13-40 所示。

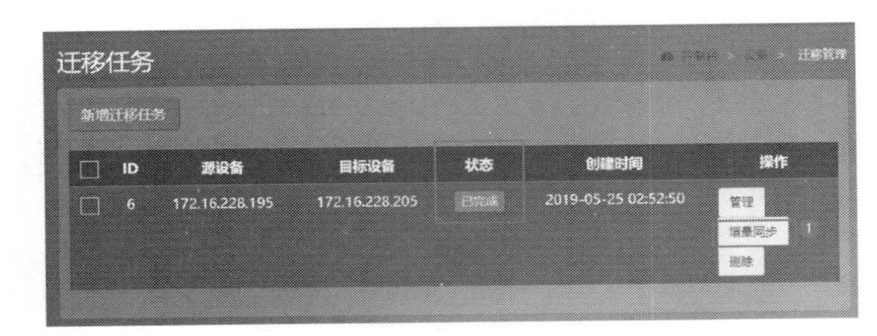

图 13-40

增量同步完成以后，彻底关闭源站，重启目标系统 WindowsPE，系统由 WindowsPE 转换成迁移过来的 CentOS，如图 13-41 所示。

图 13-41

用 Sshd 客户端登录迁移成功的目标系统 CentOS，检查主机名、网络参数、硬盘分区等是否与源系统一致。然后源系统永久下线或重装系统另作他用，迁移工作完成。

13.7 在线迁移 Windows 系统

迁移系统也支持 Windows 系统的在线迁移，差异仅仅在于源系统数据迁移客户端的安装。在源系统 Windows 用浏览器访问控制中心 Web 管理后台，登录页面即有客户端下载链接，如图 13-42 所示。

图 13-42

客户端下载完以后，双击可执行安装文件“client_windows.exe”进行安装。安装过程有一个用户交互，输入系统迁移控制中心 IP 地址及 TCP 端口（默认值 5000），按 Enter 键进行下一步操作，如图 13-43 所示。

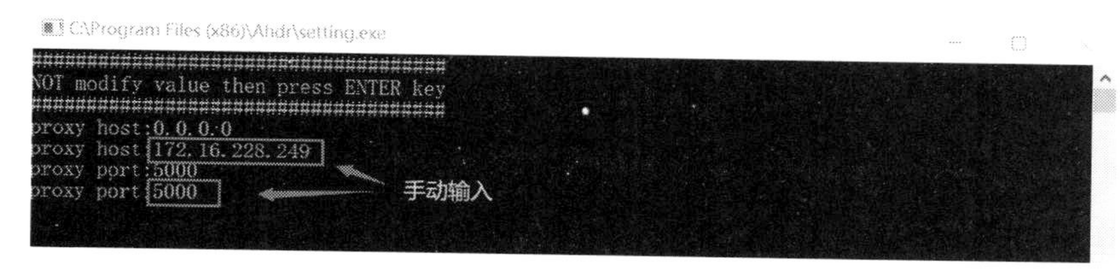

图 13-43

与系统交互操作完成以后，交互操作的命令行窗口关闭，弹出安装客户端驱动程序的界面，如图 13-44 所示。

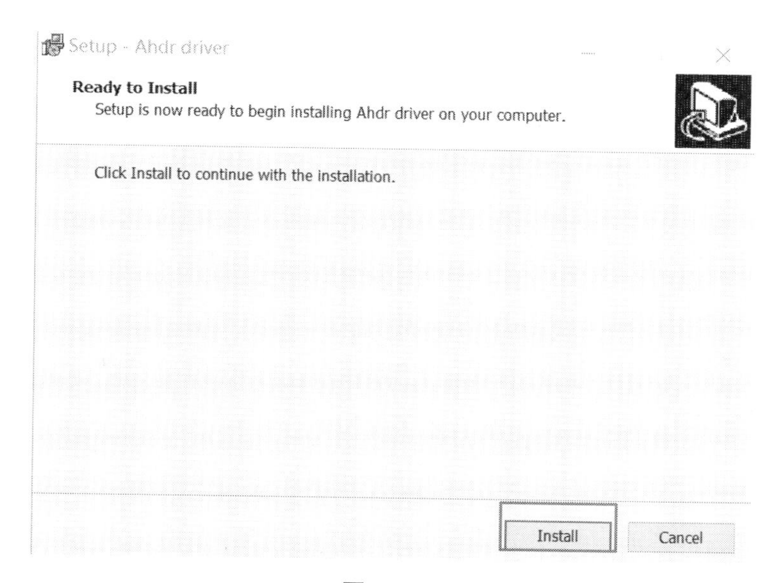

图 13-44

余下的步骤，与迁移 Linux 完全相同，这里不再赘述。

第14章 Proxmox VE 桌面虚拟化或桌面云

14.1 办公场景使用 PC 面临的问题

笔者做了很长一段时间的运维部门负责人，除了负责管控 IDC 机房的业务系统服务器外，还得兼管公司内部的办公网络。虽然不用亲自去帮同事搬主机、安装系统，但面对堆积如山的、分配不出去的旧电脑，很犯愁。为什么这样呢？因为有员工辞职，需要收回电脑，等新的员工入职，再把收回的电脑分配出去。但新来的员工觉得旧电脑配置太低，不愿意接受，于是只能再采购新电脑，以至于旧电脑堆积得越来越多。

除了上述电脑资产浪费，传统型的办公场景使用 PC 机还面临如下麻烦：

第一，维护效率低。员工离职，维护人员需要把电脑全部格式化；新员工入职，分配电脑，重新安装操作系统并部署所需要的应用软件。平时还要随时处理员工在使用电脑过程中出现的各种稀奇古怪的故障，响应各种服务需求，全靠手动及个人经验，费时费力，疲于奔命。

第二，故障率高。受电子产品使用寿命、使用者的水平、设施的爱护程度等因素的影响，电脑属于易损坏品。比如不小心踢到主机箱，导致高速旋转的硬盘因受外力损坏；用户随意删除系统文件等，都会导致电脑损坏或者故障。

第三，耗电量大。据估算，一台电脑平均能耗为 300 瓦。一天开机 10 小时，用电量为 3 千瓦时。很多员工，下班后只关闭显示器，系统一直在不间断运行。假设一个百人的机构，每台电脑一天耗电 5 千瓦时，商业用电是 1.2 元 / 千瓦时，100 台电脑一年的电费大概是 18 万元（5×1.2×100×300），这账算下来，有点可观。

第四，数据安全性差。个人电脑，全是单点故障，硬盘损坏或者误删文件，数据就会丢失。虽然可以进行数据恢复，但代价极大，也属事后无奈之举。

14.2 解决传统电脑办公问题的思路

基于运维高效、低能耗、数据安全的目标，把台式电脑主机换成功耗低、体积小的终端盒子，桌面环境以虚拟机的形式集中运行在远端的服务器中，理论上就比较完美了。服务器虚拟化加终端盒子，代替台式机，就是通常意义上的桌面云，或者桌面虚拟化。商业化的桌面云面市已经有些年头，因为设备与授权费昂贵，普及率并不是很高。

以服务器为基础、终端盒子为客户端的模式，性价比如何取决于规模。规模越大，性价比越高，但在现实中，小规模的机构占比很大。因此，对于一定规模的组织机构，使用桌面云是比较好的选择。

14.2.1 30 ～ 50 人规模桌面云方案设计

在预算有限的情况下，服务器端可能不会考虑到高可用，但至少得保证数据安全。服务器一旦崩溃，导致的结果是所有的用户都不能使用电脑办公。因此，在满足基本功能的情况下，必须保证数据的安全，在服务器崩溃的极端条件下，能从备份中快速恢复。

1. 结构组成

- 服务器至少需要两台，一台用于虚拟化桌面，另一台用于数据备份。
- 交换机至少需要两台，因为主流的接入层交换机一般为 48 个网络接口。
- 终端盒子根据人数预估。

2. 设施配置要求

- 用于虚拟化的服务器，需要更多的 CPU 核心数、更大容量的内存（按每用户 8GB 内存预留，建议总容量 512GB）、更大的磁盘容量。为获得大容量、高性能，大容量磁盘（SATA）做成 RAID 5 级别，且加固态硬盘 SSD 做缓存。

- 备份服务器，除了存储容量有要求外，其他配置要求不高，比如单 CPU、32GB 内存即可满足需求。
- 交换机全千兆、万兆级联或者堆叠。
- 终端盒子 ARM 架构，支持多种网络协议，如 RDP、SPICE 等。

3. 方案评估

能耗估算：终端盒子，每个功率小于10瓦（按10瓦计算），50个终端，24小时开机，全年的能耗为 365×50×10×24 = 43 800 千瓦时。服务器的功率按 1000 瓦计算，2 台全天候运行，全年的功耗为 365×2×1000×24 = 17 520 千瓦时。总功耗为 61 320 千瓦时，大概费用为7.3万元，一个年度下来，比台式电脑省了很大一笔费用。

资产投入估算：终端盒子，每个采购价大概 400 元，50 个总费用 2 万元。两台服务器主要投入在硬盘存储上，当前主流的 10TB SATA 盘价格为 1000~2000 元，一共采购 12 块硬盘，总价不超过 2 万元；CPU 采购 10~12 核心第三代产品，不超过 2 万元；备份服务器的 CPU 要求不高，1000 元以内即可；内存主机箱等，3 万元应该足够。全部费用预估 9 万元。而采购 50 台台式电脑主机，每台大概 2500 元，也得耗费约 12 万元。与终端盒子相比较，台式电脑主机折旧率高，贬值快。

维护效率评估：桌面云的日常维护，需要把主要精力集中在服务器端。终端盒子由于没有机械硬盘，发热量低，免维护，就算盒子坏了，直接更换即可，因为用户的环境运行在服务器端，不需要像台式机那样安装系统及各种软件。员工离职后，在后台管理界面直接销毁虚拟机，新员工入职后，用预先定义好的模板克隆虚拟机。这些工作轻点鼠标就可以完成，效率极高。

14.2.2 200 人左右规模桌面云方案设计

规模越大，办公电脑桌面虚拟化性价比越高，虽然由于规模的增大，在服务器端投入的成本大幅度增加，但与台式机办公所投入的成本相比，节省下来的费用还是很可观的。

1. 结构组成

- 至少 4 台服务器组成高可用集群，1 台存储服务器，1 或 2 台备份服务器。应用与存储分离，有利于提高性能和降低成本，在技术层面，虚拟机（Windows 系统及应用软件，存储在 C 盘）运行在高性能的集群服务器上，用户数据单独存放于低速大容量存储服务器上（D 盘）。

- 交换机数台。
- 终端盒子若干。

2. 设施配置要求

- 高可用集群服务器除了较高配置的CPU、内存外，对硬盘的要求也高。根据用途，可划分出系统盘与数据盘。系统盘用于安装集群底层宿主系统，数据盘用于虚拟机存储。建议系统盘采用固态硬盘，数据盘采用10 000转容量2.4TB的高速SAS磁盘。
- 共享数据存储服务器，主要考虑磁盘容量。考虑到存储性能问题，可加固态硬盘SSD缓存加速。
- 备份服务器与小规模配置相同即可。因为用户数量多，数据量必然随之增大，配备复制备份服务器，提高数据可靠性。
- 交换机可采用企业级别的，以获得更大的背板带宽。如资金预算充足，建议采购全万兆自适应电口交换机。
- 终端盒子需求与小规模网络相同即可。

3. 方案评估

从总体成本、运行维护效率、可用性、数据安全等多个因素进行评估，如果不考虑软件授权费用，桌面云（桌面虚拟化）的优势还是巨大的。

14.3 Proxmox VE 桌面虚拟化

既然桌面云实质就是虚拟机加终端盒子，那么用Proxmox VE做服务器，在其上创建虚拟机，做好配置，用通用性强的终端盒子通过局域网络来连接被正确授权的虚拟机，就可以大体实现一个桌面云。

14.3.1 实验设施准备

服务器采用1U机架式，双CPU，128GB内存，具体的配置及报价如图14-1所示。

品牌	配件名称	规格型号	规格描述	数量	质保
Intel 1U双路 E5-2600V1/V2平台	Intel 准系统平台	Intel R1208 1U 8盘 准系统	1. Dual socket R3 (LGA 2011) supports Intel® Xeon® processor E5-2600 v1†/ v2 family; QPI up to 9.6GT/s 2. Intel® C624 chipset 3. Up to 1.54TB† ECC 3DS LRDIMM , up toDDR4- 2400†MHz ; 16x DIMM slots 4. 2 PCI-E 3.0 x16 5. Intel® X540 Dual port 10GbE LAN*2 自适应10 100 1000 10000Gb 电口万兆 6. 10x SATA3 (6Gbps); RAID 0, 1, , 10 7. Integrated IPMI 2.0 and KVM with Dedicated LAN （选配） 8. 5x USB 3.0 (2 rear, 2 via header, 1 Type A), 6x USB 2.0 (2 rear, 4 via header) 9. 1100W Power Supplies; Platinum Level (94%+) 配置双电冗余 10.1u 6SAS&sata SSD 盘位背板平台,8*2.5寸 SATA SAS SSD 热插拔系统盘。	1	三年
	处理器	Intel Xeon E5 系列	Intel XEON E5 2660v2 10核心 20线程 主频2.2GHz 睿频 3.00 GHz	2	三年
	专业服务器内存	DDR3	DDR3 RECC 1600 MHz 16G （128）	8	三年
	硬盘	SSD	希捷 XF1230 240G SSD	1	三年
	硬盘	SAS	希捷 1.8TB 企业级 万转 SAS盘	3	三年
	RAID卡	9260-8I	LSI 9260-8I+BBU掉电保护	1	三年
			未税总价	¥19,490.00	
			含增值税总价	¥21,439.00	
			报价日期	2018/11/12	

图 14-1

请读者注意，本方案采用的是上一代的产品，如 CPU 为 IntelE5-2660V2，内存为 DDR3。如果用当前主流的产品（CPUE5-2660V4、DDR4），相同配置，价格会贵上一倍多。

云终端盒子的选购，尽量选择支持多协议的，而且要选择通用产品。一些大厂商的品牌，只能兼容它自己的虚拟化平台，比如 Dell 的盒子，这个要了解清楚，不要相信网上的破解方法，费时费力。为了测试桌面虚拟机，笔者曾经买了好多种盒子。这些盒子要么支持的协议有限（只支持 RDP）、要么清晰度极差。笔者浪费了不少资金后，终于在网上购得一个外形小巧、支持多种协议的云终端盒子，价格有点贵，当时是 600 元。

此终端盒子支持的协议包含微软 RDP、RedHatSPICE、VNC 等，如图 14-2 所示。

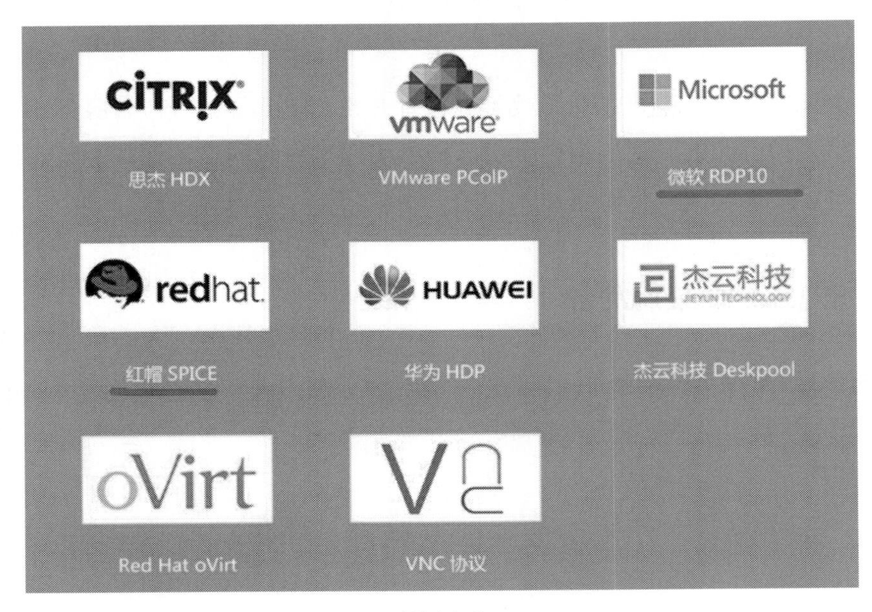

图 14-2

盒子体积小巧，外观漂亮，如图 14-3 所示。

图 14-3

14.3.2 Proxmox VE 桌面虚拟化实施步骤

Proxmox VE 桌面虚拟化实施步骤如下：

（1）采购服务器并上架。

（2）部署 Proxmox VE。

（3）创建虚拟机，安装虚拟机操作系统（服务器系统）。

（4）安装虚拟机桌面操作系统。

（5）配置桌面远程访问协议。

（6）Windows 客户端连接虚拟机。

（7）终端盒连接虚拟机。

部署 Proxmox VE、创建虚拟机等具体的操作过程，在前面的章节已经有详尽的说明。这里主要描述部署 Windows 系统、配置 SPICE 协议以及外接云终端盒的实现。

14.3.3 安装创建 Windows 虚拟机

安装 Windows 桌面操作系统，最好给用户分配两个磁盘，一个磁盘安装操作系统及应用软件，另一个磁盘存放用户自己的数据。在给虚拟机安装 Windows 的过程中，需要能正常引导安装，但经常会出现找不到磁盘驱动的情况（找不到磁盘），因此需要在安装过程加载驱动。

1. 创建 Windows 虚拟机

创建 Windows 虚拟机的具体步骤如下。

第一步：准备两个 ISO 镜像文件。一个为 Windows 操作系统 ISO，另一个为磁盘驱动程序镜像文件 virtio-win-0.1.160.iso。安装 Windows 操作系统，由于安装过程需要加载磁盘驱动，因此需要将这两个 ISO 镜像文件下载到 Proxmox VE 存放 ISO 文件的路径（“/var/lib/vz/template/iso/”）。“virtio-win-0.1.160.iso”镜像文件可在网上下载，不需要授权、序列号，当前的最新版本为“virtio-win-0.1.208”。

第二步：在 Proxmox VE 的 Web 管理后台创建一个虚拟机。具体硬件配置包括两个磁盘驱动器，两个 CD/DVD 驱动器，一个驱动器挂载 Windows 操作系统 ISO，另一个驱动器挂载虚拟磁盘驱动，如图 14-4 所示。

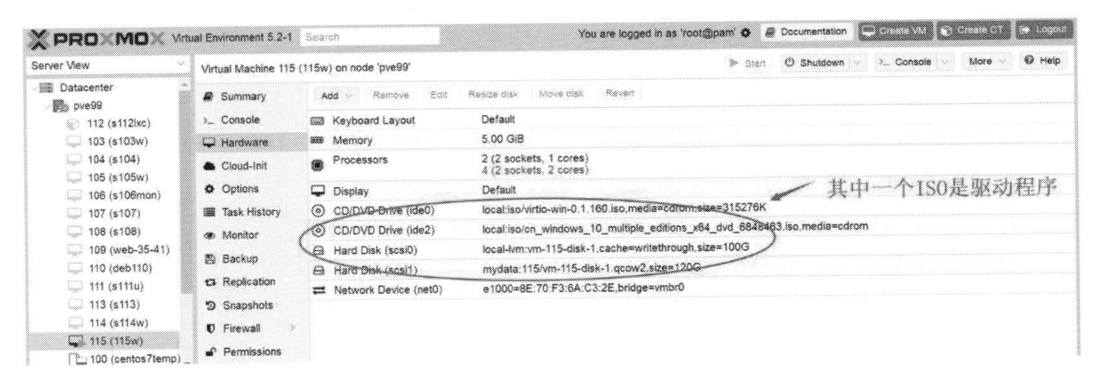

图 14-4

文件 virtio-win-0.1.160.iso 下载地址为：https://fedorapeople.org/groups/virt/virtio-win/direct-downloads/archive-virtio/virtio-win-0.1.160-1/virtio-win-0.1.160.iso。在本文撰写时，下载链接是有效的。

第三步：Proxmox VE 的 Web 管理后台修改虚拟机显示类型为 SPICE，如图 14-5 所示。

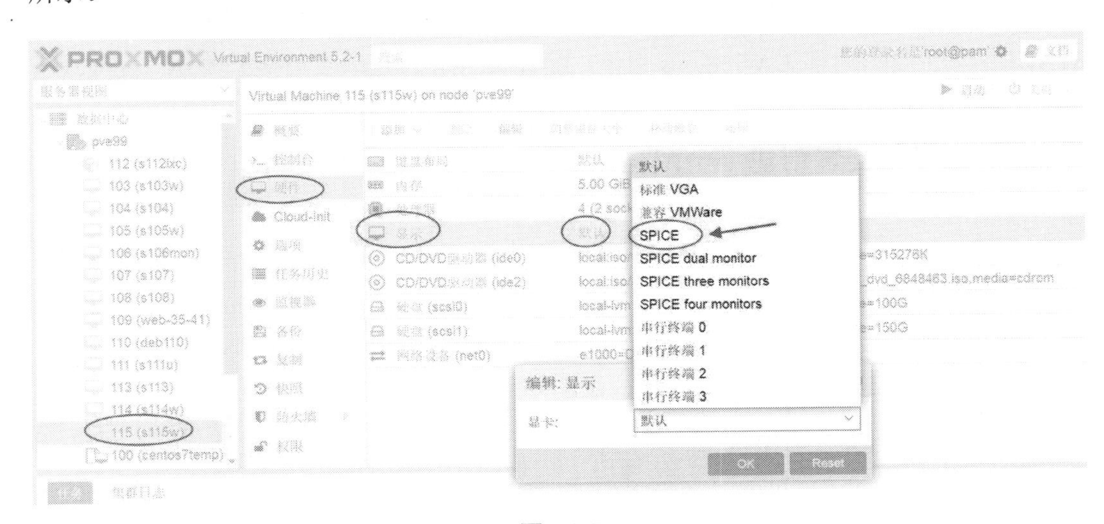

图 14-5

第四步：登录 Proxmox VE 宿主系统 Debian，查看刚才对显示类型的更改。

```
root@pve99:/etc/pve/nodes/pve99/qemu-server# pwd
/etc/pve/nodes/pve99/qemu-server
root@pve99:/etc/pve/nodes/pve99/qemu-server# more 115.conf
bootdisk: scsi0
cores: 2
ide0: local:iso/virtio-win-0.1.160.iso,media=cdrom,size=315276K
ide2: local:iso/cn_windows_10_multiple_editions_x64_dvd_6848463.
iso,media=cdrom
memory: 5120
name: s115w
net0: e1000=DA:A4:1C:D8:D6:88,bridge=vmbr0
numa: 0
ostype: win10
scsi0: local-lvm:vm-115-disk-1,cache=writethrough,size=100G
scsi1: local-lvm:vm-115-disk-2,cache=writethrough,size=150G
scsihw: virtio-scsi-pci
smbios1: uuid=f5d96d4b-2408-4715-b755-01beb3b06b60
sockets: 2
vga: qxl
```

最后一行即为修改后的 SPICE 对应的值。

什么是 SPICE 协议？ SPICE 即 Simple Protocol for Independent Computing Environment（独立计算环境简单协议），是红帽企业虚拟化桌面版的主要技术组件之一，具有自适应能力的远程提交协议，能够提供与物理桌面完全相同的最终用户体验（此段文字来自网络）。直观地理解，类似于 Windows 的远程桌面协议 RDP，可以图形界面管理虚拟机操作系统，包括 Windows、CentOS、Debian 等，当然 VNC 也可以的。

2. 在虚拟机上安装 Windows 操作系统

启动虚拟机，进行操作系统安装。由于在前面的虚拟机创建过程中更改了显示类型为 SPICE，虚拟机启动以后，宿主机会启动一个 TCP61000 端口进行监听，这个监听实际就是与 SPICE 相关联的。如果另外一个虚拟机的显示类型也是 SPICE 并且启动，那么它会再起一个 TCP61001 端口进行监听，如图 14-6 所示。

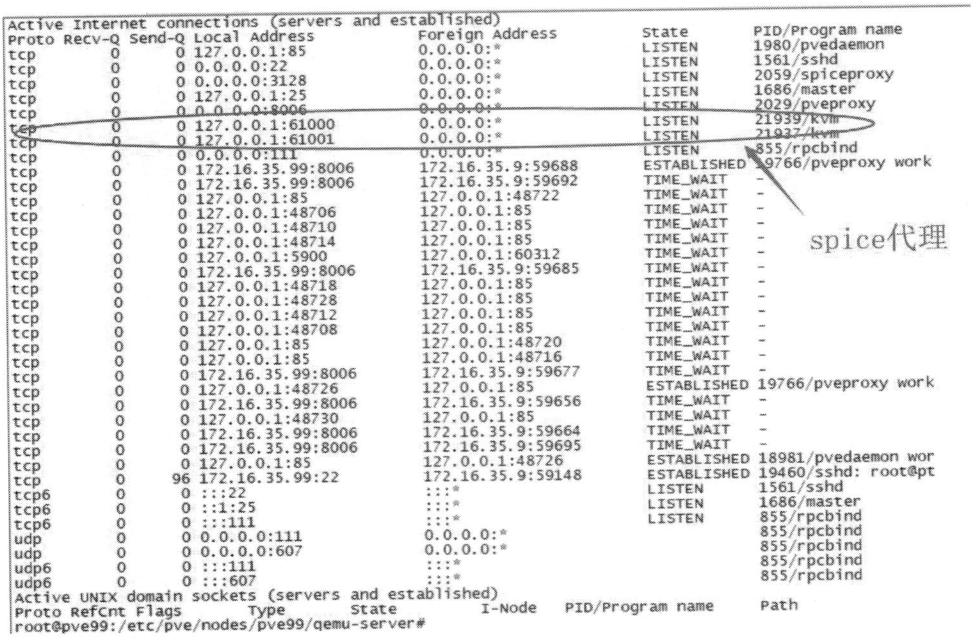

```
Active Internet connections (servers and established)
Proto Recv-Q Send-Q Local Address           Foreign Address         State       PID/Program name
tcp        0      0 127.0.0.1:85            0.0.0.0:*               LISTEN      1980/pvedaemon
tcp        0      0 0.0.0.0:22              0.0.0.0:*               LISTEN      1561/sshd
tcp        0      0 0.0.0.0:3128            0.0.0.0:*               LISTEN      2059/spiceproxy
tcp        0      0 127.0.0.1:25            0.0.0.0:*               LISTEN      1686/master
tcp        0      0 0.0.0.0:8006            0.0.0.0:*               LISTEN      2029/pveproxy
tcp        0      0 127.0.0.1:61000         0.0.0.0:*               LISTEN      21939/kvm
tcp        0      0 127.0.0.1:61001         0.0.0.0:*               LISTEN      21937/kvm
tcp        0      0 0.0.0.0:111             0.0.0.0:*               LISTEN      855/rpcbind
tcp        0      0 172.16.35.99:8006       172.16.35.9:59688       ESTABLISHED 19766/pveproxy work
tcp        0      0 172.16.35.99:8006       172.16.35.9:59692       TIME_WAIT   -
tcp        0      0 127.0.0.1:85            127.0.0.1:48722         TIME_WAIT   -
tcp        0      0 127.0.0.1:48706         127.0.0.1:85            TIME_WAIT   -
tcp        0      0 127.0.0.1:48710         127.0.0.1:85            TIME_WAIT   -
tcp        0      0 127.0.0.1:48714         127.0.0.1:85            TIME_WAIT   -
tcp        0      0 127.0.0.1:5900          127.0.0.1:60312         TIME_WAIT   -
tcp        0      0 172.16.35.99:8006       172.16.35.9:59685       TIME_WAIT   -
tcp        0      0 127.0.0.1:48718         127.0.0.1:85            TIME_WAIT   -
tcp        0      0 127.0.0.1:48728         127.0.0.1:85            TIME_WAIT   -
tcp        0      0 127.0.0.1:48712         127.0.0.1:85            TIME_WAIT   -
tcp        0      0 127.0.0.1:48708         127.0.0.1:85            TIME_WAIT   -
tcp        0      0 127.0.0.1:85            127.0.0.1:48720         TIME_WAIT   -
tcp        0      0 127.0.0.1:85            127.0.0.1:48716         TIME_WAIT   -
tcp        0      0 172.16.35.99:8006       172.16.35.9:59677       TIME_WAIT   -
tcp        0      0 127.0.0.1:48726         127.0.0.1:85            ESTABLISHED 19766/pveproxy work
tcp        0      0 172.16.35.99:8006       172.16.35.9:59656       TIME_WAIT   -
tcp        0      0 127.0.0.1:48730         127.0.0.1:85            TIME_WAIT   -
tcp        0      0 172.16.35.99:8006       172.16.35.9:59664       TIME_WAIT   -
tcp        0      0 172.16.35.99:8006       172.16.35.9:59695       TIME_WAIT   -
tcp        0      0 127.0.0.1:85            127.0.0.1:48726         ESTABLISHED 18981/pvedaemon wor
tcp        0     96 172.16.35.99:22         172.16.35.9:59148       ESTABLISHED 19460/sshd: root@pt
tcp6       0      0 :::22                   :::*                    LISTEN      1561/sshd
tcp6       0      0 ::1:25                  :::*                    LISTEN      1686/master
tcp6       0      0 :::111                  :::*                    LISTEN      855/rpcbind
udp        0      0 0.0.0.0:111             0.0.0.0:*                           855/rpcbind
udp        0      0 0.0.0.0:607             0.0.0.0:*                           855/rpcbind
udp6       0      0 :::111                  :::*                                855/rpcbind
udp6       0      0 :::607                  :::*                                855/rpcbind
Active UNIX domain sockets (servers and established)
Proto RefCnt Flags       Type       State         I-Node   PID/Program name    Path
root@pve99:/etc/pve/nodes/pve99/qemu-server#
```

spice代理

图 14-6

最初想用终端盒子连接虚拟机，曾以 TCP61000 端口进行设置，数次失败。仔细查验，才明白监听地址为 127.0.0.1 而不是其他物理接口地址。

打开 Proxmox VE 的 Web 管理后台，进入虚拟机控制台，即可进入 Windows 安装界面（此为 SPICE 代理页面），如图 14-7 所示。

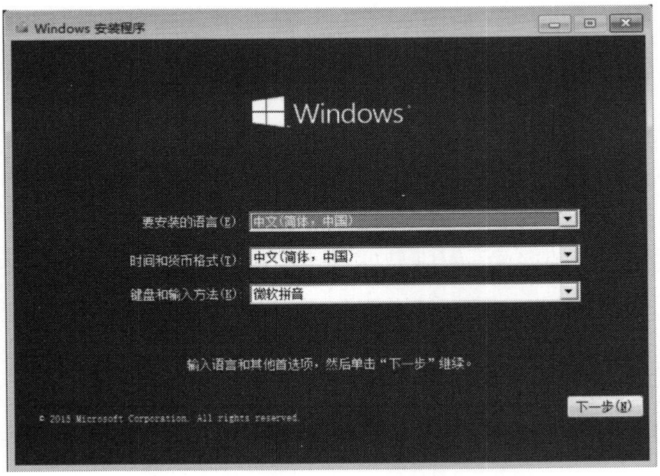

图 14-7

在此安装界面，尽管用单击进行下一步的操作。不过有点恼人的是，界面上会出现两个光标（如图 14-8 所示），定位要有点耐心。

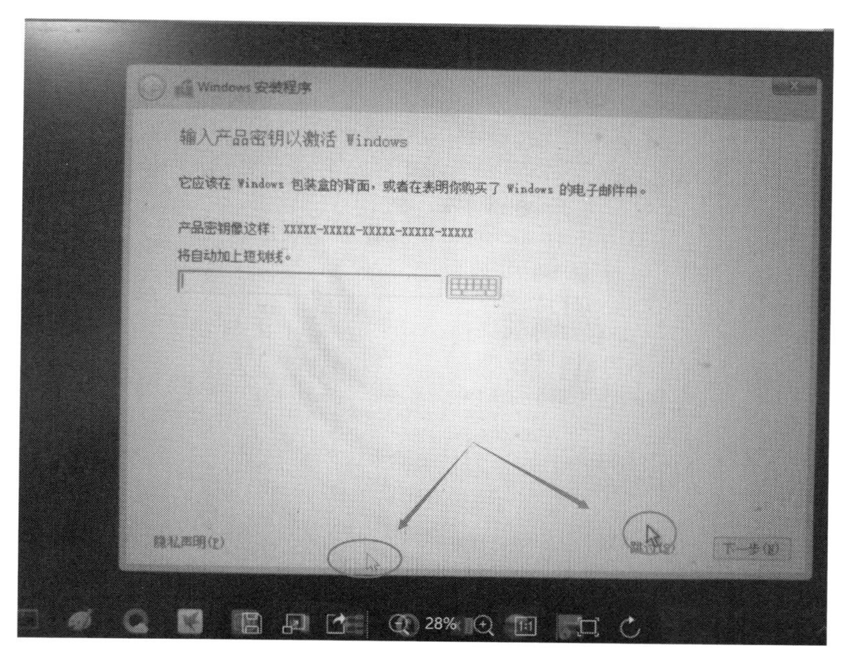

图 14-8

连续单击“下一步”按钮，来到“你想将 Windows 安装到哪里”界面。当然要安装到硬盘了，但此处无硬盘可供安装，如图 14-9 所示。

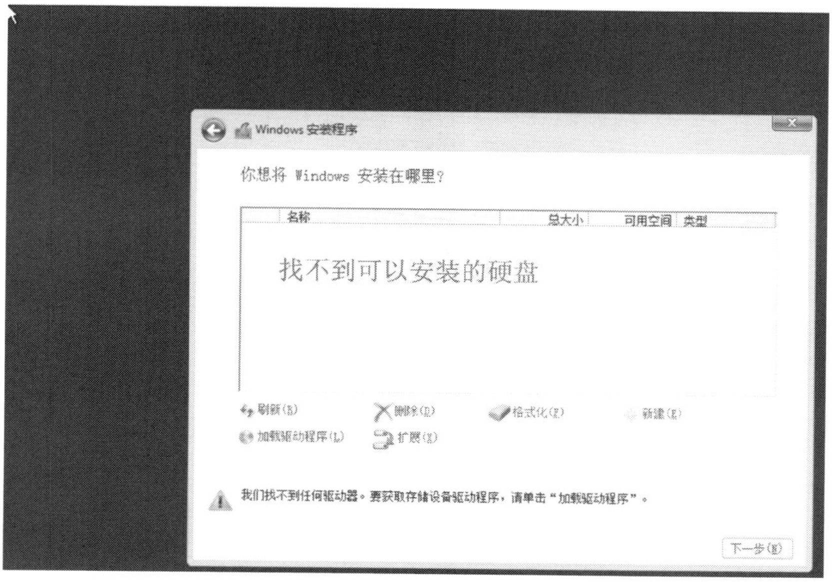

图 14-9

单击“加载驱动程序”，再浏览，文件夹浏览界面将出现两个 CD 驱动器，一个为操作系统的 ISO，另外一个是磁盘驱动程序 ISO，如图 14-10 所示。

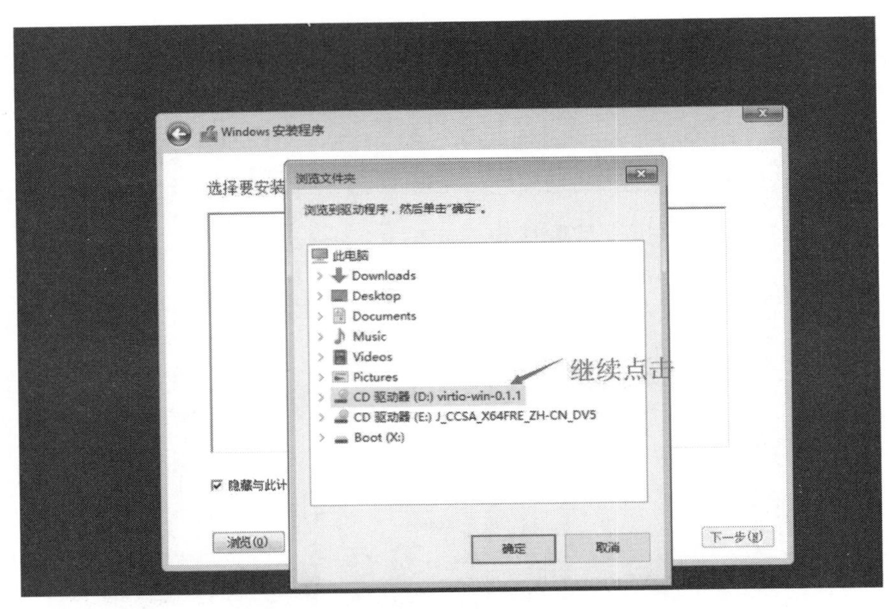

图 14-10

继续单击“CD 驱动器（D:）virtio-win-0.1.1”，直到如图 14-11 所示目录分支，选中“adm64”，再单击“确定”按钮进行下一步。

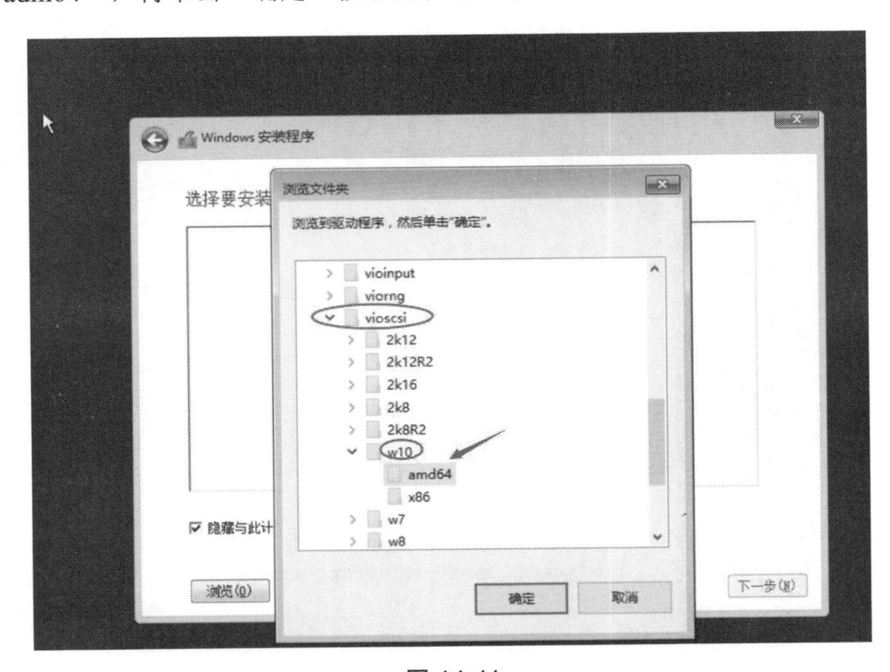

图 14-11

正常情况下，将在安装界面显示驱动程序的完整路径，这表明驱动程序是正确的，如图 14-12 所示。

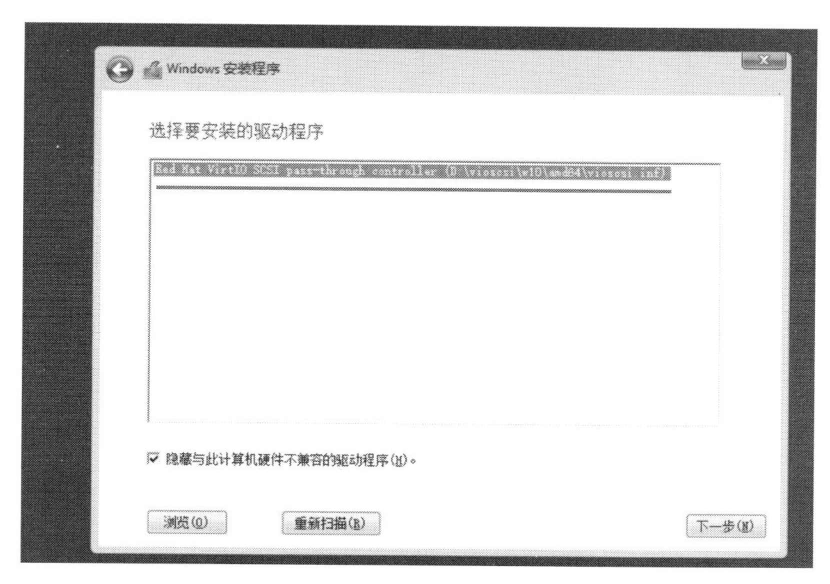

图 14-12

由于加载了正确的磁盘驱动，在创建虚拟机的过程中，添加的硬盘就会出现在安装界面，需要手动选择一个磁盘作为安装磁盘，如图 14-13 所示。

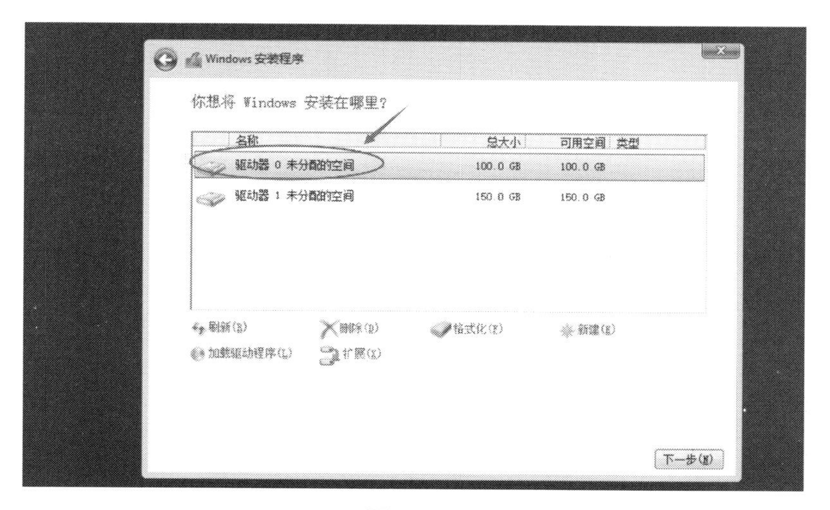

图 14-13

接下来的安装过程，跟物理机安装 Windows 毫无区别，不再赘述。安装 Windows 非常耗时，需要耐心等待。Windows 安装完成以后，桌面显示效果不佳，而且有两个光标，操作十分不方便。解决这个问题的方式是，登录虚拟机的 Windows 系统，在网络可以使用的情况下，用浏览器访问网站 www.spice-space.org，下载软件 spice-guest-tools-latest.exe（完整的下载 URL 地址为：https://www.spice-space.org/download/windows/spice-guest-tools/spice-guest-tools-latest.exe），如图 14-14 所示。

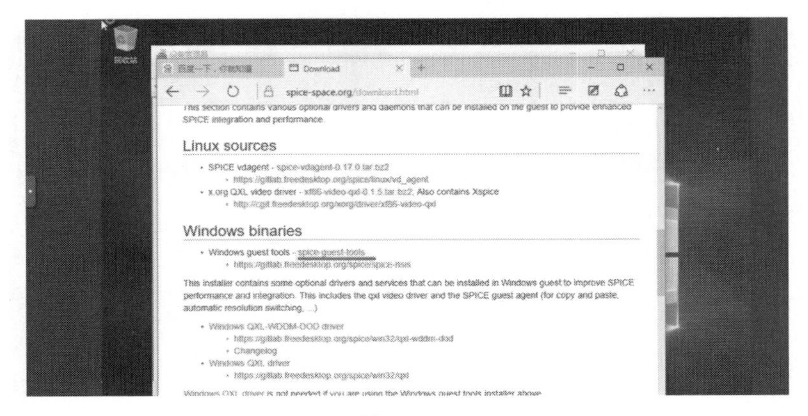

图 14-14

在刚安装好操作系统的虚拟机 Windows 系统，双击下载到本地的文件“spice-guest-tools-latest.exe”，运行安装 spice-guest-tools，如图 14-15 所示。

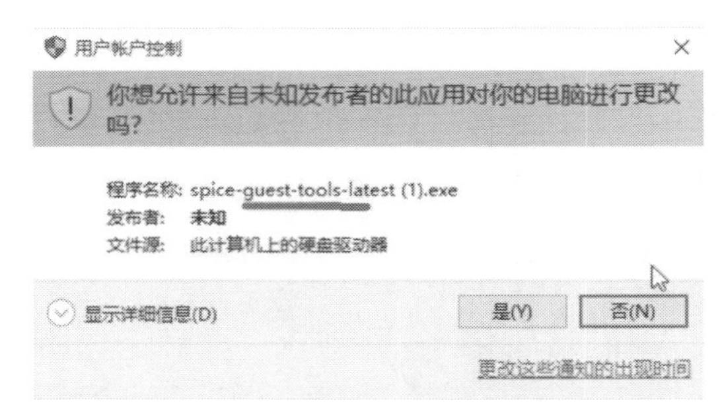

图 14-15

连续单击“Next”按钮，完成该软件的安装，如图 14-16 所示。

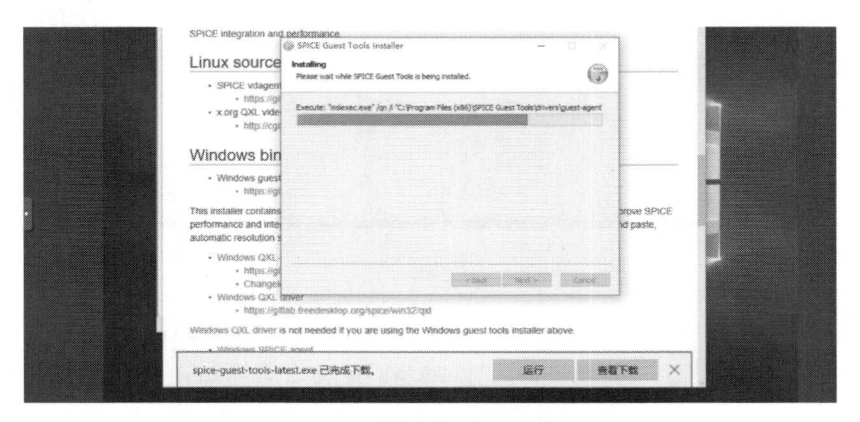

图 14-16

spice-guest-tools-latest 被正确安装以后，屏幕显示效果大为改善，以前出现的两个光标也会合而为一。

重启虚拟机，并安装上常用的工具软件。接着，把此虚拟机转换成模板，后面用此模板来创建新的虚拟机，比常规的方式（就是前面这些步骤：创建虚拟机、加载磁盘驱动、安装操作系统、安装 spice-guest-tools-latest……）便捷得多，而且省时省力。

进入 Proxmox VE 的 Web 管理后台，将刚才安装好操作系统及相关应用软件的虚拟机关机。右击该虚拟机，在弹出的快捷菜单中选择“转换成模板”选项，进行转换，如图 14-17 所示。

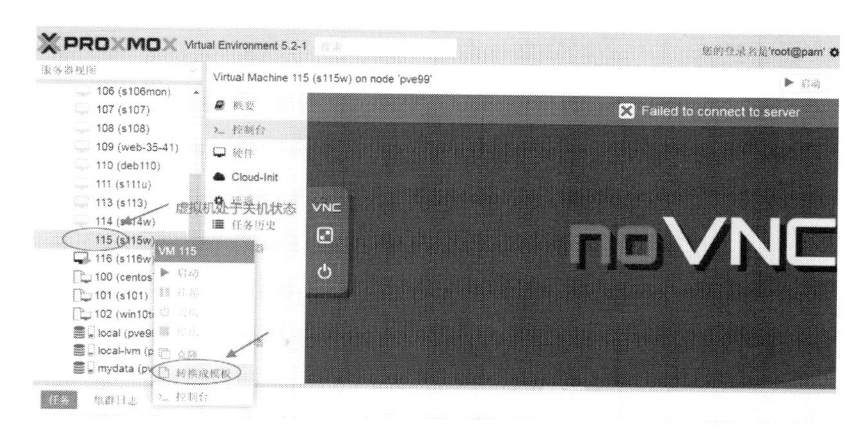

图 14-17

接下来，用此模板克隆一个或多个虚拟机待用。

14.3.4 用 SPICE 客户端连接虚拟机

Proxmox VE的 Web 管理后台里的虚拟机控制台选项“SPICE” ，用的是浏览器代理机制，类似于 Squid 代理（实际端口跟 squid 一样，TCP3128），如图 14-18 所示。

```
root@pve99:/etc/pve/nodes/pve99/qemu-server# netstat -anp|grep -v unix
Active Internet connections (servers and established)
Proto Recv-Q Send-Q Local Address           Foreign Address         State       PID/Program name
tcp        0      0 127.0.0.1:85            0.0.0.0:*               LISTEN      1980/pvedaemon
tcp        0      0 0.0.0.0:22              0.0.0.0:*               LISTEN      1561/sshd
tcp        0      0 0.0.0.0:3128            0.0.0.0:*               LISTEN      2059/spiceproxy
tcp        0      0 127.0.0.1:25            0.0.0.0:*               LISTEN      1686/master
tcp        0      0 0.0.0.0:8006            0.0.0.0:*               LISTEN      2029/pveproxy
tcp        0      0 127.0.0.1:61001         0.0.0.0:*               LISTEN      21937/kvm
tcp        0      0 0.0.0.0:111             0.0.0.0:*               LISTEN      855/rpcbind
tcp        0      0 127.0.0.1:55312         127.0.0.1:85            TIME_WAIT   -
tcp        0      0 127.0.0.1:5900          127.0.0.1:38666         ESTABLISHED 29399/task UPID:pve
tcp        0      0 127.0.0.1:85            127.0.0.1:55308         TIME_WAIT   -
tcp        0      0 172.16.35.99:8006       172.16.35.9:60939       TIME_WAIT   -
tcp        0      0 172.16.35.99:8006       172.16.35.9:60902       TIME_WAIT   -
tcp        0      0 127.0.0.1:55314         127.0.0.1:85            ESTABLISHED 28933/pveproxy work
tcp        0      0 127.0.0.1:55304         127.0.0.1:85            TIME_WAIT   -
tcp        0      0 127.0.0.1:38666         127.0.0.1:5900          ESTABLISHED 27964/pveproxy work
tcp        0      0 127.0.0.1:55306         127.0.0.1:85            TIME_WAIT   -
tcp        0      0 127.0.0.1:85            127.0.0.1:55314         ESTABLISHED 28488/pvedaemon wor
tcp        0      0 172.16.35.99:8006       172.16.35.9:60962       ESTABLISHED 28933/pveproxy work
tcp        0     96 172.16.35.99:22         172.16.35.9:60593       ESTABLISHED 28783/sshd: root@pt
tcp        0      0 172.16.35.99:8006       172.16.35.9:60932       TIME_WAIT   -
tcp        0      0 172.16.35.99:8006       172.16.35.9:60965       ESTABLISHED 27964/pveproxy work
tcp6       0      0 :::22                   :::*                    LISTEN      1561/sshd
tcp6       0      0 ::1:25                  :::*                    LISTEN      1686/master
tcp6       0      0 :::111                  :::*                    LISTEN      855/rpcbind
udp        0      0 0.0.0.0:111             0.0.0.0:*                           855/rpcbind
udp        0      0 0.0.0.0:607             0.0.0.0:*                           855/rpcbind
udp6       0      0 :::111                  :::*                                855/rpcbind
udp6       0      0 :::607                  :::*                                855/rpcbind
Active UNIX domain sockets (servers and established)
Proto RefCnt Flags       Type       State         I-Node   PID/Program name     Path
root@pve99:/etc/pve/nodes/pve99/qemu-server#
```

图 14-18

现在不对宿主机做任何处理，启动虚拟机，SPICE 代理也随之启动，监听在 TCP 61001 端口。用 SPICE 客户端试着连接此虚拟机，看看效果。

工作机 Windows 系统安装 SPICE 客户端工具 virtviewer，启动此客户端软件，以 TCP61001 端口进行连接，手动输入 spice://172.16.228.35:61001 ，单击“Connect”按钮，如图 14-19 所示。

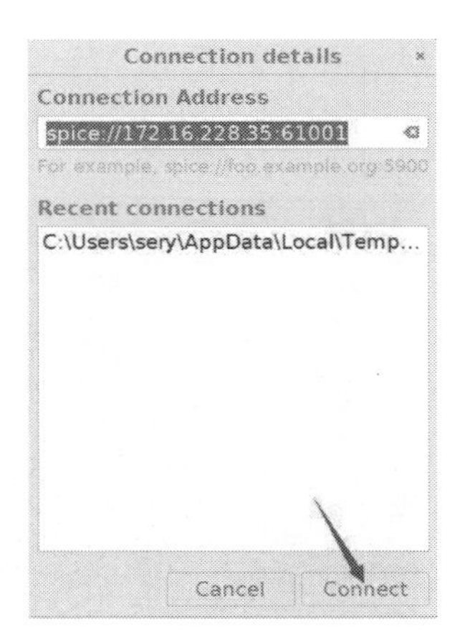

图 14-19

连接超时，失败！如图 14-20 所示。

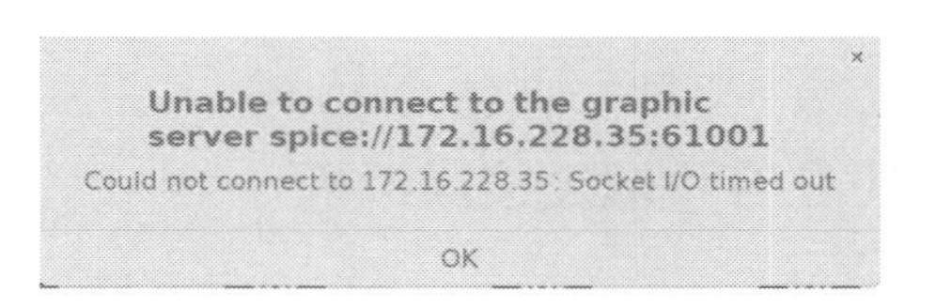

图 14-20

SPICE 客户端工具 virtviewer 改用 TCP 3128 端口进行连接虚拟机，一样失败。

笔者曾在 SPICE 客户端连接上做过各种尝试，耗费很多精力，都未能成功。Proxmox 官方文档未能找到 SPICE 客户端连接虚拟机的方法，咨询过其他人，也未得到有效的解决办法。某一天，突然想起曾做过 Proxmox VE 虚拟机嵌套，通过更改虚拟机配置文件，达到目的。于是就想，是不是通过修改配置文件的某些参数，把监听地址及端口显式地指定，就能解决问题呢？

登录 Proxmox VE 所在的宿主系统 Debian，执行如下指令查看虚拟机启动时所使用的指令及详细参数。

```
root@pve99:/etc/pve/nodes/pve99/qemu-server# qm showcmd 104 >/
root/104.sh
```

打开生成的脚本文件“/root/104.sh”，找到关键字“spice”，如图 14-21 所示。

```
root@pve99:~# more 104.sh
/usr/bin/kvm -id 104 -name s104 -chardev 'socket,id=qmp,path=/var/run/qemu-server/104.qmp,server,nowait' -mon 'chardev=qmp,mo
de=control' -pidfile /var/run/qemu-server/104.pid -daemonize -smbios 'type=1,uuid=042fd1ff-c3d9-4091-80b3-47aa86d55137' -smp
'4,sockets=1,cores=4,maxcpus=4' -nodefaults -boot 'menu=on,strict=on,reboot-timeout=1000,splash=/usr/share/qemu-server/bootsp
lash.jpg' -vga qxl -vnc unix:/var/run/qemu-server/104.vnc,x509,password -cpu kvm64,+lahf_lm,+sep,+kvm_pv_unhalt,+kvm_pv_eoi,e
nforce -m 4096 -device 'pci-bridge,id=pci.1,chassis_nr=1,bus=pci.0,addr=0x1e' -device 'pci-bridge,id=pci.2,chassis_nr=2,bus=p
ci.0,addr=0x1f' -device 'piix3-usb-uhci,id=uhci,bus=pci.0,addr=0x1.0x2' -spice 'tls-port=61001,addr=127.0.0.1,tls-ciphers=HIG
H,seamless-migration=on' -device 'virtio-serial,id=spice,bus=pci.0,addr=0x9' -chardev 'spicevmc,id=vdagent,name=vdagent' -dev
ice 'virtserialport,chardev=vdagent,name=com.redhat.spice.0' -device 'virtio-balloon-pci,id=balloon0,bus=pci.0,addr=0x3' -isc
si 'initiator-name=iqn.1993-08.org.debian:01:81136ccc47d' -drive 'file=/var/lib/vz/template/iso/CentOS-7-x86_64-DVD-1804.iso,
if=none,id=drive-ide2,media=cdrom,aio=threads' -device 'ide-cd,bus=ide.1,unit=0,drive=drive-ide2,id=ide2,bootindex=200' -devi
ce 'virtio-scsi-pci,id=scsihw0,bus=pci.0,addr=0x5' -drive 'file=/dev/pve/vm-104-disk-1,if=none,id=drive-scsi0,cache=writeback
,format=raw,aio=threads,detect-zeroes=on' -device 'scsi-hd,bus=scsihw0.0,channel=0,scsi-id=0,lun=0,drive=drive-scsi0,id=scsi0
,bootindex=100' -netdev 'type=tap,id=net0,ifname=tap104i0,script=/var/lib/qemu-server/pve-bridge,downscript=/var/lib/qemu-ser
ver/pve-bridgedown,vhost=on' -device 'virtio-net-pci,mac=6A:CB:3B:7C:F3:78,netdev=net0,bus=pci.0,addr=0x12,id=net0,bootindex=
```

图 14-21

试着修改“/root/104.sh”脚本文件，把选项“-spice”所属的参数值改成如下内容：

```
-spice port=61002,addr=0.0.0.0,seamless-migration=on,password=123456
```

保存此文件，然后运行此脚本启动虚拟机。确认虚拟机正常启动以后，再用SPICE 客户端连接虚拟机，IP 为 Proxmox VE 宿主系统地址，端口为 TCP 61002，如图 14-22 所示。

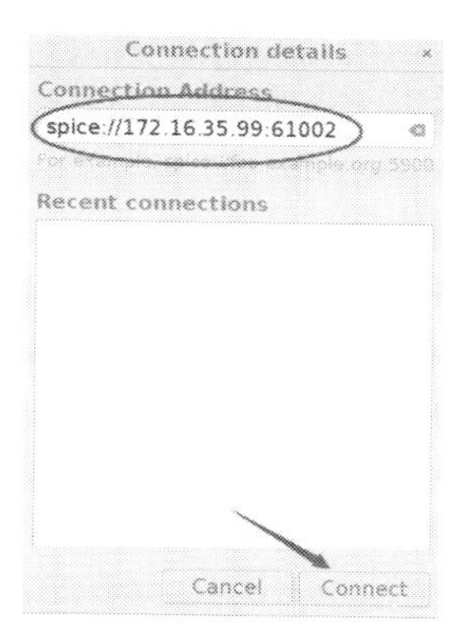

图 14-22

如果设置是正确的，将弹出用户认证界面，输入在脚本文件“/root/104.sh”中手动指定的密码，就应该能进行正常连接，如图 14-23 所示。

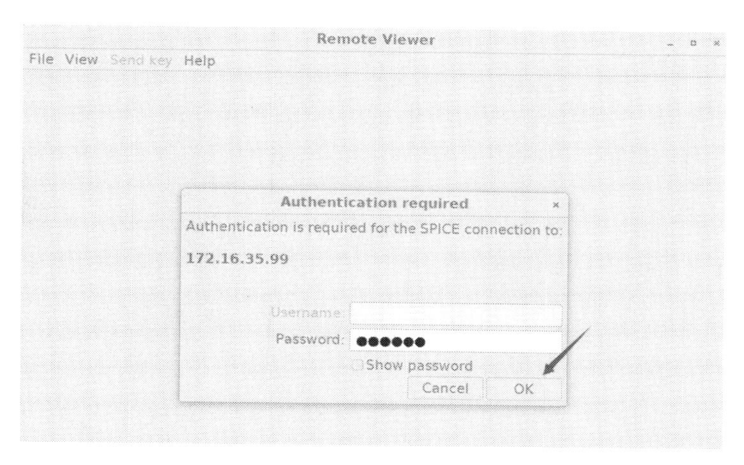

图 14-23

连接成功，看来修改是正确的，看起来和物理台式机一样，如图 14-24 所示。

图 14-24

方法对了，但这个方法烦琐，不利于快速部署。因此，需要进一步对其改进。个人认为，最恰当的方式是修改虚拟机配置文件，把选项“spice”及其参数添加进去。下面是一个修改好 spice 参数、能正常运行的虚拟机的配置文件，供读者参考。

```
root@pve99:/etc/pve/nodes/pve99/qemu-server# more 102.conf
args: -device intel-hda,id=sound5,bus=pci.0,addr=0x18
-device hda-micro,id=sound5-codec0,bus=sound5.0,cad=0
-device hda-duplex,id=sound5-odec1,bus=sound5.0,cad=1 -spice
port=61001,addr=0.0.0.0,seamless-migration=on,password=123456
bootdisk: ide0
cores: 2
ide0: local-lvm:base-102-disk-1,cache=writeback,size=50G
ide2: none,media=cdrom
memory: 4096
name: win10temp
net0: e1000=62:88:BD:9D:CC:B0,bridge=vmbr0
numa: 0
ostype: win10
scsihw: virtio-scsi-pci
smbios1: uuid=832181b7-f77e-4f5a-bb2f-ba05a9d7e18f
sockets: 1
template: 1
usb1: spice
usb2: spice
vga: qxl
```

注意，由于受文件格式的限制，第一行很长，导致自动换行了，第一行的结尾是到 password=123456 。

第一行除了设定 SPICE 监听外，还启用虚拟机声卡。倒数第二行、第三行 (usb1:spice) 的作用是重定向 USB，可用于 U 盾、移动硬盘等。考虑到数据安全，如果不是必需的话，不建议开启 USB 重定向。不开启此功能，仅仅是不识别 U 盘等外接存储，但 USB 鼠标、键盘等输入设备，不受影响。

修改好虚拟机配置文件后，从 Proxmox VE 的 Web 管理后台重启此虚拟机，再用 SPICE 客户端 virtviewer 连接虚拟机，连接成功。

确保 SPICE 客户端连接无问题后，再次把此虚拟机转换成模板。将来以此模板创建新的虚拟机，启动前改一下克隆好的虚拟机配置文件设定的 SPICE 监听端口及密码，即可快速完成部署，交付使用。

14.3.5　云终端盒子连接虚拟机

云终端盒子的设置，主要是网络设置及连接设置两个部分。网络设置指终端盒子本身的设置，使其可以连接到宿主主机，而连接设置则与连接虚拟机的方式相同。将鼠标、键盘及显示器直接连接到终端后，加电启动终端盒子，按如下步骤进行设置并连接到配置正确的虚拟机。

第一步：云终端盒子“网络设置”。最好与宿主机在同一局域网内，既便于管理，也能获得较好的网络性能，如图 14-25 所示。

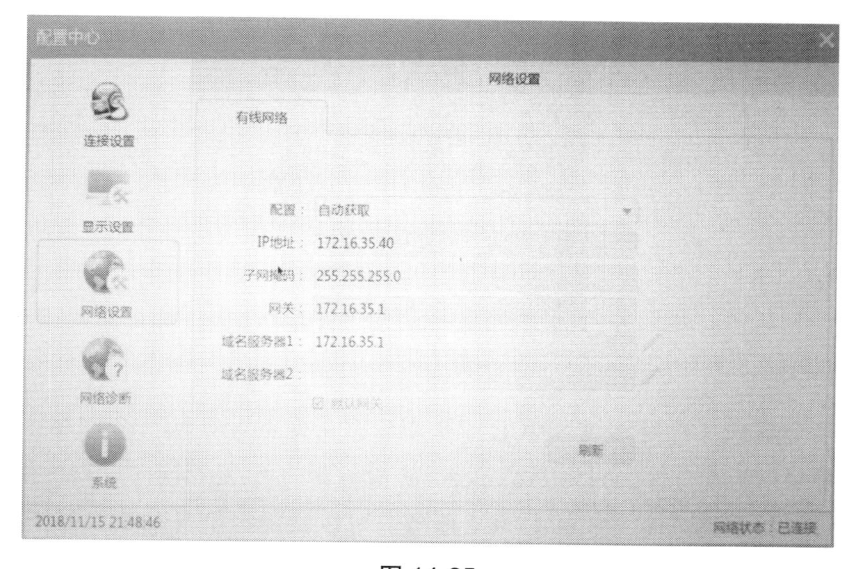

图 14-25

第二步：云终端盒子“连接设置”。选择连接协议“SPICE”，填写上“连接名称”“服务器地址”（宿主机地址）、“端口”（SPICE 服务监听端口）、“密码”（虚拟机配置文件设定）等信息，确认无误后单击“确定”按钮，如图 14-26 所示。

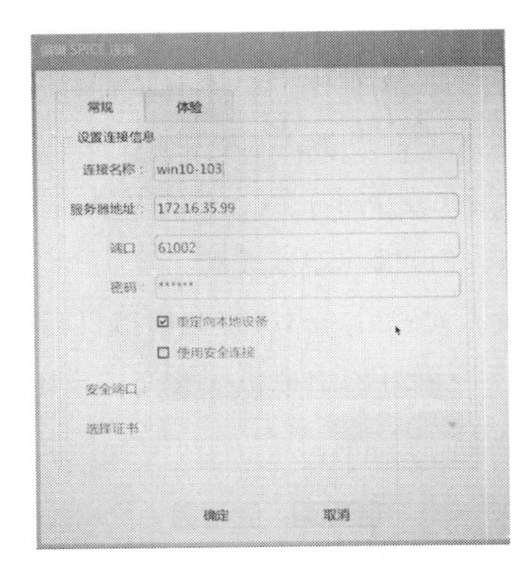

图 14-26

设定好上述“连接设置”以后，界面的下半部分会显示设定的项，单击“连接”按钮，就可以开始工作。如果设定正确，并且服务器端的虚拟机 SPICE 设定正确且虚拟机启动（如何验证，请看前面的讲解），那么片刻之后，就可以像物理主机一样使用 Windows 进行办公，如图 14-27 所示。

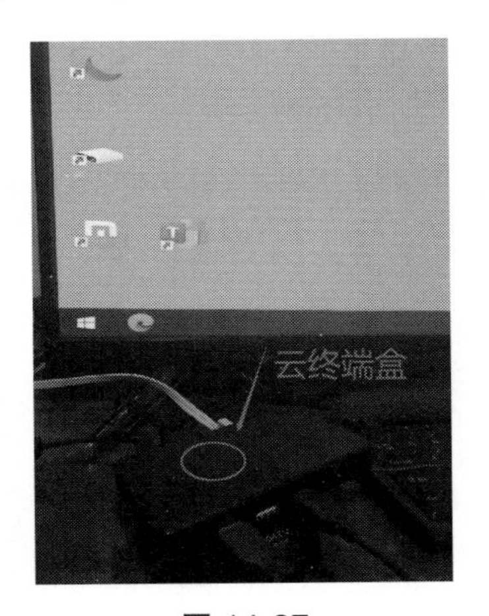

图 14-27

区分多个虚拟机，是通过 SPICE 监听端口来确定的。在同一个网络中，要保证 SPICE 监听端口的唯一性，因为 Proxmox VE 服务器的 IP 是相同的。以桥接模式创建的虚拟机，如果网络内有专门的 DHCP 服务，可以让虚拟机自动获取 IP 地址，减少部署工作量。

以上是某个品牌以SPICE连接虚拟机的操作步骤，其他品牌的设定可能稍有差异，具体请参看相关的产品说明。

14.4 Proxmox VE 桌面虚拟化不足之处

通过在 Proxmox VE 宿主系统修改虚拟机配置文件的方式实现桌面虚拟化，功能是具备了，但无法交付给没有技术背景的最终用户。没有用户界面，让非系统管理员去操作复杂的 Proxmox VE，风险极大，困难重重。理想的情况是：在 Proxmox VE 上创建一个虚拟机，此虚拟机作为桌面云的用户管理系统，所有面向用户的操作都在此管理系统完成，比如创建及销毁虚拟机、终端用户用盒子连此管理机、再重定向路由到实际的虚拟机。无论 Proxmox VE 单机，还是 Proxmox VE 超融合高可用集群，只要存在单独的云桌面管理系统，终端盒子的“连接设置”将变得统一。

14.5 Proxmox VE 桌面虚拟化改进设想

Proxmox VE桌面虚拟化改进的核心是用管理平台来代替系统管理员的手动操作，并向用户提供图形化的 Web 管理后台。桌面云管理平台既是资源管理工具，又充当虚拟机路由角色，如图 14-28 所示。

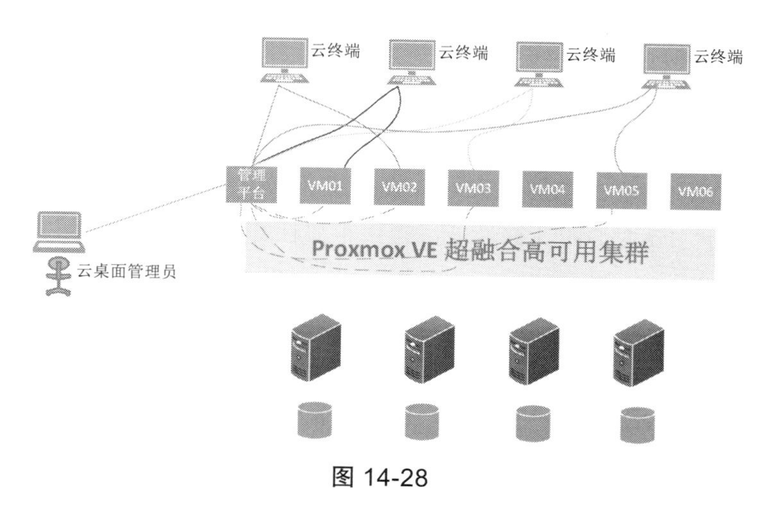

图 14-28

桌面云管理平台通过虚拟机 ID，将用户与虚拟机绑定，所有终端的连接，都集中到管理平台，以用户名和密码来区分用户所属的虚拟机。

第15章 Proxmox VE 常见问题交流及功能期待

从最开始的单机到超融合高可用集群，笔者一路走来受益颇多。特别是 2018 年以来，在生产环境部署实施数套 Proxmox VE 超融合高可用集群，其易用性、可操控性皆可比肩曾经用过的各种虚拟化管理平台。当然，要在竞争中胜出，并适用于更广泛的场景，还有一些需要改进的地方。接下来，列举一些实际工作中遇到的问题，与大家讨论。

15.1 Proxmox VE 常见问题交流

问题一：所有应用都在超融合集群上，可以吗？

可以这样设计架构，但有点浪费宝贵的计算资源。比如操作系统 ISO 镜像文件、虚拟机备份文件等，访问频度不高，也不需要太高的计算性能，直接存储在 CEPH，有点不值得。

笔者在项目中，Proxmox VE 超融合集群通常与其他物理设施相配合，到达结构最优、性能最佳、成本最低、风险最小之目的。基本模式为：前端部署两台 1U 低配置物理机，安装“Keepalived + HAproxy” 做负载均衡，设置公网地址及内网地址；中间是核心部分 Proxmox VE 超融合集群，运行各种应用；另加一台单机 Proxmox VE 作为过渡服务器，应用先在此机调试及运行，功能和性能都没有问题之后，再迁移到集群；后端存储分两部分，一部分是备份服务器，另一部分是数据存储，数据存储主要是应用生成的附件、图片等，而备份服务器除备份虚拟机、应用数据之外，操作系统 ISO 文件放在此服务器，如图 15-1 所示。如果系统访问量大，到一定规模，还可以再做单独的 Proxmox VE，比如用来专门承载数据库等关键应用。

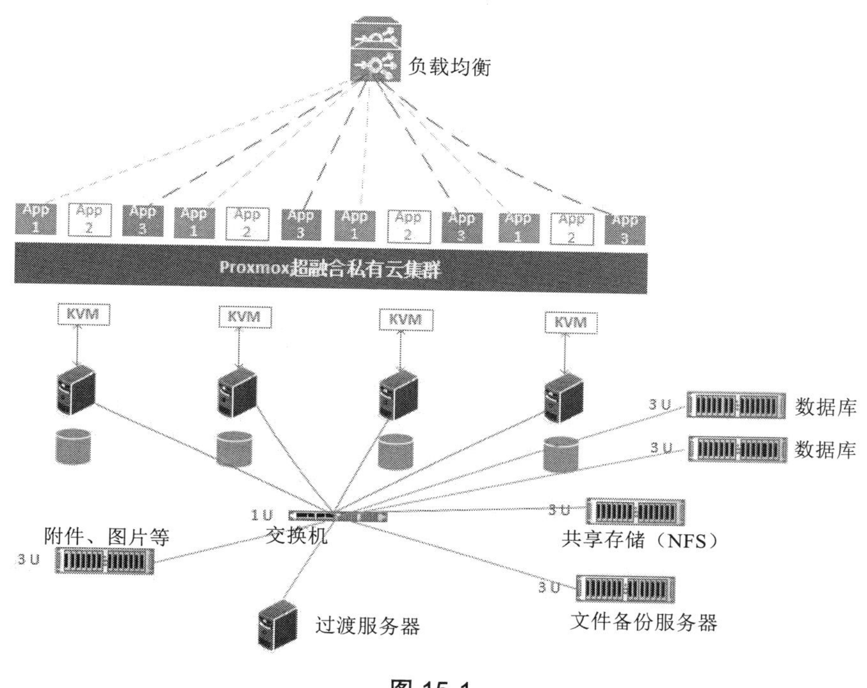

图 15-1

问题二：Proxmox VE 有哪些优化措施？

- 架构优化：以 Proxmox VE 为核心，辅助以其他手段，如第一个问题所述。
- 网络优化：数据网络与集群网络独立，IP 地址独立，网卡、交换机也要独立；多网卡绑定，经济条件允许，数据网络及集群网络直接上全万兆网络，接入网络千兆（还没机会接触公网出口上万兆的机会）。
- 磁盘 I/O 优化：系统盘用 SSD 固态硬盘，CEPH 存储建议至少使用 10000 转的 SAS 硬盘。目前性价比最高的是 2.4TB 的 SAS 盘。15000 转的 SAS 盘，最大容量 900GB，速度高，但价格贵，整个服务器插满所获得的容量小。预算充足的机构，可全部使用固态硬盘。经过对比（不是测试，是有不同配置的环境），7200 转的 SATA 硬盘做 CEPH 存储，性能差到怀疑人生。
- CEPH 集群部分，单个服务器上配备的磁盘，不要做 RAID，除非系统不能识别磁盘，需要单盘做成 RAID 0，其他多盘 RAID 不要去做，严重影响性能，也不被 CEPH 支持。

● 合理分配虚拟机资源及合理分布虚拟机：实施前评估好所需资源，不要随意分配。除了硬盘之外，内存、CPU 核数在分配以后可以随时调整，因此，初始分配可以小一点，运行中不够可以再增加。某个项目里，物理节点 CPU 为 16core、内存 64GB，有人要求创建一个 CPU48core、内存 128GB 的虚拟机，这不可能。另外，创建虚拟机或者容器时，应合理分布这些虚拟机或者容器到不同的物理节点，不要把所有的都分布到同一个节点，如图 15-2 所示。

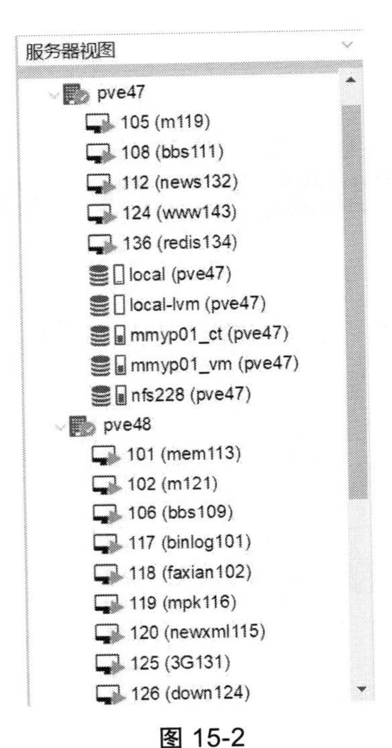

图 15-2

问题三：Proxmox VE 超融合集群用多少物理服务器合适？

理论上最少三台，但最保险是四台。为什么呢？因为要为资源预留余量，可以让其中三台尽可能地承担负载，一旦某台物理节点故障，运行其上的虚拟机会自动漂移到其他正常的节点，试想如果只有三台的场景，挂掉一台，还有两台，只要稍微有点数量的虚拟机漂移过来，就可能把剩余的节点给压垮，如图 15-3 所示。

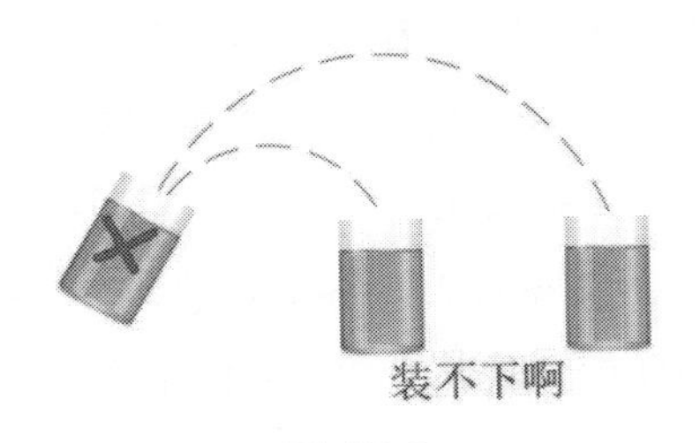

图 15-3

问题四：物理机能整体把系统迁移到 Proxmox VE 超融合集群吗？

常规数据迁移的步骤大致为：准备好环境 → 源机备份数据 → 复制文件到目标机（虚拟机）→ 导入数据。过程烦琐而且耗时，有些场景还无法进行。比如某些 Windows 系统的应用，运行很长一段时间以后，找不到安装程序，更找不到原来的服务商提供支持服务。这种情况下，只能从底层把整个系统“连根拔起”。有个开源工具，叫“再生龙”，可以完成这个任务。不过有点障碍，就是得停止服务以后，才能进行整体迁移。商业软件做得更好一点，可以在线增量同步迁移，具体请参看本书第 13 章内容。

问题五：Proxmox VE 能不能批量生成虚拟机？

原生的 Proxmox VE 还不支持这个功能，至少 Web 管理后台没有集成此功能。要想批量创建，需要自己编写脚本，用命令行的方式来完成。希望官方未来能把此功能集成到 Web 管理后台。

问题六：Proxmox VE 用于桌面虚拟化效果如何？

经笔者用多种设备测试（台式机、服务器等），不管是 SPICE 客户端，还是云终端盒子，用于日常办公都应该没有问题，但要播放视频，卡顿严重。有人说是 SPICE 协议的问题，期待有人来优化。

问题七：桌面虚拟化使用 SPICE 协议，监听的是物理节点的 IP 地址加指定端口，一旦节点故障，Windows 虚拟机能漂移，但物理节点 IP 地址失效，不改终端的链接地址，有什么好办法？

暂时没有！曾观摩过其他人做的项目，他把虚拟机跟实例进行捆绑，可以让最终用户忽略 IP 地址。又花时间试验了一家卖云终端设备的厂家的方案，基于 Proxmox VE。先在平台上创建虚拟机，此虚拟机充当控制器，然后调用模板，批量生成其他 Windows 虚拟机，终端连此控制器的地址，由控制器来转发请求。

问题八：虚拟机能否增量备份？

全量备份太费时间，效率低下，如能在基础备份上执行增量备份，最好不过。不过不幸的是，Proxmox VE 的 Web 管理后台无此功能。大致查了一下 vzdump 的语法，也没有发现增量备份这个选项。好消息来了，Proxmox Backup Server 做完第一全备以后，后面的备份就基于增量进行备份了。

问题九：Proxmox VE 用户权限很乱吗？

确实很乱。Proxmox VE 定义了很多用户及角色，不利于分辨。笔者很想创建一个角色或者用户，只能在集群中创建和管理虚拟机，而不能管理集群中的其他资源，如管理节点、管理 CEPH 等，但是努力了很久，无果！欢迎读者交流讨论。

15.2 Proxmox VE 集群部署位置

在生产环境中，Proxmox VE 尽可能放在内部网络，用户请求通过前端负载均衡（代理）转发过来。如果需要自动更新，则需要这些内网机器可以访问公网。

笔者曾经踩过一个坑，即在一个测试环境中，由四台服务器组成Proxmox VE集群，决策人强烈要求服务器使用公网 IP 地址，由于疏忽，初始安装系统时使用了简单密码，被其他用心的人扫描到弱口令。一个节点被侵入，其他节点全军覆没。为什么会这样？因为 Proxmox VE 集群建立起以后，各节点之间的 SSH 访问是免密码登录的！

```
root@pve48:~# ssh pve50
Linux pve50 4.15.17-1-pve #1 SMP PVE 4.15.17-9 (Wed, 9 May 2018
13:31:43 +0200) x86_64
The programs included with the Debian GNU/Linux system are free
software;
the exact distribution terms for each program are described in the
individual files in /usr/share/doc/*/copyright.
Debian GNU/Linux comes with ABSOLUTELY NO WARRANTY, to the extent
permitted by applicable law.
Last login: Sun Dec  2 14:47:45 2018 from 192.168.228.173
root@pve50:~#
```

15.3 Proxmox VE 有待完善的地方

Proxmox VE 有待完善的主要有两个方面：其一是简化用户、角色权限，其二是增加桌面虚拟化功能模块。特别是桌面虚拟化，开发出来将对现有的商业软件产生巨大的冲击，对于中小企业，具有巨大的诱惑力。

附录A 基于Proxmox VE的云桌面系统尝鲜

在 Proxmox VE 上部署 Windows 虚拟机，外加一个终端盒子，来代替传统的 PC 主机，虽然功能上实现了，但是要交付给没有技术背景的用户，让非技术人员来指定 CPU 核数，分配内存大小，分配磁盘存储空间，很难实现，也不容易被用户所接受。有很多桌面云商业解决方案，但初始代价很大，服务器有成本，管理平台有成本，终端授权也有成本，对于中小型机构，根本没有吸引力。如果基于 Proxmox VE 作为底层，省掉授权费用，运行在其上的管理平台（其实就是虚拟机）成本能够负担，外加支持多协议的终端盒，应该很有市场竞争力。

这些年，我一直在探寻性价比高的桌面云解决方案，但所获甚少。因此经常跟有同样想法的技术人员交流，看是否可以碰撞出火花。与我联系比较紧密的是成都的于伟兵先生，有一天他告诉我，有一款基于 Proxmox VE 平台的云桌面管理平台，并要了我的收件地址。没过多久，我就收到了一个小巧精致的云终端盒，尺寸还没有我的 vivoZ6 大（如图 A-1 所示）。

图 A-1

终端盒子的背面，标记了产品型号及输入电压、电流值。其中输入电压 5V，额定电流 1A，根据中学物理知识，可计算出该盒子的功率为 5 瓦，超级省电。

终端盒子的接口分布在两侧，一共八个，包括一个网络接口、一个直流输入口、一个 HDMI（接显示器）、三个 USB 接口（接键盘鼠标等）、两个音频口。设计巧妙，分布合理。

“面子”不错，再来看“里子”。ARM 架构 CPU，4 核心，主频 1.5Ghz，1G 闪存，百兆网络（希望能支持千兆网络），支持 Wi-Fi。

手边正好有个迷你 PC，部署有 Proxmox VE 单机环境，弄来显示器，再向厂家要来管理软件与 Windows 模板，就可以试验。

厂家的技术人员给了两个文件，一个 Windows 模板文件，一个云桌面管理系统。两个文件都是以 Proxmox VE 备份给出的，我将其复制到试验环境 Proxmox VE 的目录“/var/lib/vz/dump”，文件的名称如图 A-2 所示。

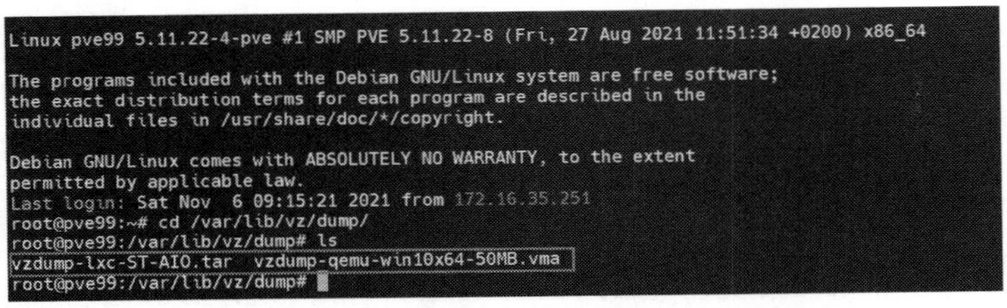

Linux pve99 5.11.22-4-pve #1 SMP PVE 5.11.22-8 (Fri, 27 Aug 2021 11:51:34 +0200) x86_64
The programs included with the Debian GNU/Linux system are free software;
the exact distribution terms for each program are described in the
individual files in /usr/share/doc/*/copyright.
Debian GNU/Linux comes with ABSOLUTELY NO WARRANTY, to the extent
permitted by applicable law.
Last login: Sat Nov 6 09:15:21 2021 from 172.16.35.251
root@pve99:~# cd /var/lib/vz/dump/
root@pve99:/var/lib/vz/dump# ls
vzdump-lxc-ST-AIO.tar vzdump-qemu-win10x64-50MB.vma
root@pve99:/var/lib/vz/dump#

图 A-2

切换到 Proxmox VE 的 Web 管理后台，查看备份文件是否处于可恢复状态，如图 A-3 所示。

PROXMOX Virtual Environment 7.0-11
服务器视图
数据中心
pve99
local (pve99)
local-lvm (pve99)
存储'local'在节点'pve99'上
概要
备份
ISO镜像
CT模板
权限
还原
显示配置
编辑注释
删除
名称
备注
日期
格式
大小
vzdump-lxc-ST-AIO.tar
2021-11-08 11:49:55
tar
1.96 GB
vzdump-qemu-win10x64-50MB.vma
2021-11-06 14:12:45
vma
17.83 GB

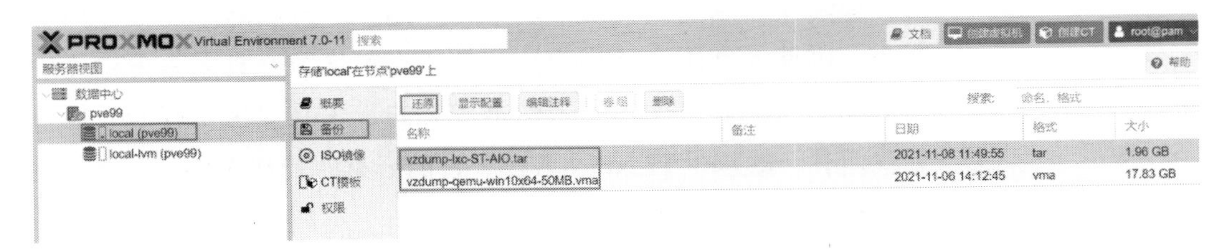

图 A-3

A.1 准备好云桌面管理平台

选中第一个备份文件“vzdump-lxc-ST-AIO.tar”进行还原操作，还原完成以后，恢复出一个 LXC 容器模板，还需要将此模板克隆成可启动容器，如图 A-4 所示。

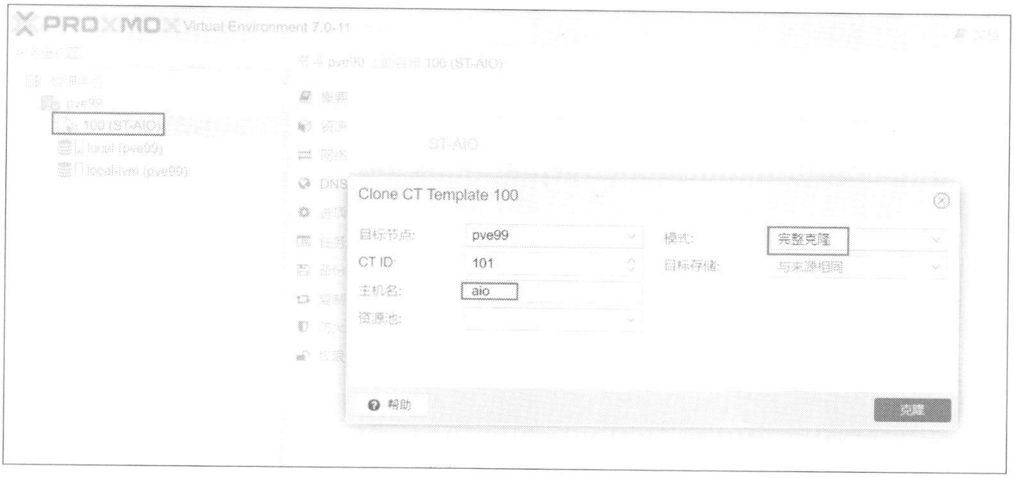

图 A-4

恢复好容器“aio”后，在 Proxmox VE 的 Web 管理后台给其设置好网络参数，然后启动此容器。通过 Proxmox VE 容器控制台进入，确认容器正常运行后，在别的计算机的浏览器中输入容器的 IP 地址及端口号“8080”，输入用户名及密码后就可以进入云桌面管理后台，如图 A-5 所示。

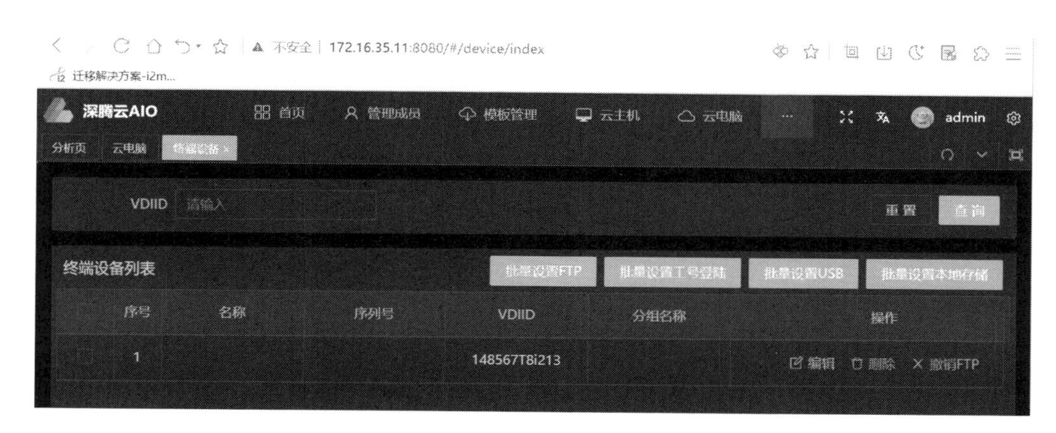

图 A-5

A.2 恢复虚拟机模板

切换到 Proxmox VE 的 Web 管理后台，与恢复 LXC 容器一样进行恢复操作。在设定还原选项时，需要明确指定“存储”为“local-lvm”，如图 A-6 所示。如果使用默认的“从备份配置”，还原操作会报错。

图 A-6

恢复完毕虚拟机模板后，不需要在 Proxmox VE 的 Web 管理后台用恢复出来的模板克隆虚拟机，这个工作交给云桌面管理后台来完成。

A.3 生成虚拟机

从云桌面管理后台生成虚拟机大致分成添加宿主机、添加云桌面两个步骤。与直接在 Proxmox VE 的 Web 管理后台创建虚拟机相比较，从专门的云桌面后台生成虚拟机所做的手工配置要少得多。

A.3.1 添加宿主机

宿主机实际上就是 Proxmox VE 系统，由此推断，该桌面云管理系统可独立存在。登录云桌面管理后台，在“云主机”菜单下单击“添加主机”按钮，输入 Proxmox VE 宿主机的相关信息。因为管理后台需要完全接管 Proxmox VE, 因此需要宿主系统 Debian 的管理员“root”权限，如图 A-7 所示。

图 A-7

成功添加宿主机以后，到此云桌面管理后台查看前面步骤还原出来的虚拟机模板是否可用，如果模板列表中有显示，则表明模板可用。

A.3.2 创建云桌面

继续在云桌面 Web 管理后台单击菜单“云电脑”，单击“添加云桌面”按钮，在弹出的“新增云桌面”对话框输入或设定创建虚云桌面（虚拟机）所必需的信息，如图 A-8 所示。其中，“云主机”（建议厂家改名）一项指创建的虚拟机位于哪一个 Proxmox VE 宿主机；“模板”是必选项，是以恢复好的模板克隆出云桌面（虚拟机）。

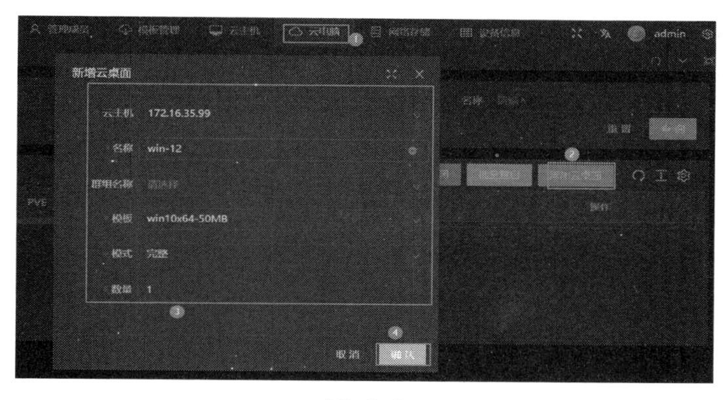

图 A-8

单击“确认”按钮创建云桌面，根据宿主机磁盘的转速或者性能，所花的时间各不相同。切换到宿主系统 Proxmox VE 的 Web 管理后台，通过日志了解创建进度，如图 A-9 所示。

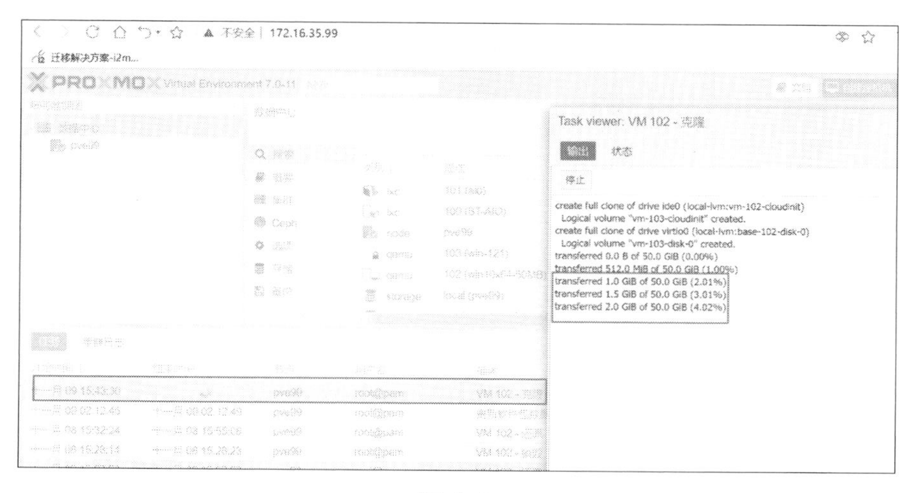

图 A-9

A.4 云终端连接远程桌面

云终端连接分连入网络和连接虚拟机两部分。在实际场景中，宿主机与其上创建的虚拟机单独在一个网络，云终端设备不与虚拟机同一个网段，只要这两个网络能相互联通就可以。这样做的好处是实施简单，云终端与虚拟机之间不存在网络上的冲突。

A.4.1 云终端入网

这个云终端盒子既支持有线网络也支持无线网络，使用其中的一个作为连接即可。为了使用的灵活性，建议选择自动获取 IP 地址。

云终端连接好网线、显示器、键盘、鼠标、电源线，通电开机，登录界面出现后，单击右上角的网络状态图标，如果自动获取到 IP 地址、网关等可用信息，则表明联网成功。

A.4.2 云终端连接虚拟机（云桌面）

我不打算直接用终端盒连接虚拟机，而采用连接云桌面管理系统做中转的方式进行连接。这样做的好处是规模化设置更简单、灵活性也更好（无须记忆每一个虚拟机的 IP 地址）。

继续在云终端登录界面，单击屏幕右上角齿轮状图标通用设置，勾选“启用本地服务”，接着填写桌面云系统所设定的 IP 地址及端口号，然后再单击编辑框旁边的对勾图标保存设置，如图 A-10 所示。

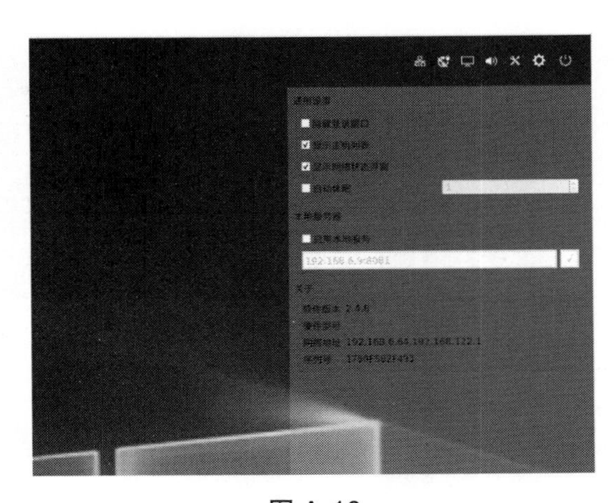

图 A-10

切换到桌面云 Web 管理后台，菜单“设备信息”查看终端设备列表，如果云终端连接成功，则可在列表看到相关信息出现，如图 A-11 所示。

图 A-11

虚拟机（云桌面）、云终端都准备好，并且都被管理后台所识别和控制，接下来要做的是把虚拟机（云桌面）与终端盒进行绑定。操作仍然在桌面云管理后台进行，切换到云桌面列表，选中已经创建好的云桌面，鼠标放置该云桌面右侧的图标 ...，即可弹出操作菜单，单击菜单“绑定终端”，如图 A-12 所示。

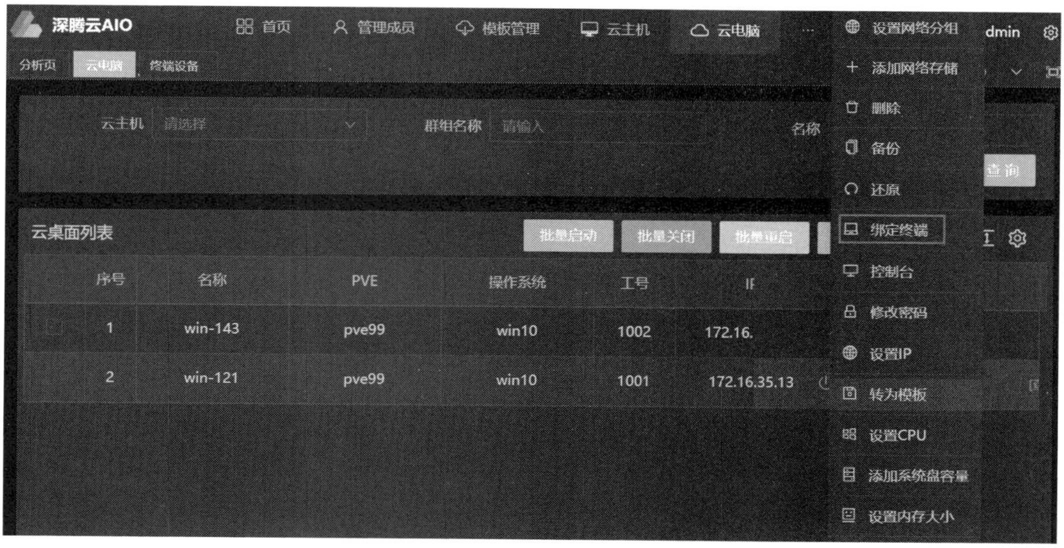

图 A-12

下拉列表选定云终端，工号手动输入，确保其唯一性，如图 A-13 所示。

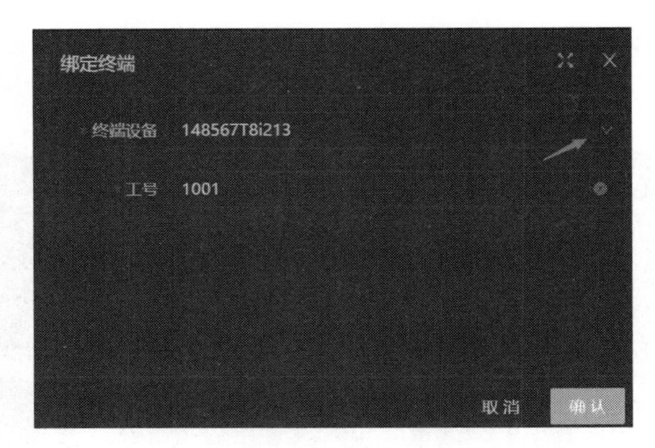

图 A-13

再切换到云终端登录界面，填写工号，Windows 默认的管理员账号和密码，单击密码右侧的箭头图标，片刻就可以登录到云桌面。用浏览器部分爱奇艺的在线视频，观察视频播放是否流畅、声音是否延迟等。与我以前用的云终端相比，效果是最满意的。

A.5 改进意见

- 提供性能更好的云终端，获得更好的视频播放效果。
- 提供高效、简洁的用户界面，使最终用户与系统底层隔离，不会因为误操作危及宿主系统本身。
- 强化分组功能，将工号与云桌面绑定，而与云终端无关。这样的好处是初始部署效率大大提高，用户的选择更灵活（任意盒子，都能按工号登录设定的云桌面）。